JN248550

みやざきの
野鳥図鑑

みやざき文庫111

発刊に寄せて

東京大学名誉教授　樋口　広芳

『みやざきの野鳥図鑑』の発刊、おめでとうございます。個々の鳥の写真と簡潔明瞭な解説からなる全体の構成を見て、この本が今後の宮崎の野鳥観察にとって重要な役割を果たすであろうことを感じています。

宮崎県は、山あり森あり海ありの豊かな自然に恵まれています。そこにはいろいろな鳥たちがくらし、多様な鳥の世界が広がっています。この本の中で紹介されているように、宮崎県ではこれまでに366種もの鳥が記録・観察されています。この数は日本全体で記録されている種数の６割ほどにも達しています。一方、宮崎県にはヤイロチョウ、カンムリウミスズメ、カラスバト、ウチヤマセンニュウなどの希少種が生息、繁殖しています。これらの鳥の繁殖地は限定されており、たいへん貴重なものとなっています。また、ヤマドリについては、亜種のアカヤマドリとコシジロヤマドリの両方が県の北と南に分かれて生息しています。この両者はどちらも希少な鳥で、その両方が見られるというのはすばらしいことです。

『みやざきの野鳥図鑑』では、これまでに記録・観察されている種を対象に、美しいカラー写真と、外観の特徴、すんでいる場所や環境、鳴き声、生態、県内の生息状況などの情報がのせられています。種ごとに写真や記述を見ていくのはとても楽しく、「あ、これは見た」、「これはまだ」、「この鳥、絶対に見てみたい」、「へえ〜、こんなところにいるの」などといった言葉がつい出てきてしまいます。よく似た鳥の識別点や、日本の中あるいは宮崎県のどこにいるのかなどについて学ぶのも、楽しいことです。

最近、野外で鳥を観察する人の数が急激に増えています。若い人から退職した年配者などまで、バードウォッチングはとても人気です。鳥は姿も声も美しく、観察するのも比較的容易です。場所や環境によってすんでいる鳥が多様なので、出かける先々で観察を楽しむこともできます。また、鳥の世界は季節によって大きく変わります。春には東南アジア方面から色鮮やかな夏鳥が渡来し、秋にはシベリア方面からカモ類など冬の鳥が渡ってきます。四季を通じて移り変わる世界を楽しむことができるのです。そんなところに、バードウォッチングの広い人気の秘密があると言えます。

鳥のいるところには人が集まり、人の輪が生まれます。共通の趣味をもつ仲間ができてきます。『みやざきの野鳥図鑑』では、後半の探鳥地案内のところで、宮崎県のどこに行けばどんな鳥が見られるのか、道案内をふくめて親切ていねいに記述しています。これらの情報を参考にしながら、親しくなった仲間と次に出かける計画を立てたりすることができます。探鳥地案内には、人の輪をつくるもとが詰まっています。

『みやざきの野鳥図鑑』は、宮崎の野鳥に関心をもつ人、これからバードウォッチングを楽しもうとしている人に最適の本と言えます。多くの方に利用され、それによって宮崎の自然や鳥への理解が深まることを願っています。

この本の見方

1．構成

本書には宮崎県内で確認された殆どの鳥類の解説を掲載しました。収録種については、できるだけ写真を添付するようにし、その写真は全て県内で撮影されたものとしました。また、どうしても写真のないもので、宮崎県総合博物館に宮崎県産の標本があるものは、その標本の写真を添付しました。その他巻末に「探鳥地ガイドマップ」及び「宮崎県内で確認された野生鳥類目録」、「宮崎県内に伝わる野鳥の方言」等をまとめて紹介しました。

2．分類

分類は、日本鳥学会の「日本鳥類目録改訂第７版」(2012年)（以下、「改訂第７版」と表記）に基づいて行いました。「改訂第７版」では従来の分類を大幅に改定した形となりましたので、本書への掲載にあたってもその種の配列順に従いました。基本的な鳥類の名前は、「改訂第７版」の標準和名（種名・亜種名）および学名、英名を採用しました。

3．指定種等の表示

県内における希少鳥類のうち「環境省第４次レッドリスト」(2012年)、および「改訂・宮崎県版レッドデータブック」(2010) に掲載されている種・亜種については、評価のカテゴリーを頭文字で表示しました。

絶滅危惧ⅠA類 Critically Endangered (CR)	ごく近い将来における野生での絶滅の危険性が極めて高いもの。
	CR-r： もともと希であったものが、個体数も極めて少ない状態（１～２ヶ所）になったもの。 CR-g： 過去には広く分布、あるいは個体数が多かったが、極度（５分の１以下）に減少したもの。 CR-d： それほど遠くない過去に生息の確認情報があるが、その後信頼できる情報がなく、絶滅したかどうかの判断が困難なもの。
絶滅危惧ⅠB類 Endangered (EN)	ⅠA類ほどではないが、近い将来における野生での絶滅の危険性が高いもの。
	EN-r： もともと希であったものが、個体数もかなり少ない状態（２～４ヶ所）になったもの。 EN-g： 過去には広く分布、あるいは個体数が多かったが、極度（２分の１以下）に減少した。生息条件の悪化が継続し、今後も継続的な減少が予想されるもの。
絶滅危惧Ⅱ類 Vulnerable (VU)	現在、宮崎県での大部分の生息地及び個体群において絶滅の危険が増大しているもの。
	VU-r： もともと希であったものが、個体数も少ない状態（５ヶ所前後）になったもの。 VU-g： 過去には広く分布、あるいは個体数が多かったが、極度（５分の４以下）に減少した。今後も大幅に分布が狭まったり、さらなる個体数の減少が予想されるもの。
準絶滅危惧 Near Threatened (NT)	宮崎県では、現時点での絶滅危険度は小さいが、生息条件等の変化によっては「絶滅危惧」として上位ランクに移行する要素を持つもの。
	NT-r： もともと希であったものが、分布域の一部において個体数が顕著に減少したもの。 NT-g： 過去には広く分布、あるいは個体数が多かったが、分布域の一部において絶滅、若しくは生息面積や個体数の顕著な減少が予想されるもの。
情報不足 Data Deficient (DD)	宮崎県における重要鳥類の中で、生息状況をはじめとして、ランクを判定するに足る情報が不足しているもの。
	DD-1： 証拠標本や、信頼のおける記録があり、かつて生息していたと思われるが、現存するかどうかは判断できないもので、絶滅の可能性が考えられるもの。 DD-2： 現在明らかに生息しているが、評価するだけの情報が不足しているもの。
その他の保護上重要な種 Others(OT)	宮崎県において、存続基盤が安定しており、現時点での絶滅の危険性は小さいと考えられるが、県レベル、若しくは地域レベルでの種の重要性が高いもの。
	OT-1： 絶滅危惧として位置付ける要素はないが、保護上重要と考えられるもの。 OT-2： 重要性の高いものではないが、地域レベルでは保護上重要と考えられるもの。又は生息地が孤立している地域個体群で絶滅の恐れがあるもの。

4．解説文

解説には、種名・亜種名、目科名、学名・英名、生息環境、渡り区分、全長、鳴声、食性、特記事項等、特徴、生息状況等を記しました。また、解説は執筆者がわかるように、N：中村　豊、I：井上伸之、F：福島英樹としました。

種･亜種名、目･科名……日本鳥類目録改訂第７版（日本鳥学会　2012年）に基づいて和名で記しました。

学名・英名………………日本鳥類目録改訂第７版（日本鳥学会　2012年）に基づいてラテン語及び英語で記しました。

生息環境…………………代表的な生息環境を記しました。

渡り区分…………………県内で見られる時期を便宜上季節型として留鳥・夏鳥・旅鳥・冬鳥・迷鳥の５つに分けて記しました。同時に見られる時期を、１年を12カ月に区切った升で示し、●▲※の記号で観察記録のある時期を升内に記して示しました。

凡例）●：ほぼ毎年観察される。
　　　▲：数年に一度観察される。
　　　※：ごく稀な観察記録がある。

全長………………………鳥を仰向けに寝かせて嘴を水平にしたときの、嘴の先端から尾の先端までの長さを全長といいます（図１参照）。なお、全長が雌雄で違う場合は、雌雄別々に記しました。指標鳥についてはスズメ・ムクドリ・キジバト・ハシボソガラスの全長を基に掲載し（図２参照）、指標鳥よりも大小、等しいを＞＜＝等の記号で示しました。

図1

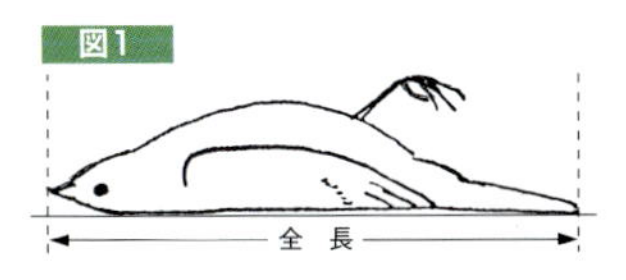

図2

鳴声………………………さえずりや地鳴きを掲載し、よく知られた聞きなしについても記載しました（さえずり：S、地鳴き：C）。

食性………………………好んで食べる餌を掲載しました。

特記事項等………………法律で指定された天然記念物や絶滅危惧種、希少種等を記載しました。

特徴…………………………形態や体色、雌雄の違いなどを示しました。
生息状況等………………生息の状況を具体的に表記し、特異な行動等も示しました。

5．探鳥地案内

県内の代表的な探鳥地16地区を紹介し、その場所を地図で示し、交通アクセスについては、公共の交通機関を優先して掲載しました。また、環境と季節別に見られる野鳥も掲載しました。

6．鳥の各部位の名称

鳥の各部位の名称については図３を参照していただきたい。

図3

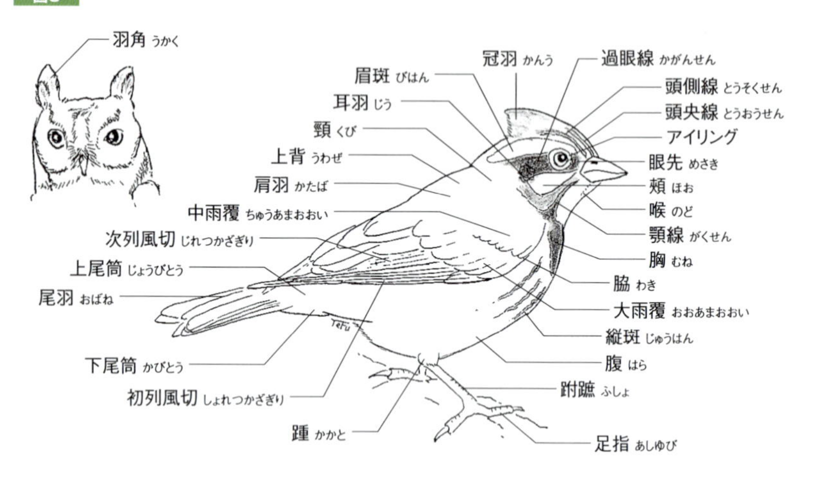

7．宮崎県産鳥類目録

宮崎県産鳥類目録は、2005年発行の「みやざきの野鳥（宮崎県）」に掲載されたものを基に、日本鳥類目録改訂第７版（日本鳥学会　2012年）を参考にして改訂を加えて分類し「宮崎県内で確認された野生鳥類目録」として作成し、掲載しました。最も新しい県内の記録を基に検討を加えた宮崎県産鳥類目録には、目名、科名、和名（種名・亜種名）、学名を記した22目70科366種・亜種、外来種６目９科15種・亜種、検討種７目９科９種・亜種を掲載しました。

野鳥に関する用語

あ行

RDB；レッドデータブック

亜種；生物の分類区分で、種の下の階級。種として独立させるには微妙な違いにとどまり、変種とするには相違点の多い一群の生物に用いる。ただし、種と亜種とを分ける明確な基準はない。

足環；個体識別のために、鳥の脚部に付けるアルミニウムや合金でできたリングのこと。

暗色型；コクマルガラスの体色変化で全身黒褐色で後頭と側頸が薄く白味を帯びる。幼鳥とする説もある。

羽衣；風切、尾羽、体羽などからなる、鳥が身につけている羽毛全体のこと。

ウォーキング（歩く）；足を交互に前へ出して歩くこと。

浮巣；水面に水草を使って浮くようにつくられた巣。

営巣（期）；巣をつくること。転じて造巣から巣立ちまでの繁殖行動全般を指すこともある。

エクリプス；非繁殖期のガンやカモ類の雄に見られる、雌と同じような地味な色の羽のこと。

越夏；冬鳥や旅鳥が何らかの理由で宮崎に留まり、繁殖せずに夏を過ごすこと。

越冬；本来はもっと南へ渡るものが、宮崎で冬を過ごすこと。

横斑（横線）；体羽の模様で、頭から尾羽方向と垂直にある斑や線のこと。

換羽；羽毛が抜け換わること

か行

冠羽；頭上や後頭に生える束状や扇状の飾り羽。繁殖期に発達するものがある。

学名；生物の名前を世界共通の呼び名に統一したもの。

帰化鳥；本来は生息していなかった地域に、人間によって外国から持ち込まれ、野外に定着した鳥のこと。

聞きなし；鳥の鳴き声を、覚えやすい言葉などに置き換えたもの。

求愛給餌；主に雄が雌に対して、求愛の意味で餌を与えること。

擬傷；外敵を卵や雛から遠ざけるため、親鳥が傷ついているかのような行動をとって注意を親鳥自身に引きつけること。

県の鳥；野鳥保護思想などの普及のため、それぞれの県によって定めた鳥。宮崎県はコシジロヤマドリ。

固有種；分布がある特定の地域に局限されている種。例えば、カンムリウミスズメ、ミゾゴイ、ヤマドリなどは日本固有種。

コロニー；集団繁殖をしている鳥の群れのこと。

混群；エナガやメジロの群れにシジュウカラやヤマガラ、コゲラなどが加わり、異種個体でつくられる群れ。

さ行

さえずり；合図や警戒の声としての「地鳴き」に対して、主に繁殖期に発する歌のこと。

里山；人里近くにあり、昔から人間が日常生活で調和を保って利用してきた山林。

食物連鎖；植物の種子や昆虫を小鳥が食べ、その小鳥をイタチなどが食べ、イタチや小鳥を大きな鳥が食べる。食う-食われるの関係で生物種は繋がっていること。

シラサギ；サギ類の中で白色をしたものの総称。

地鳴き；合図や警戒の声など、日常生活の情報伝達に使われる声のこと。

縦斑（縦線）；体羽の模様で、頭から尾羽方向と平行にある斑や線のこと。

準絶滅危惧；現時点での絶滅の危険度は小さいが、生息状況の推移から見て、種の存続の圧迫が強まっていると判断されるもの。

スカベンジャー；腐肉を食べる動物のこと。

刷り込み；インプリンティング、刻印ともいう。孵化した雛が、最初に見た動くものを親として一生認識してしまうこと。

絶滅危惧Ⅰ類；宮崎県での野生生息が確認されているが、絶滅の危機に瀕しているもの。

絶滅危惧Ⅱ類；宮崎県での野生生息が確認されているが、大部分の生息地及び個体群において絶滅の危機が増大しているもの。

ソングポスト；よく止まってさえずる場所のことで、見通しのよいところが普通である。

た行

托卵；自分では巣をつくらず、他の鳥の巣に卵を産み落として育ててもらう行為。

旅鳥；春、南から北へ、秋、北から南へ通過し、その渡りの途中宮崎に立ち寄る鳥。

淡色型；コクマルガラスの体色変化で白と黒のコントラストのある体色をしている。成鳥とする説もある。

地方名（方言）；それぞれの地方で呼ばれている鳥の名前のこと。

鳥獣保護区；法律により、環境大臣または知事が設定した鳥獣の保護・繁殖を目的として定めた区域。

ディスプレー；自分の存在を誇示して、大きく目立たせる行動のこと。

ドラミング；キツツキ類が木の表面を連続して速く叩く行動のことで、コミュニケーション信号として使われる。

な行

夏鳥；春に宮崎より南から渡来して繁殖し、秋、南へ帰っていく鳥。

夏羽（繁殖羽）；番形成する時期や繁殖期の羽衣を、特に夏羽（繁殖羽）という。

縄張り（テリトリー）；ある生物が生活に必要な一定の空間を占有し、他の同種または他種のものの侵入を拒む区域。

日本特産種；世界中で、日本の国内だけに生息している種をいう。

ねぐら；夜間、天敵や天候の変化などを避け、安全に睡眠・休息をとるための場所。

は行

波状飛行；飛行軌跡が波形の飛翔のこと。

はやにえ；モズが捕まえた獲物を尖った枝先や棘、有刺鉄線などに突き刺したもの。

帆翔；ソアリングのこと。上昇気流などを利用し、翼を広げたままで羽ばたかずに飛翔する飛び方。

標準和名（和名）；日本で統一されて呼ばれる生物名。

漂鳥；国内を季節移動する鳥。北海道で繁殖し、本州以南で越冬するものや、高地で繁殖し、低地で繁殖するもの。

冬鳥；秋に宮崎より北から渡ってきて宮崎で越冬し、春、北へ帰っていく鳥。

冬羽（非繁殖羽）；夏羽に対する言葉で、大部分の鳥は繁殖期が終わる頃から定期的な換羽を行う。この換羽による非繁殖期の羽衣を冬羽という。

フライングキャッチ；枝先や地上から飛び立って飛翔昆虫を捕獲する。または飛翔しながら餌を捕る。

ペリット；食べ物の中の不消化物を、小さな固まりにして、口から吐き出したものをいう。

ホッピング（跳ね歩く）；両足をそろえて、飛び跳ねて歩くこと。

ホバリング；停空飛翔のこと。空中の一点に停止した状態で、はばたいていること。

ほろ打ち；キジやヤマドリの雄が繁殖期に行い、翼で空気を叩くようにしてドドド……という音を出す。ドラミングとも言う。

ま行

迷鳥；本来生息地が遠く離れ、居るはずのない鳥が現れた場合、もしくは本来の渡りのコースを逸脱して現れた場合の鳥をいう。

ものさし鳥；指標鳥とも言う。鳥の識別を行う際、よく知られている見慣れた鳥を基準にして表現する。その基準となる鳥。ハシボソガラス（50cm）、キジバト（30cm）、ムクドリ（24cm）、スズメ（14.5cm）

や行

翼帯；翼の上面や下面にあり、翼の基部から先端方向に帯状に出る模様。

幼鳥；1年で生殖に関与する種では、孵化したヒナが最初に得た羽毛から第1回冬羽になるまでをいう。また、生殖に関与するまで1年以上かかる種では、1回目の換羽を終えるまでをいう。

ら行

留鳥；同じ地域に一年中生息し、種として季節移動しない鳥。

わ行

若鳥；1年で生殖に関与する種では、第1回冬羽から第1回夏羽に換羽するまでをいう。また、生殖に関与するまで1年以上かかる種では、幼鳥の段階から完全な成鳥羽に換羽する前までをいう。

渡り；繁殖地と越冬地の間を、季節によって定期的に移動すること。

目次

宮崎県内で
みられる野鳥

ウズラ　キジ目キジ科

学　名：*Coturnix japonica*
英　名：Japanese Quail　漢字名：鶉

生息環境：草原や農耕地
渡り区分：冬鳥・少
全長：20cm（<ムクドリ）
鳴声：雄　グワグワー　ゴッゴワー
　　　雌　ピッピッー　ピピピピー
食性：地上に落ちている植物種子や果実、昆虫やクモ類など。
特記事項等：国；VU、県；VU-r
特徴：雌雄同色。成鳥は頭から体上面は褐色で、黒と淡黄色の横斑と縦斑がある。草やぶに潜んでいることが多く、近づくと急に飛び立つ。全国的に減少したため、2013年から狩猟鳥ではなくなった。
生息状況等：県内では冬鳥として、農耕地や草地に渡来するが、近年は激減し、ほとんど姿を見る機会がなくなった。県内の狩猟統計を見ると1967年には24,000羽の捕獲があったが、2006年には41羽と大きく減少している。（I）

2009年5月 成鳥 宮崎市（N）

観察時期	1	2	3	4	5	6	7	8	9	10	11	12
	●	●	●	●	▲					▲	●	●

アカヤマドリ　キジ目キジ科

学　名：*Syrmaticus soemmerringii soemmerringii*
英　名：Copper Pheasant　漢字名：赤山鳥

生息環境：山地のよく茂った林
渡り区分：留鳥
全長：雄125cm　雌55cm（>カラス）
鳴声：グル　グル
　　　ドラミング　ドドドドドッ
食性：地上にある植物の芽・葉・種子。昆虫・クモ類・多足類・軟体動物。
特記事項等：国；NT・狩猟鳥、県；NT-g
特徴：日本特産種であるヤマドリの５亜種のなかの１種。雄成鳥は全体に赤褐色で、尾が非常に長く目立つ。雌成鳥は尾が短く、全体に淡褐色である。
生息状況等：朝夕に見かけることが多い。県内では留鳥として、主に小丸川流域以北の山地に生息するが、個体数はそれほど多くない。4月－5月に地上にくぼみを作って、7個－13個の卵を温める。（I）

2010年1月 成鳥雄 川南町（藤崎浩司）

2004年3月 成鳥雌 美郷町南郷区（I）

観察時期	1	2	3	4	5	6	7	8	9	10	11	12
	●	●	●	●	●	●	●	●	●	●	●	●

コシジロヤマドリ キジ目キジ科

学　名：*Syrmaticus soemmerringii ijimae*
英　名：Copper Pheasant　漢字名：腰白山鳥

2012年5月 成鳥雄 宮崎市高岡町（F）

生息環境：山地のよく茂った林
渡り区分：留鳥
全長：雄125cm　雌55cm（>カラス）
鳴声：グル　グル
ドラミング　ドドドドドッ
食性：地上にある植物の芽・葉・種子。昆虫・クモ類・多足類・軟体動物。
特記事項等：国；NT、県；県鳥・NT-g
特徴：日本特産種であるヤマドリの５亜種のなかの１種。成鳥雄は全体に赤褐色で、腰部に顕著な白色斑があり、尾が非常に長く目立つ。雌成鳥は尾が短く、全体的に淡褐色である。
生息状況等：県内では留鳥として、主に小丸川流域以南の山地に生息する。アカヤマドリとの分布が重なる地域では、腰部の白斑が小さい個体が観察され、両亜種が交雑したものと考えられる。昭和39年（1964）に県鳥に制定された。（I）

観察時期	1	2	3	4	5	6	7	8	9	10	11	12
	●	●	●	●	●	●	●	●	●	●	●	●

キジ キジ目キジ科

学　名：*Phasianus colchicus*
英　名：Japanese(Green) Pheasant　漢字名：雉

2005年4月 宮崎市佐土原町 雄（I）

2013年3月 宮崎市 佐土原町 雌（F）

生息環境：林縁部、草原、農耕地
渡り区分：留鳥
全長：雄80cm　雌60cm（>カラス）
鳴声：ケーン　ケーン
食性：地上にある植物の芽・葉・種子。昆虫・クモ類・多足類・軟体動物。
特記事項等：国；国鳥・狩猟鳥
特徴：成鳥雄は翼と尾羽を除く体色が全体的に光沢のある深緑色をしており、目の周りの赤い肉腫が目立つ。翼と尾羽は茶褐色。成鳥雌は全体的に茶褐色で、尾羽は長い。
生息状況等：県内では留鳥とし、農耕地の周辺や河原などに周年生息する。九州地域のものは亜種キュウシュウキジ（*versicolor*）に分類されるが、近年は亜種間の交雑が進み、区別が難しくなっている。（I）

観察時期	1	2	3	4	5	6	7	8	9	10	11	12
	●	●	●	●	●	●	●	●	●	●	●	●

column

県鳥コシジロヤマドリとアカヤマドリ

コシジロヤマドリやアカヤマドリを含むヤマドリの仲間は、北海道を除く日本全国に留鳥として生息し、主に雄の羽色によって５亜種に分類され、南下するほど赤味が強くなっています。

- 亜種ヤマドリ：本州中部以北に広く分布し、ヤマドリの仲間では細く短い尾羽で、全身の羽色は淡色。腰羽は羽縁が白く、肩羽や翼の羽縁も白い。
- 亜種ウスアカヤマドリ：千葉県、静岡県、三重県、和歌山県、山口県および愛媛県南部に分布し、尾羽が細い個体や太い個体がおり、全身の羽色は赤味がやや強い。腰羽の羽縁は白く、肩羽や翼の羽縁がわずかに白い。
- 亜種シコクヤマドリ：兵庫県南部および中国地方と四国地方に分布し、細長い尾羽で、全身の羽色はやや濃色。腰や肩羽、翼の羽縁がやや白い。
- 亜種アカヤマドリ：九州北中部（福岡県、佐賀県、長崎県、大分県から、熊本県北部、宮崎県北部）に分布する。
- 亜種コシジロヤマドリ：九州中南部（熊本県南部、宮崎県南部、鹿児島県）の限られた地域に分布する。

これらはキジ目キジ科ヤマドリ属に分類され、すべてが日本の固有種です。中でも亜種コシジロヤマドリは1964年に宮崎県の県鳥に指定され、いち早く捕獲禁止となりました。しかし、亜種アカヤマドリは、亜種コシジロヤマドリと同じ準絶滅危惧種（NT）に指定されながら依然狩猟鳥のままです。

2009年に亜種コシジロヤマドリの県内における生息数の推定調査が行われ、現地調査や聞き取り調査、アンケート調査の結果から10,626羽の生息数が推定され、以前の推定生息数より若干減少傾向にあることが報告されました。その際、亜種アカヤマドリの情報も同時に収集し、それらを地図上に図示すると右図のようになり、北緯32度15分でほぼ明確に分布が分かれました。しかし、分布境界線付近では両亜種が確認され、亜種コシジロヤマドリの腰の白斑が小さい個体も観察され、交雑も示唆されました。　（中村　豊）

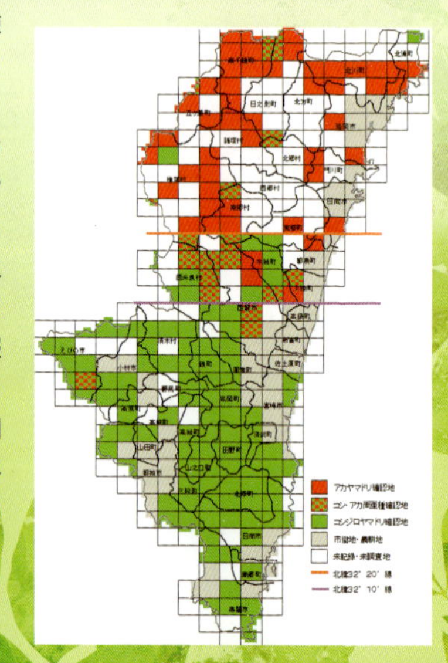

サカツラガン　カモ目カモ科

学　名：*Anser cygnoides*
英　名：Swan Goose　漢字名：酒面雁

生息環境：湖沼、湿原、河川、水田
渡り区分：冬鳥・稀
全長：87㎝（≫カラス）
鳴声：ガハン　ガハン
食性：主に植物食で、草の葉・茎・地下茎・根茎・種子・果実など。
特記事項等：国；DD
特徴：雌雄同色。頸部が長く、日本産のガン類では最大。成鳥は全体に茶褐色味が強く、喉と下腹から下尾筒にかけての白色部が目立つ。嘴は長く黒色。足は橙色。
生息状況等：県内では稀な冬鳥として、一ツ瀬川河口（1995年11～12月）と富田浜入江（1991年１月）で、観察されただけである。いずれも単独で飛来し、短期間の滞在であった。（Ｉ）

観察時期	1	2	3	4	5	6	7	8	9	10	11	12
	※										※	※

ヒシクイ　カモ目カモ科

学　名：*Anser fabalis*
英　名：Bean Goose　漢字名：菱喰

生息環境：湖沼、湿原、河川、水田
渡り区分：冬鳥・稀
全長：85㎝（≫カラス）
鳴声：ギャハハーン　ガハハーン
食性：主に植物食で、草の葉・茎・地下茎・根茎・種子・果実など。
特記事項等：国；天然記念物・NT（オオヒシクイ）・VU（ヒシクイ）
特徴：雌雄同色。大型のガン類。亜種ヒシクイ（*serrirostris*）に対し、亜種オオヒシクイ（*middendorffii*）の方がやや大きく頸が長い。成鳥は全体的に茶褐色味が強く、頭部は暗褐色で下尾筒は白い。嘴は長く先端部が橙黄色となり目立つ。足は橙色。
生息状況等：県内では数少ない冬鳥として、亜種ヒシクイと亜種オオヒシクイが、河口や沿海の農耕地に飛来する。単独で観察されることが多いが、2010年１月には串間市で亜種ヒシクイ18羽の群れが観察された。亜種オオヒシクイの方が記録が少ない。（Ｉ）

2007年12月 亜種ヒシクイ 成鳥 宮崎市（I）

観察時期	1	2	3	4	5	6	7	8	9	10	11	12
	▲	▲	▲								▲	▲

ハイイロガン　カモ目カモ科

学　名：*Anser anser*
英　名：Greylag Goose　漢字名：灰色雁

生息環境：水田、湖沼、河川
渡り区分：迷鳥
全長：84㎝（≫カラス）
鳴声：グワッ　グワッ　グェン　グェン
食性：主に植物食で、草の葉・茎・地下茎・根茎・種子・果実など。
特徴：雌雄同色。大型のガン類。成鳥は全体的に灰褐色味が強く、下尾筒は白い。嘴と足はピンク色。全国的にも飛来数は少ない。
生息状況等：県内では迷鳥として、1984年３月３日に大淀川河口で１羽が目撃された。遠目にも大きな灰色の体にピンクの嘴と足が目立ち、ひじょうに印象的であった。（Ｉ）

観察時期	1	2	3	4	5	6	7	8	9	10	11	12
			※									

マガン　カモ目カモ科

学　名：Anser albifrons
英　名：Greater White-fronted Goose
漢字名：真雁

2013年12月 成鳥 宮崎市佐土原町（F）

生息環境：湿原、湖沼、河川、水田、干潟
渡り区分：冬鳥・稀
全長：72㎝（>カラス）
鳴声：カハハハン　クワワワ
食性：主に植物食で、草の葉・茎・地下茎・根茎・種子・果実など。
特記事項等：国；天然記念物・NT
特徴：雌雄同色。中型のガン類。成鳥は全体的に暗褐色味が強く、下尾筒は白い。額から嘴の基部の白色部が目立つ。嘴は桃橙色。足は橙色。
生息状況等：県内では数少ない冬鳥または旅鳥として、河口や農耕地などに飛来する。１羽から数羽のことが多いが、2001年３月から４月にかけては、高鍋町で25羽の群れが目撃された。（Ｉ）

観察時期	1	2	3	4	5	6	7	8	9	10	11	12
	▲	▲	▲	▲							▲	▲

コクガン　カモ目カモ科

学　名：*Branta bernicla*
英　名：Brant Goose　漢字名：黒雁

生息環境：海岸、大きな河川の汽水域
渡り区分：冬鳥・稀
全長：61cm（>カラス）
鳴声：グルルル
食性：アマモ、アオサ、植物の葉や新芽。
特記事項等：国；天然記念物・VU
特徴：雌雄同色。小型のガン類。成鳥は全体に黒いが、上頸の輪状斑や脇・下尾筒が白く目立つ。嘴と足も黒い。
生息状況等：県内では数少ない冬鳥として、内湾の岩礁地や入江・河口部に渡来することがある。単独の場合が多いが、2羽観察されたこともある。（I）

2004年11月 成鳥 新富町（I）

観察時期	1	2	3	4	5	6	7	8	9	10	11	12
	▲	▲	▲								▲	▲

コハクチョウ　カモ目カモ科

学　名：*Cygnus columbianus*
英　名：Tundra Swan　漢字名：小白鳥

生息環境：河川（主に河口）、入江、湖沼
渡り区分：冬鳥・稀
全長：120cm（≫カラス）
鳴声：コォー
食性：ほとんど植物食で、水草の葉・茎・地下茎・根茎・種子・果実など。
特徴：雌雄同色。成鳥は全身が真っ白。嘴は上嘴基部が黄色で、先端は黒い。よく似たオオハクチョウより全体に小さく、嘴や頸も短い。嘴の黄色部も小さい。
生息状況等：県内では数少ない冬鳥として、河口などに飛来することがある。ほとんどが単独であるが、2010年2月には椎葉村に8羽の群れが観察された。宮崎市の知福川河口で、コブハクチョウと行動をともにする姿を見たことがある。（I）

1996年3月 幼鳥 延岡市（稲田菊雄）

観察時期	1	2	3	4	5	6	7	8	9	10	11	12
	▲	▲	▲								▲	▲

オオハクチョウ
カモ目カモ科

学　名：*Cygnus cygnus*
英　名：Whooper Swan
漢字名：大白鳥

2013年1月 成鳥(左) 幼鳥(右) えびの市 (F)

生息環境：河川(主に河口)、入江、湖沼
渡り区分：冬鳥・稀
全長：140cm (≫カラス)
鳴声：コォー
食性：ほとんど植物食で、水草の葉・茎・地下茎・根茎・種子・果実など。
特徴：雌雄同色。成鳥は全身が真っ白。嘴は上嘴基部が黄色で、先端は黒い。よく似たコハクチョウより全体に大きく、嘴や頸も長い。嘴の黄色部も大きい。
生息状況等：県内では数少ない冬鳥として、河口などに飛来することがある。ほとんどが単独記録であるが、1995年1月には親子5羽が宮崎市大淀川の橘橋付近で観察され、新聞等を賑わしたことがある。 (I)

観察時期	1	2	3	4	5	6	7	8	9	10	11	12
	▲	▲										▲

ツクシガモ
カモ目カモ科

学　名：*Tadorna tadorna*
英　名：Common Shelduck
漢字名：筑紫鴨

2013年3月 成鳥 宮崎市佐土原町 (F)

生息環境：河口、入江、干潟、湖沼
渡り区分：冬鳥
全長：63cm (>カラス)
鳴声：エアッ　アッツ　アッツ
食性：貝類、昆虫、甲殻類など。
特記事項等：国；VU、県；EN-r
特徴：雌雄同色。頭部と上頸は緑色光沢のある黒で体は白く広い茶色の胸帯がある。嘴は赤く繁殖期の雄は基部にこぶができる。飛行すると白と黒のコントラストが鮮やかである。
生息状況等：県内では冬鳥として、河口や入江に渡来する。2000年頃までは観察される事自体が稀で、最も渡来数が多い一ツ瀬川河口でも3～6羽の観察であった。近年は徐々に増加し、ほぼ毎年50羽を超えるようになっている。 (I)

観察時期	1	2	3	4	5	6	7	8	9	10	11	12
	●	●	●	●							●	●

観察時期：●ほぼ毎年観察される　▲数年に一度観察される　※ごく稀な観察記録がある

アカツクシガモ　カモ目カモ科

学　名：*Tadorna ferruginea*
英　名：Ruddy Shelduck　漢字名：赤筑紫鴨

2010年1月 成鳥雌 宮崎市佐土原町（F）

生息環境：河口、入江、干潟、湖沼
渡り区分：冬鳥・稀
全長：63.5cm（>カラス）
鳴声：グワー　グワー　クロー
食性：植物の茎葉や種子、昆虫、甲殻類、貝類、小魚、カエルなど。
特記事項等：国；DD
特徴：雌雄ほぼ同色。成鳥は全体が橙赤色で、頭部は白っぽい。風切は黒く、翼鏡は光沢のある緑色、雨覆は白い。雄は黒い頸輪がある。嘴と足は黒い。
生息状況等：日本国内でも稀な冬鳥である。県内では数少ない冬鳥として、平野部の河川や入江、沿海地の水田などに稀に飛来する。単独で記録でされることがほとんどで、他のカモ類と一緒に行動することもあまりない。（I）

観察時期	1	2	3	4	5	6	7	8	9	10	11	12
	▲										▲	▲

オシドリ　カモ目カモ科

学　名：*Aix galericulata*
英　名：Mandarin Duck　漢字名：鴛鴦

2012年12月 成鳥雄（左）雌（右）木城町（F）

生息環境：森林で囲まれた湖沼・河川、渓流
渡り区分：冬鳥（一部留鳥）
全長：46cm（<カラス）
鳴声：雄　ウイップ　ピュイ
　　　雌　キュイ　クァッ
食性：雑食性。草の種子、樹木の果実（特にどんぐりを好む）、水生昆虫など。
特記事項等：国；DD、県；DD-2
特徴：小型のカモ類。成鳥雄は全体が黄褐色で顔は白く、嘴はピンク色とカラフルである。銀杏羽と呼ばれる風切羽は特徴的である。成鳥雌は全体が灰白色でアイリングが目立つ。
生息状況等：県内では冬鳥として、9月頃から常緑広葉樹林に近い河川やため池、湖沼などに渡来し、10～200羽程度の群れで見られる。夏には少数が残り、山間渓流沿いで繁殖する。（I）

観察時期	1	2	3	4	5	6	7	8	9	10	11	12
	●	●	●	●	●	●	●	●	●	●	●	●

オカヨシガモ

カモ目カモ科

学　名：*Anas strepera*
英　名：Gadwall　漢字名：丘葭鴨

2014年1月 成鳥雄（左） 雌 宮崎市 （I）

生息環境：河川（主に河口部）、湖沼

渡り区分：冬鳥

全長：50㎝（＝カラス）

鳴声：雄　クァッ
雌　ガーガー

食性：イネ科やタデ科などの種子や植物体など。

特徴：中型のカモ類。成鳥雄は全体に灰色味が強い。腰と上下尾筒は黒く、翼鏡は白い。遠くで見ると単純な色合いに思えるが、近くで見ると複雑な色合いをしている。成鳥雌は全体が褐色で、白い翼鏡が特徴。

生息状況等：県内では冬鳥として、平野部の河口や入江、沿海地の湖沼に渡来する。個体数はそれほど多くないが、場所によっては100羽前後の群れを見ることがある。（I）

観察時期	1	2	3	4	5	6	7	8	9	10	11	12
	●	●	●	●						●	●	●

ヨシガモ

カモ目カモ科

学　名：*Anas falcata*
英　名：Falcated Duck　漢字名：葭鴨

2011年2月 成鳥雄（右） 雌（左） 宮崎市佐土原町 （I）

生息環境：河川、湖沼

渡り区分：冬鳥

全長：48㎝（<カラス）

鳴声：ホイップルルル

食性：イネ科やタデ科などの種子や植物体など。

特記事項等：国；狩猟鳥

特徴：中型のカモ類。成鳥雄は全体が灰色で、頭部は光沢のある緑色に赤紫色のグラデーションの縁取りがあり、ナポレオンハットに例えられるような独特の形をしている。嘴は小さめで黒い。成鳥雌は全体が濃い褐色である。

生息状況等：県内では冬鳥として平野部の河川や湖沼等に渡来するが、個体数はそれほど多くない。他のカモ類よりも、秋遅めに渡来し、春早めに渡去する傾向がある。（I）

観察時期	1	2	3	4	5	6	7	8	9	10	11	12
	●	●	●	●						●	●	●

観察時期：●ほぼ毎年観察される　▲数年に一度観察される　※ごく稀な観察記録がある

ヒドリガモ　カモ目カモ科

学　名：*Anas penelope*
英　名：Eurasian Wigeon　漢字名：緋鳥鴨

生息環境：河川、湖沼、海岸など
渡り区分：冬鳥
全長：48cm（<カラス）
鳴声：雄　ピュー
　　　雌　ガッガー
食性：水草の葉・茎・種子、コアマモや藻類。
特記事項等：国；狩猟鳥
特徴：中型のカモ類。成鳥雄は全体が灰色味が強く、頭部は茶褐色で額から頭頂部にかけてクリーム色の線が目立つ。嘴は灰色で先端は黒い。成鳥雌は全体に茶褐色で他種との識別は容易である。
生息状況等：県内では冬鳥として平野部の河川や湖沼に渡来し、マガモ、カルガモに次いで個体数は多い。昼間からさかんに採餌し、河川敷の草むらで青草を食べている姿を見ることもある。（I）

2004年1月 成鳥雄（手前）雌 門川町（I）

観察時期	1	2	3	4	5	6	7	8	9	10	11	12
	●	●	●	●	●				●	●	●	●

アメリカヒドリ　カモ目カモ科

学　名：*Anas americana*
英　名：American Wigeon
漢字名：亜米利加緋鳥

生息環境：河川、湖沼、海岸など
渡り区分：冬鳥・稀
全長：48cm（<カラス）
鳴声：雄　ピャッ　ピャッ
食性：水草の葉・茎・種子、藻類。
特徴：中型のカモ類。ヒドリガモに似るが、成鳥雄では全体に淡色であり、眼の周りから後頭部にかけて光沢のある緑色の斑がある。北米大陸に分布し、日本にはヒドリガモに混じって極少数が渡来する。
生息状況等：県内では数少ない冬鳥として渡来し、ヒドリガモの群れの中に単独で観察されることがある。純粋なアメリカヒドリは稀で、ヒドリガモとの交雑個体を見ることの方が多い。（I）

1979年2月 ヒドリガモとの雑種 宮崎市（N）

観察時期	1	2	3	4	5	6	7	8	9	10	11	12
	▲	▲	▲	▲							▲	▲

マガモ

カモ目カモ科

学　名：*Anas platyrhynchos*
英　名：Mallard　漢字名：真鴨

生息環境：河川、湖沼、水田、海上
渡り区分：冬鳥
全長：59cm（>カラス）
鳴声：グェッ　グェッ　グァー
食性：水草の葉・茎・種子など。
特記事項等：国；狩猟鳥
特徴：大型のカモ類。成鳥雄は全体が灰白色で、頭部は緑色、胸は栗色、上下尾筒は黒く、嘴は黄色で、尾は外側に巻いている。成鳥雌は全体に褐色で、嘴は黒色部のある橙色である。
生息状況等：県内では冬鳥として、平野部から中山間部の河川や湖沼、沿岸海上等に渡来する。最も普通なカモで個体数も多く、古くから狩猟鳥としてなじみが深い。エサ場を水田に依存する傾向が強い。（I）

2014年1月 成鳥雄（左）雌（右）新富町（I）

観察時期	1	2	3	4	5	6	7	8	9	10	11	12
	●	●	●	●	●				●	●	●	●

カルガモ

カモ目カモ科

学　名：*Anas zonorhyncha*
英　名：Eastern Spot-billed Duck
漢字名：軽鴨

生息環境：河川、湖沼、水田、海上
渡り区分：留鳥（大部分は冬鳥）
全長：60.5cm（>カラス）
鳴声：グェッ　グェッ
食性：水草の葉・茎・種子など。
特記事項等：国；狩猟鳥、方言；クロガモ
特徴：大型のカモ類。雌雄ほぼ同色。成鳥は全体がほとんど黒褐色。頭部から胸にかけて淡色となり、黒っぽい過眼線がある。嘴は黒色で先が黄色い。足は赤橙色。
生息状況等：県内では主に冬鳥として、平野部の河川や湖沼に渡来し、マガモとともに一般的なカモである。以前から、少数が越夏し平野部の湿地で繁殖していたが、近年はその数が増加している。初夏に見る親子連れの姿はほほえましい。（I）

2014年2月 成鳥雄（右）雌（左）宮崎市（I）

観察時期	1	2	3	4	5	6	7	8	9	10	11	12
	●	●	●	●	●	●	●	●	●	●	●	●

観察時期：●ほぼ毎年観察される　▲数年に一度観察される　※ごく稀な観察記録がある

ハシビロガモ　カモ目カモ科

学　名：*Anas clypeata*
英　名：Common Shoveller　漢字名：嘴広鴨

2004年2月 成鳥雄 宮崎市佐土原町（I）

2009年1月 成鳥雌 宮崎市佐土原町（I）

生息環境：湖沼、河川
渡り区分：冬鳥
全長：50cm（=カラス）
鳴声：雄 クエッ クスッ　雌 ガーガー
食性：水中の甲殻類などのプランクトンや植物の水中浮遊物、昆虫、植物種子。
特記事項等：国；狩猟鳥
特徴：中型のカモ類。雌雄ともに平たくて大きな嘴を持つことが特徴である。成鳥雄は緑の頭部と白い胸、脇の赤茶色、黒い上下尾筒のコントラストが明瞭。成鳥雌は全体に褐色である。
生息状況等：県内では冬鳥として、平野部の湖沼やため池、河川等に渡来する。個体数はそれほど多くない。以前は10羽以下の群れを見ることが多かったが、2010年頃より30羽以上の群れを見るなど個体数は増加傾向にある。（I）

観察時期	1	2	3	4	5	6	7	8	9	10	11	12
	●	●	●	●	●					●	●	●

オナガガモ　カモ目カモ科

学　名：*Anas acuta*
英　名：Pintail　漢字名：尾長鴨

2012年2月 成鳥雄（右）雌（左）宮崎市佐土原町（F）

生息環境：河川、湖沼、海岸など
渡り区分：冬鳥
全長：雄75cm　雌53cm（>カラス）
鳴声：雄　プュル　プュル
雌　グェッ　グェッ
食性：水草の種子や茎葉、水生昆虫など。
特記事項等：国；狩猟鳥
特徴：中型のカモ類。成鳥雄は全体的に灰色味が強く、栗色の頭部と白い前頸、黒い下尾筒と長い尾がよく目立つ。成鳥雌は全体に褐色を帯びる。雌雄ともに他種よりもスマートである。

生息状況等：県内では冬鳥として、平野部の河川や湖沼等に渡来する。2000年頃までは、それほど多い種ではなかったが、2009年頃より著しく増加し、場所によっては400羽以上の群れを見ることもある。（I）

観察時期	1	2	3	4	5	6	7	8	9	10	11	12
	●	●	●	●	●				●	●	●	●

シマアジ

カモ目カモ科

学　名：*Anas querquedula*
英　名：Gargarey　漢字名：縞味

2006年4月 成鳥雄（左）雌（右）宮崎市佐土原町（I）

生息環境：河川（主に河口部）、入江、水田

渡り区分：旅鳥

全長：38cm（>ハト）

鳴声：雄　ギリギリ　ギェー
雌　ケッ

食性：植物の種子や茎葉など。

特徴：小型のカモ類。成鳥雄は全体的にチョコレート色を帯び、額から後頭部に至る白い眉斑が目立つ。成鳥雌は全体が褐色で、嘴の基部に小さな淡色斑がある。

生息状況等：県内には旅鳥として、入江や河口、沿海地の水田に、春（3～5月）と秋（9～10月）に渡来する。個体数は少なくなる傾向にあり、近年では数羽の群れをたまに見る程度である。（I）

観察時期	1	2	3	4	5	6	7	8	9	10	11	12
			●	●	●			●	●	●		

トモエガモ

カモ目カモ科

学　名：*Anas formosa*
英　名：Baikal Teal　漢字名：巴鴨

2005年12月 成鳥雄 宮崎市高岡町（I）

2005年12月 成鳥雌 宮崎市佐土原町（I）

生息環境：湖沼、河川

渡り区分：冬鳥

全長：40cm（>ハト）

鳴声：コココ　クルップ

食性：植物の種子や茎葉など。

特記事項等：国；VU、県；VU-r

特徴：小型のカモ類。成鳥雄は全体に灰色っぽく、頭部は黄白色と緑色と黒色、白色の模様が巴型に見えることからその名がついた。成鳥雌は全体が褐色で、嘴基部に白斑がある。

生息状況等：県内では冬鳥として山際の湖沼やため池に渡来するが、個体数に年変動があり、全く見ない年もある。1990年代は1～3羽が目撃される程度であったが、2005年以降は増加傾向にあり、50羽を超える群れを見ることもある。（I）

観察時期	1	2	3	4	5	6	7	8	9	10	11	12
	●	●	●								●	●

コガモ　カモ目カモ科

学　名：*Anas crecca*
英　名：Teal　漢字名：小鴨

生息環境：湖沼、河川
渡り区分：冬鳥
全長：37.5㎝（>ハト）
鳴声：雄　ピリッ
　　　雌　グェ
食性：植物の種子や茎葉など。
特記事項等：国；狩猟鳥
特徴：日本産のカモ類で最小。成鳥雄は全体に灰色。頭部が栗色で、眼の周りから後頸にかけて緑色。下尾筒は黒く、両側に三角形の黄色い斑があり目立つ。成鳥雌は全体に褐色。アメリカコガモ（*carolinensis*）はコガモの北米産亜種。
生息状況等：県内では冬鳥として、平野部の河川や湖沼等に渡来する普通種で、個体数も多い。警戒心が強く、ヨシ原が発達した場所等、身を隠しやすい場所を好む傾向がある。亜種アメリカコガモと思われる記録は３例あるが、コガモとの交雑個体と考えられるものもある。（I）

2014年2月　成鳥雄（奥）雌（手前）宮崎市（I）

観察時期	1	2	3	4	5	6	7	8	9	10	11	12
	●	●	●	●	●				●	●	●	●

ホシハジロ　カモ目カモ科

学　名：*Aythya ferina*
英　名：Common Pochard　漢字名：星羽白

生息環境：湖沼、入江、河川、海岸
渡り区分：冬鳥
全長：45㎝（<カラス）
鳴声：クルッ　キュッ
食性：沈水性の水草を主に食べる他、イネ科やタデ科の植物種子など。
特記事項等：国；狩猟鳥
特徴：中型のカモ類。成鳥雄は赤褐色の頭部と黒い胸、灰色の体上部とのコントラストが明瞭。嘴は黒色で中ほどは鉛色である。成鳥雌は全体が褐色で白いアイリングがある。
生息状況等：県内では冬鳥として、入江、平野部の河川、湖沼等に渡来する。個体数はそれほど多くないが、場所によっては50羽以上の群れを見ることがある。昼間から盛んに潜って採餌する。　（I）

2012年3月　成鳥雄（右）雌（左）宮崎市佐土原町（F）

観察時期	1	2	3	4	5	6	7	8	9	10	11	12
	●	●	●	●	●					●	●	●

アカハジロ

カモ目カモ科

学　名：*Aythya baeri*
英　名：Baer's Pochard　漢字名：赤羽白

生息環境：湖沼、入江、河川
渡り区分：冬鳥・稀
全長：45cm（<カラス）
鳴声：雄　コロッ　　雌　クラッ
食性：沈水性の水草など。
特記事項等：国：DD

特徴：中型のカモ類。成鳥雄は全体に赤褐色味を帯び、頭部は緑色光沢のある黒色で白い虹彩が目立つ。成鳥雌は雄に対して全体に淡く、虹彩は焦茶色である。
生息状況等：県内では数少ない冬鳥で、入江や湖沼に稀に飛来する。単独で観察され、キンクロハジロなどの群れにいることが多い。キンクロハジロとの交雑と思われる個体も記録されている。（I）

観察時期	1	2	3	4	5	6	7	8	9	10	11	12
	▲	▲	▲									▲

メジロガモ

カモ目カモ科

学　名：*Aythya nyroca*
英　名：Ferruginous Duck　漢字名：目白鴨

生息環境：湖沼、入江、河川
渡り区分：迷鳥
全長：40cm（>ハト）
鳴声：カッ
食性：沈水性の水草など。
特徴：小型のカモ類。成鳥雄は全体が赤褐色で、背からの上面は黒褐色。虹彩は白く、種名のもとになっている。下尾筒の白色部も目立つ。成鳥雌は全体に褐色。国内でも稀な冬鳥である。

2014年12月 成鳥雄 宮崎市佐土原町（F）

生息状況等：県内ではごく稀な冬鳥で、2001年１月に宮崎市佐土原町の巨田池で雌１羽、2014年に佐土原町二ツ立で雄２羽が記録されたことがある。（I）

観察時期	1	2	3	4	5	6	7	8	9	10	11	12
	※											※

column　巨田池の鴨網猟　宮崎県指定無形民俗文化財

宮崎市佐土原町の巨田池では、400年以上の歴史をもつ伝統猟法の鴨網猟が現在も受け継がれ実施されています。周囲を樹木に囲まれた巨田池は、冬の季節マガモやヒドリガモなど多くのカモが飛来してきます。昼間、池で休んでいるカモは夕方になると餌を求めて周辺の田畑へと飛び立ちます。池を囲む樹木を凹形になるよう伐採し、カモの通り道をつくります。そこに網を構えた猟師がカモを待ち、カモの通過にあわせてタイミングよく網を投げ上げカモを捕らえます。多くのカモが集まる池であるからできる猟です。鴨網保存会ではカモの保護のため、投げる網の本数を決めるなどして乱獲しないようにしています。（福島英樹）

凹に樹木が伐採されたカモの通り道をつくります。

鴨網猟ジオラマ（宮崎県総合博物館民俗展示室）

観察時期：●ほぼ毎年観察される　▲数年に一度観察される　※ごく稀な観察記録がある

キンクロハジロ　カモ目カモ科

学　名：*Aythya fuligula*
英　名：Tufted Duck　漢字名：金黒羽白

生息環境：湖沼、入江、河川、海岸
渡り区分：冬鳥
全長：40cm（>ハト）
鳴声：雄 キュッ　ガガッ
雌 クァッ
食性：水底の巻貝類や二枚貝類など。
特記事項等：国；狩猟鳥
特徴：小型のカモ類。成鳥雄は頭部から体上部にかけて黒く、脇と腹の白とのコントラストが明瞭。後頭部に冠羽があり、黄色の虹彩も目立つ。成鳥雌は全体に黒褐色である。

2014年3月 成鳥雄（右）雌（左）宮崎市佐土原町（F）

生息状況等：県内では冬鳥として、入江や湖沼、河川に渡来する。個体数はそれほど多くないが、場所によっては50羽以上の群れを見ることがある。他の潜水採餌カモと一緒にいることも多い。（I）

観察時期	1	2	3	4	5	6	7	8	9	10	11	12
	●	●	●	●	●					●	●	●

スズガモ　カモ目カモ科

学　名：*Aythya marila*
英　名：Greater Scaup　漢字名：鈴鴨

生息環境：湖沼、入江、河川、海岸
渡り区分：冬鳥
全長：45cm（<カラス）
鳴声：クルルー　ガー
食性：水底の巻貝類や二枚貝類など。
特記事項等：国；狩猟鳥
特徴：中型のカモ類。成鳥雄は頭部が緑光沢のある黒色で胸と尾も黒色。体上部は灰色で、脇と腹は白い。虹彩は黄色い。成鳥雌は全体に黒褐色で、嘴基部に白色部がある。
生息状況等：県内では冬鳥として、入江や湖沼、河川に渡来する。個体数はそれほど多くないが、場所によっては50羽以上の群れを見ることがある。他の潜水採餌カモと一緒にいることも多い。（I）

2006年3月 成鳥雄 宮崎市佐土原町（F）

2011年12月 成鳥雌 宮崎市佐土原町（F）

観察時期	1	2	3	4	5	6	7	8	9	10	11	12
	●	●	●	●						●	●	●

シノリガモ　カモ目カモ科

学　名：*Histrionicus histrionicus*
英　名：Harlequin Duck　漢字名：長鴨

生息環境：河口、海岸
渡り区分：冬鳥・稀
全長：45㎝（<カラス）
鳴声：雄　フィー　　雌　グワァ
食性：貝類、魚、甲殻類、ウニ、水生昆虫、藻類。
特徴：中型のカモ類で、成鳥雄は青色光沢のある黒色を基調に、赤褐色、白色とで特徴ある色彩をしている。成鳥雌は全体に灰黒褐色で目先の上下と耳羽に白斑がある。
生息状況等：県内では稀な冬鳥として、河口に飛来したことがある。これまで延岡市大瀬川（1975年１月、２羽）と日向市耳川（1984年12月、１羽）で２回記録がある。耳川では、観察者の目の前で釣人に釣られたエピソードがある。　（Ｉ）

観察時期	1	2	3	4	5	6	7	8	9	10	11	12
	※											※

ビロードキンクロ　カモ目カモ科

学　名：*Melanitta fusca*
英　名：Velvet Scoter　漢字名：天鵞絨金黒

生息環境：内湾、海岸
渡り区分：冬鳥・稀
全長：55㎝（>カラス）
鳴声：雄　フィー　　雌　クラー　クラー
食性：二枚貝類や巻き貝類、甲殻類、ウニ、ヒトデなど。
特徴：大型のカモ類。成鳥雄は全体が黒く、頭部の三日月斑と次列風切が白く目立つ。嘴は赤色で、上嘴基部に黒いこぶがある。成鳥雌は全体に黒褐色で、目先と耳羽に白色部がある。
生息状況等：県内では稀な冬鳥として、海上に渡来することがある。近年では、2000年12月に新富町富田浜沖で14羽、2006年１月に宮崎市青島沖で８羽の群れが目撃されている。門川町尾末の内湾でも目撃記録がある。　（Ｉ）

観察時期	1	2	3	4	5	6	7	8	9	10	11	12
	▲											▲

カモ

クロガモ
カモ目カモ科

学　名：*Melanitta americana*
英　名：Black Scoter　漢字名：黒鴨

生息環境：海岸
渡り区分：冬鳥・稀
全長：48㎝（<カラス）
鳴声：雄　ピィー　フィー
　　雌　グルルル　クルルル
食性：二枚貝類や巻き貝類、甲殻類、ウニ、ナマコ類など。
特記事項等：国：狩猟鳥
特徴：中型のカモ類。成鳥雄は全身が黒い。嘴も黒いが上嘴の基部に黄色いこぶがあり、よく目立つ。成鳥雌は全体に黒褐色で、頬から前頸にかけては白っぽい。
生息状況等：県内では稀な冬鳥として、海上に渡来することがある。近年では、2000年12月から2001年１月にかけて、新富町から宮崎市佐土原町の沿岸海上で20羽程度の群れが目撃されている。　（Ｉ）

観察時期	1	2	3	4	5	6	7	8	9	10	11	12
	▲	▲										▲

ホオジロガモ
カモ目カモ科

学　名：*Bucephala clangula*
英　名：Common Goldeneye
漢字名：頬白鴨

2003年12月 成鳥雄 宮崎市（N）

生息環境：河口、湖沼、入江
渡り区分：冬鳥・稀
全長：45㎝（<カラス）
鳴声：雄　クイッ
　　雌　クワッ
食性：貝類、甲殻類、昆虫、小魚、水草の茎葉や種子、藻類など。
特徴：中型のカモ類。成鳥雄は頭部が緑色光沢のある黒色で、体上部も黒い。胸から脇・肩羽は白い。嘴基部の白色斑もポイント。成鳥雌は全体に灰褐色で、頭部が暗褐色である。
生息状況等：県内では数少ない冬鳥として、入江や河口、湖沼に渡来することがある。単独で観察されることがほとんどである。昼間から盛んに潜って採餌する。
（Ｉ）

観察時期	1	2	3	4	5	6	7	8	9	10	11	12
	▲										▲	▲

ミコアイサ

カモ目カモ科

学　名：*Mergus albellus*
英　名：Smew　漢字名：神子秋沙

生息環境：河口、入江、湖沼
渡り区分：冬鳥・少
全長：42cm（<カラス）
鳴声：雄　エルル　エルル　ウクー
　　　雌　クワッ　クワッ
食性：魚類、甲殻類、貝類など。

特徴：小型のカモ類。成鳥雄は全体に白っぽく、眼の周りから目先、後頭部、体上面が黒く、コントラストが明瞭。成鳥雌は全体が灰黒褐色で、頭部が茶褐色である。
生息状況等：県内では数少ない冬鳥として、入江や河川、湖沼に渡来する。単独か２羽で観察されることがほとんどで、成鳥雄の観察は稀である。（Ｉ）

観察時期	1	2	3	4	5	6	7	8	9	10	11	12
	●	●									●	●

カワアイサ

カモ目カモ科

学　名：*Mergus merganser*
英　名：Common Merganser
漢字名：川秋沙

生息環境：河口、湖沼
渡り区分：冬鳥・少
全長：65cm（>カラス）
鳴声：雄　カルル　カルル
　　　雌　カルルー　カルルー
食性：魚類が主。
特徴：大型のカモ類。成鳥雄は頭部が緑光沢を帯びた黒色で、嘴は赤い。胸から腹にかけては白いがピンク味を帯びている。成鳥雌は全体が灰褐色で、頭部は茶褐色である。
生息状況等：県内では数少ない冬鳥として、入江や河川、湖沼に１～３羽が渡来する。沿海地だけでなく、都城市などの内陸盆地でも観察記録がある。成鳥雄の観察は稀である。（Ｉ）

1996年11月 成鳥雄 都城市（中原聡）

2014年2月 成鳥雌 宮崎市高岡町（F）

観察時期	1	2	3	4	5	6	7	8	9	10	11	12
	●	●	●								●	●

ウミアイサ　カモ目カモ科

学　名：*Mergus serrator*
英　名：Red-breasted Merganser
漢字名：海秋沙

生息環境：河口、海岸
渡り区分：冬鳥・少
全長：55㎝（>カラス）
鳴声：クワッ、クワッ　コロー
食性：魚類が主。
特徴：大型のカモ類。成鳥雄は頭部が緑光沢を帯びた黒色で、嘴は赤い。頸と腹が白く、脇には灰色の波状斑がある。成鳥雌は全体が灰褐色で、頭部は茶褐色。
生息状況等：県内では数少ない冬鳥として、内湾や入江、河川、湖沼に１～３羽が渡来する。沿海地での目撃が多いが、高原町御池など内陸部でも観察記録がある。成鳥雄の観察は稀である。（Ｉ）

2012年11月 雌 宮崎市佐土原町（F）

観察時期	1	2	3	4	5	6	7	8	9	10	11	12
	●	●	●								●	●

コウライアイサ　カモ目カモ科

学　名：*Mergus squamatus*
英　名：Scaiy-sided Merganser
漢字名：高麗秋沙

生息環境：湖沼、海岸、河川
渡り区分：冬鳥・稀
全長：57㎝（>カラス）
食性：魚類が主。
特記事項等：国；国際希少野生動植物種
特徴：大型のカモ類。成鳥雄は頭部が緑光沢を帯びた黒色で、嘴は赤い。胸から腹にかけては白く、脇に特徴的な鱗状紋がある。成鳥雌は全体が灰褐色で、脇には鱗状紋がある。
生息状況等：県内では稀な冬鳥として、海上、河川、湖沼に１～３羽が渡来することがある。河川中流域や高原町御池など、比較的内陸部での観察例が多い。（Ｉ）

2014年2月 成鳥雄 宮崎市高岡町（F）

2014年2月 成鳥雌 宮崎市高岡町（F）

観察時期	1	2	3	4	5	6	7	8	9	10	11	12
	▲	▲	▲								▲	▲

column

カモ類の雑種

カモ類では、自然環境下において異種間の交雑が起こり、雑種個体が生じることがあります。これは、カモ類の種が遺伝子的に近く、比較的容易に交雑しやすいことが主な原因と思われます。また、カモ類は、越冬地でその年のカップルが生まれ、シベリアなどの繁殖地に戻ってから産卵と育雛を行いますが、越冬地ではさまざまな種が混じって生息するため、このような思わぬ組み合わせができるようです。

カモ類は、雄の配色が鮮やかなことから、雑種と思われる個体において、両親の推定ができますが、中には判定が難しい個体もいます。また、雑種は通常繁殖能力がなく1代限りですが、カモ類では繁殖力をもつ個体もいるそうです。

宮崎県内においても、ごく稀に、見たことのない配色をした雑種のカモに出会うことがあります。

これまでに、「アカハジロ×キンクロハジロ」、「マガモ×オナガガモ」、「ヒドリガモ×アメリカヒドリ」、「ヒドリガモ×ヨシガモ」、「オカヨシガモ×ヨシガモ」、「マガモ×カルガモ」を観察したことがあります。　　　　　　　(井上伸之)

マガモとカルガモの交雑個体
2002年1月　宮崎市（I）

ヒドリガモとヨシガモの交雑個体
2007年11月　宮崎市高岡町（I）

マガモとオナガガモの交雑個体
1991年11月　日向市（I）

カイツブリ

カイツブリ目カイツブリ科

学　名：*Tachybaptus ruficollis*
英　名：Little Grebe　漢字名：鳰

生息環境：河川、湖沼
渡り区分：留鳥
全長：26㎝（＞ムクドリ）
鳴声：キュルルルル……　　警戒時　ピッ
食性：小魚や水生甲殻類・昆虫・軟体動物、ヒシの実など。
特徴：雌雄同色。成鳥夏羽では全体的に黒褐色で、顔の後面から頸にかけて赤褐色。尾は短くほとんどない。嘴は黒色。成鳥冬羽では全体に淡色となる。
生息状況等：県内では留鳥として、河川、湖沼、入江等に生息し、夏にはため池等で繁殖する。冬期は北日本等からの南下越冬個体により、個体数が多くなる。（Ｉ）

2012年7月 成鳥夏羽 宮崎市（F）

2012年11月 成鳥冬羽 宮崎市佐土原町（F）

観察時期	1	2	3	4	5	6	7	8	9	10	11	12
	●	●	●	●	●	●	●	●	●	●	●	●

カンムリカイツブリ

カイツブリ目カイツブリ科

学　名：*Podiceps cristatus*
英　名：Great Crested Grebe
漢字名：冠鳰

生息環境：海岸、河川、湖沼
渡り区分：冬鳥
全長：56㎝（＞カラス）
鳴声：クワッ、クワッ
食性：魚類、水生の甲殻類・昆虫・両生類など。
特徴：雌雄同色。大型のカイツブリ類。成鳥夏羽では頭頂部に黒い冠羽、眼の周りの白色部、赤褐色の飾り羽があり目立つ。成鳥冬羽では全体に灰黒褐色で、嘴も淡色となる。
生息状況等：県内では冬鳥として、10月下旬頃より海上、河口、入江に渡来し越冬する。個体数はさほど多くないが、海上では50羽以上が集まることもある。3月の渡去前には夏羽に換羽した個体を見ることがある。（Ｉ）

2001年3月 成鳥冬羽(左) 夏羽(右) 門川町（N）

観察時期	1	2	3	4	5	6	7	8	9	10	11	12
	●	●	●	●		※	※			●	●	●

ミミカイツブリ

カイツブリ目カイツブリ科

学　名：*Podiceps auritus*
英　名：Horned Grebe
漢字名：耳鳰

生息環境：海岸、入江、河口
渡り区分：冬鳥・稀
全長：33cm（＝ハト）
鳴声：ピー
食性：小型の魚、水生の甲殻類・昆虫、水草など。
特徴：雌雄同色。成鳥夏羽では全体的に黒褐色で、眼の後方から金栗色の飾り羽がある。頸から胸は赤褐色。虹彩は赤い。成鳥冬羽は全体的に灰黒色で、眼の下から後頸にかけ淡色となる。
生息状況等：県内では冬鳥として、入江、河川、湖沼等に飛来した記録があるが、ハジロカイツブリとの見分けが不十分な誤認が多いと思われ、記録の再検討と、証拠写真の撮影が必要である。（I）

観察時期	1	2	3	4	5	6	7	8	9	10	11	12
	※	※								※	※	※

ハジロカイツブリ

カイツブリ目カイツブリ科

学　名：*Podiceps nigricollis*
英　名：Black-necked Grebe
漢字名：羽白鳰

生息環境：河川、湖沼
渡り区分：冬鳥
全長：31cm（＜ハト）
鳴声：ピー　プイッ
食性：小型の魚、水生の甲殻類·昆虫など。
特徴：雌雄同色。成鳥夏羽では全体的に黒褐色で、眼の後方から金栗色の飾り羽がある。嘴は黒く、虹彩は赤い。成鳥冬羽は全体的に灰黒色で、眼の下から後頸にかけ淡色となる。
生息状況等：県内では冬鳥として、入江、河川、湖沼等に渡来するが、個体数は少なく、１～２羽の記録がほとんどである。３月の渡去前には夏羽に換羽した個体を見ることがある。（I）

2014年3月 成鳥夏羽 宮崎市佐土原町（F）

2013年1月 成鳥冬羽 宮崎市佐土原町（F）

観察時期	1	2	3	4	5	6	7	8	9	10	11	12
	●	●	●							●	●	●

　観察時期：●ほぼ毎年観察される　▲数年に一度観察される　※ごく稀な観察記録がある

アカオネッタイチョウ
ネッタイチョウ目ネッタイチョウ科

学　名：*Phaethon rubricauda*
英　名：Red-tailed Tropicbird
漢字名：赤尾熱帯鳥

1999年7月 幼鳥 日南市 剥製 宮崎県総合博物館所蔵

生息環境：海上
渡り区分：迷鳥
全長：96cm（>カラス）
鳴声：キッ
食性：魚類、イカ類、甲殻類など。
特記事項等：国：EN
特徴：雌雄同色。成鳥は全身が真っ白で、眼の周りと三列風切外縁の黒色が目立つ。嘴は赤色で、尾の中央にあるひじょうに細長い尾羽も赤い。夏鳥として八重山諸島などで繁殖する。
生息状況等：県内では、1959年９月２日に県北の海岸で、台風のため迷行した１個体が観察されている。また、1999年７月27日には、日南市春日町で弱った個体１羽が保護されている。（Ｉ）

観察時期	1	2	3	4	5	6	7	8	9	10	11	12
							※					

シラオネッタイチョウ
ネッタイチョウ目ネッタイチョウ科

学　名：*Phaethon lepturus*
英　名：White-tailed Tropicbird
漢字名：白尾熱帯鳥

生息環境：海上
渡り区分：迷鳥
全長：81cm（>カラス）
食性：魚類、イカ類、甲殻類など。
特徴：雌雄同色。成鳥は全身が白く、眼の周りと外側初列風切数枚の基部部分が黒く、体上部では逆ハの字の黒斑が出る。嘴は黄色く、尾の中央にあるひじょうに細長い尾羽は白い。
生息状況等：県内では迷鳥として、1959年６月から７月にかけて、延岡市大瀬川下流で迷行した７個体が観察されている。（Ｉ）

観察時期	1	2	3	4	5	6	7	8	9	10	11	12
						※						

カラスバト　ハト目ハト科

学　名：*Columba janthina*
英　名：Japanese Wood Pigeon　漢字名：烏鳩

生息環境：島嶼や沿海地の常緑広葉樹林
渡り区分：留鳥
全長：40cm（>キジバト）
鳴声：ウッウゥー
食性：シイ、カシ、タブノキ、ヤブツバキなどの堅果・多肉果。樹木の新芽。
特記事項等：国；天然記念物・NT、県；VU-r
特徴：雌雄同色。大型のハト。成鳥は全体が黒色で、頭頂と後頸、背には赤紫色、頸と胸には緑色の金属光沢がある。嘴は先が淡黄色で基部付近が淡青緑色。足は赤い。
生息状況等：県内では局地的な留鳥として、島嶼や半島のよく茂った常緑広葉樹林に生息する。限定的な環境に生息するため個体数は少ない。繁殖期は2～9月で樹上や樹洞及び地上に小枝を集めて粗雑な巣をつくり1卵を産む。（I）

2013年4月
成鳥
門川町（F）

観察時期	1	2	3	4	5	6	7	8	9	10	11	12
	●	●	●	●	●	●	●	●	●	●	●	●

キジバト　ハト目ハト科

学　名：*Streptopelia orientalis*
英　名：Oriental Turtle Dove　漢字名：雉鳩

生息環境：農耕地、集落、市街地、公園、森林など
渡り区分：留鳥
全長：33cm（指標鳥）
鳴声：デデー　ポーポー
食性：地上に落ちている種子や果実、昆虫やミミズなど。
特記事項等：国；狩猟鳥
特徴：雌雄同色。成鳥は全体に灰褐色で、やや紫みを帯びる。肩羽から翼にかけては茶色の大きな羽縁が目立つ。足は赤紫色で虹彩は橙色。幼鳥は全体に褐色みが強い。
生息状況等：県内では普通な留鳥として、市街地から農耕地、山地までさまざまな環境に生息している。都市環境にも適応し、庭木や街路樹など、身近な場所で繁殖行動も見られる。冬には大きな群れを作ることがある。（I）

2005年4月 成鳥 宮崎市（I）

観察時期	1	2	3	4	5	6	7	8	9	10	11	12
	●	●	●	●	●	●	●	●	●	●	●	●

観察時期：●ほぼ毎年観察される　▲数年に一度観察される　※ごく稀な観察記録がある

column

天然記念物カラスバトの地上営巣について

カラスバト成鳥

日本に生息するカラスバトの仲間は3種でカラスバト、オガサワラカラスバト、リュウキュウカラスバトです。ところが現在では、後者の2種は絶滅してしまい、カラスバト1種しか生息していません。その種カラスバトは本州以南に広く生息する亜種カラスバトと小笠原群島、硫黄列島に生息する亜種アカガシラカラスバト、先島諸島に生息する亜種ヨナグニカラスバトの3亜種に分類されています。宮崎県内には日南市南郷町沖の大島、門川町の枇榔島と小枇榔に亜種カラスバトの繁殖が知られています。種カラスバトは1971年、天然記念物に指定されました。

地上につくられた巣と卵

1996～2000年まで枇榔島と小枇榔に生息する亜種カラスバトの繁殖形態を調査しました。通常亜種カラスバトは、主に樹上や樹洞などに木の枝を組み合わせた巣を作るといわれています。しかし、枇榔島や小枇榔で見つけた36巣は全て地上営巣でした。地上営巣については、山口県牛島でもほとんど地上で営巣すると報告されています。また亜種アカガシラカラスバトも地上営巣することが報告されています。このことについて山本・三宅やKawajiは、地上性捕食者がいない時期か、少ない場所であることが地上営巣の理由であろうと推測しています。枇榔島や小枇榔には、哺乳類や爬虫類などの地上性捕食者が生息していないので、このことが枇榔島などで地上営巣する主な理由と考えられます。またKawajiは、キジバトが地上営巣した例を検証するために、地上と樹上に人工巣と卵を設置して観察した結果、樹上よりも地上の藪の中に営巣することでカラス類からの捕食を逃れられることが分かりました。枇榔島や小枇榔の亜種カラスバトが地上の藪の中で営巣するもう一つの理由は、カラス類からの捕食を逃れるためもあると思われます。（中村　豊）

孵化して数日のヒナ

巣立ち間近い幼鳥

ベニバト　ハト目ハト科

学　名：*Streptopelia tranquebarica*
英　名：Red Turtle Dove
漢字名：紅鳩

1999年5月 成鳥雄 新富町（鈴木直孝）

生息環境：農耕地、村落
渡り区分：迷鳥
全長：23cm（<ムクドリ）
鳴声：ゴッゴロー
食性：地上に落ちている種子や果実、昆虫やミミズなど。
特徴：日本産のハトでは最小。成鳥雄は全体が赤紫褐色で、頭部は青灰色。側頸から後頸にかけて黒帯がある。成鳥雌は赤みがなく、全体に灰褐色である。
生息状況等：県内では迷鳥あるいは極めて稀な旅鳥として、農耕地や集落周辺、草地などに渡来することがある。単独で観察されることが多いが、1999年５月には３羽が同時に記録された。（Ｉ）

観察時期	1	2	3	4	5	6	7	8	9	10	11	12
				※	※					※		

アオバト　ハト目ハト科

学　名：*Treron sieboldii*
英　名：Japanese Green Pigeon　漢字名：緑鳩

2014年2月 幼鳥雌 日南市北郷町（N）

生息環境：主に森林
渡り区分：留鳥
全長：33cm（=ハト）
鳴声：オーアオー　アオー
食性：樹木や草の実・果実・種子など。
特徴：成鳥雄は頭部から体上部にかけては黄緑色から緑灰色で、赤紫色の小・中雨覆が目立つ。嘴はコバルト色である。成鳥雌は全体に淡色で、小・中雨覆も緑褐色である。
生息状況等：県内では留鳥として、山地に生息し繁殖する。冬期には群れで行動し、平地の林でも見られる。夏には海岸の岩礁で海水を飲んでいる姿を観察することがある。（Ｉ）

観察時期	1	2	3	4	5	6	7	8	9	10	11	12
	●	●	●	●	●	●	●	●	●	●	●	●

観察時期：●ほぼ毎年観察される　▲数年に一度観察される　※ごく稀な観察記録がある

アビ

アビ目アビ科

学　名：*Gavia stellata*
英　名：Red-throated Loon　漢字名：阿比

生息環境：河川、入江、内湾、海岸
渡り区分：冬鳥・稀
全長：63cm（>カラス）
鳴声：グェー　グァー
食性：魚類、水生昆虫、甲殻類、イカ類など。
特徴：雌雄同色。嘴は黒くて細長く、やや上に反って見える。成鳥冬羽は額から後頸までが灰色で、体上面は黒褐色、頬から前頸・胸・体下面は白い。成鳥夏羽は前頸に赤色斑が出る。
生息状況等：県内では数少ない冬鳥として、沿海上、入江、河川、湖沼に渡来し、単独で目撃されることがほとんどである。高原町御池など、内陸部で観察されることもある。（I）

2004年11月 成鳥冬羽 宮崎市佐土原町（I）

観察時期	1	2	3	4	5	6	7	8	9	10	11	12
	▲	▲	▲	▲							▲	▲

オオハム

アビ目アビ科

学　名：*Gavia arctica*
英　名：Black-throated Loon　漢字名：大波武

生息環境：河口、入江、内湾、海岸
渡り区分：冬鳥・稀
全長：72cm（>カラス）
食性：魚類、水生昆虫、甲殻類、イカ類など。
特徴：雌雄同色。成鳥冬羽は額から後頸、体上面は黒褐色、頬から前頸・胸・体下面は白い。成鳥夏羽は前頸に黒斑が出る。嘴はまっすぐで黒く、シロエリオオハムより長い。
生息状況等：県内では稀な冬鳥として、平野部の河川に渡来し、延岡市大瀬川河口や都城市大淀川で記録がある。この他にもオオハムと思われる記録があるが、写真等の記録に乏しく、判断が難しい。（I）

2002年2月 冬羽 都城市（鈴木直孝）

観察時期	1	2	3	4	5	6	7	8	9	10	11	12
		▲	▲	▲								

シロエリオオハム アビ目アビ科

学　名：*Gavia pacifica*
英　名：Pacific Loon　漢字名：白襟大波武

生息環境：河川、入江、内湾、海岸
渡り区分：冬鳥・稀
全長：65cm（>カラス）
鳴声：グァーン
食性：魚類、水生昆虫、甲殻類、イカ類など。
特徴：雌雄同色。成鳥冬羽は額から後頸、体上面は黒褐色、頬から前頸・胸・体下面は白い。成鳥夏羽は前頸に黒斑が出る。嘴はまっすぐで黒く、オオハムより短い。
生息状況等：県内では数少ない冬鳥として、海上、入江、河川に飛来し、単独で目撃される。ほとんどは沿海地であるが、都城市の河川で記録されたこともある。
（Ｉ）

1986年1月 冬羽 新富町（N）

観察時期	1	2	3	4	5	6	7	8	9	10	11	12
	▲	▲	▲									▲

コアホウドリ ミズナギドリ目アホウドリ科

学　名：*Phoebastria immutabilis*
英　名：Laysan Albatross　漢字名：小信天翁

生息環境：海上
渡り区分：迷鳥
全長：80cm（≫カラス）
食性：イカ類、トビウオ類、甲殻類。
特記事項等：国；EN
特徴：雌雄同色。成鳥では頭部・頸・胸・体下面は白く、背・翼上面・尾は濃黒褐色。嘴と足はピンク色である。幼鳥や若鳥は嘴が灰色味を帯びる。
生息状況等：県内では迷鳥として、1978年３月15日に宮崎市山崎海岸に１羽が打ち上げられていた記録と、1995年９月29日に延岡市緑ヶ丘で１羽の落鳥記録がある。
（Ｉ）

1995年9月 延岡市 剥製 宮崎県総合博物館所蔵

観察時期	1	2	3	4	5	6	7	8	9	10	11	12
			※						※			

観察時期：●ほぼ毎年観察される　▲数年に一度観察される　※ごく稀な観察記録がある

シロハラミズナギドリ

ミズナギドリ目ミズナギドリ科

学　名：*Pterodroma hypoleuca*
英　名：Bonin Petrel　漢字名：白腹水薙鳥

1998年8月 宮崎県内 剥製 宮崎県総合博物館所蔵

生息環境：海上
渡り区分：迷鳥
全長：30cm（<キジバト）
食性：甲殻類、イカ類の幼体、稚魚など。
特記事項等：国；DD、県；DD-2
特徴：雌雄同色。成鳥は眼から頭頂、後頸は黒く、額、喉からの体下面は白い。体上面は灰褐色で黒褐色のM字型の模様が出る。海洋鳥で、繁殖期以外は陸地には近づかない。
生息状況等：県内では迷鳥として、1978年８月31日に宮崎市大塚町（台風による落鳥）、1983年４月14日に宮崎市内（保護）、2000年８月29日に宮崎市清武町加納等、複数の記録がある。（Ｉ）

観察時期	1	2	3	4	5	6	7	8	9	10	11	12
				※				※	※			

オオミズナギドリ

ミズナギドリ目ミズナギドリ科

学　名：*Calonectris leucomelas*
英　名：Streaked Shearwater
漢字名：大水薙鳥

1994年4月 成鳥 門川町（N）

生息環境：海上、島嶼
渡り区分：夏鳥
全長：49cm（<カラス）
鳴声：グワーェ、グワーェ
食性：甲殻類、イカ類の幼体、稚魚など。
特記事項等：県；OT-1
特徴：雌雄同色。嘴は淡青色を帯びたピンク色で長く先が鉤状に曲がり鋭い。背面は褐色で腹面は白色。魚群の存在を知らせる鳥として古くから漁民に守られている。
生息状況等：県内では主に夏鳥として、海上や島嶼に渡来する。特に、門川町枇榔島周辺には約1,000羽が生息し繁殖もしている。繁殖期は５～10月であるが、少数が冬期も生息している。（Ｉ）

観察時期	1	2	3	4	5	6	7	8	9	10	11	12
			●	●	●	●	●	●	●	●	●	

ハシボソミズナギドリ

ミズナギドリ目ミズナギドリ科

学　名：*Puffinus tenuirostris*
英　名：Short-tailed Shearwater
漢字名：嘴細水薙鳥

生息環境：海上
渡り区分：旅鳥
全長：42㎝（<カラス）
食性：オキアミなどの甲殻類、イカの幼体、稚魚など。
特徴：雌雄同色。ほぼ全身が黒褐色で、嘴や足も黒褐色である。体はスマートである。ハシボソミズナギドリは、時にストランディング現象と呼ばれる大量死で岸に漂着することがある。
生息状況等：県内では旅鳥として、春と秋に海上を渡っていくが、海が荒れた時には陸上から姿を見ることもある。2002年９月22日に新富町富田浜で拾得された落鳥は宮崎総合博物館に収蔵されている。

（Ｉ）

2002年9月 幼鳥 新富町 剥製 宮崎県総合博物館所蔵

観察時期	1	2	3	4	5	6	7	8	9	10	11	12
				●	●	●			●			

アカアシミズナギドリ

ミズナギドリ目ミズナギドリ科

学　名：*Puffinus carneipes*
英　名：Flesh-footed Shearwater
漢字名：赤足水薙鳥

生息環境：海上
渡り区分：迷鳥
全長：48㎝（<カラス）
食性：甲殻類、軟体動物や魚類など。
特徴：雌雄同色。ほぼ全身が暗褐色で、翼の裏側も暗色である。嘴は淡いピンク色で先端は黒い。足は淡いピンク色で目立つ。翼の幅はやや広く、はばたきは比較的ゆっくりである。
生息状況等：県内では迷鳥または数少ない旅鳥で、2003年５月27日に日向市小倉ヶ浜で、落鳥個体が確認された記録がある。

（Ｉ）

観察時期	1	2	3	4	5	6	7	8	9	10	11	12
					※							

アナドリ　ミズナギドリ目ミズナギドリ科

学　名：*Bulweria bulwerii*
英　名：Bulwer's Petrel　漢字名：穴鳥

生息環境：海上、島嶼
渡り区分：夏鳥・稀
全長：27cm（<ハト）
鳴声：ウォッウォッ
食性：魚類の卵、甲殻類、イカ類の幼体、稚魚など。
特記事項等：県：DD-2
特徴：雌雄同色。成鳥は全体に黒褐色。嘴は黒色、脚は淡灰色で足指と趾膜は黒色。小型のミズナギドリ類で大きさや色はウミツバメ類に似るが、尾羽は長めで楔形をしている。
生息状況等：県内では極めて稀な夏鳥として、門川町枇榔島で生息が確認され、繁殖行動も確認されている。島には４～５月に飛来し、５～８月頃に岩穴で繁殖する。９～10月頃島を離れる。　（Ｉ）

2014年7月 門川町（N）

観察時期	1	2	3	4	5	6	7	8	9	10	11	12
							▲	▲	▲	▲		

オオミズナギドリ

ヒメクロウミツバメ

ミズナギドリ目ウミツバメ科

学　名：*Oceanodroma monorhis*
英　名：Swinhoe's Storm Petrel
漢字名：姫黒海燕

生息環境：海上、島嶼
渡り区分：迷鳥
全長：19cm（>スズメ）
食性：水面近くの小魚、浮遊するプランクトン、イカ、エビなど。
特記事項等：国；VU

特徴：雌雄同色。成鳥は全身が黒ずんだ黒褐色で、腰には白色部がない。翼はウミツバメ類の中では短めで、尾の切れ込みは浅い凹形。嘴と足は黒い。主に夏鳥として太平洋沖で観察される。
生息状況等：県内では迷鳥として、1980年10月13日に日南市西弁分で台風のため弱った１個体が保護された記録がある。
（Ｉ）

観察時期	1	2	3	4	5	6	7	8	9	10	11	12
										※		

コシジロウミツバメ

ミズナギドリ目ウミツバメ科

学　名：*Oceanodroma leucorhoa*
英　名：Leach's Storm Petrel
漢字名：腰白海燕

2004年10月保護 成鳥 宮崎市（N）

生息環境：海上
渡り区分：迷鳥
全長：21cm（<ムクドリ）
鳴声：ピーウィッ　オッテケテット
食性：水面近くの小魚、浮遊するプランクトン、イカ、エビなど。
特徴：雌雄同色。成鳥は全体が黒褐色で、上尾筒と下尾筒側部は白い。翼は長く、尾は深く切れ込んだ凹形。嘴と足は黒色。主に夏鳥として太平洋沖で観察される。

生息状況等：県内では迷鳥として、2004年台風通過後の10月21日、弱った１個体が宮崎市曽師町で保護された記録がある。
（Ｉ）

観察時期	1	2	3	4	5	6	7	8	9	10	11	12
										※		

 観察時期：●ほぼ毎年観察される　▲数年に一度観察される　※ごく稀な観察記録がある

ナベコウ　コウノトリ目コウノトリ科

学　名：*Ciconia nigra*
英　名：Black Stork　漢字名：鍋鸛

生息環境：湿地、水田
渡り区分：迷鳥
全長：99㎝（≫カラス）
鳴声：ピューリー　ピューリー
食性：ドジョウやコイなどの魚、両生類、昆虫、貝類、ネズミ、ミミズなど。
特徴：雌雄同色。成鳥は全身が緑色や赤紫色の光沢がある黒。胸部から腹部、下尾筒は白い。嘴は直線的で、太く長い。嘴や後肢の色彩は赤い。幼鳥は全身が暗褐色。
生息状況等：県内では稀な冬鳥として、市街地や農耕地に飛来したことがある。特に、1987年から３年連続して、成鳥が西都市に渡来し、話題となった。（Ｉ）

1988年1月
成鳥
西都市（I）

観察時期	1	2	3	4	5	6	7	8	9	10	11	12
	※	※	※								※	※

コウノトリ　コウノトリ目コウノトリ科

学　名：*Ciconia boyciana*
英　名：Oriental Stork　漢字名：鸛

生息環境：入江、水田、湿地
渡り区分：迷鳥
全長：112㎝（≫カラス）
鳴声：ほとんど鳴かない代わりにクラッタリングをする
食性：ドジョウやコイなどの魚、両生類、昆虫、貝類、ネズミ、ミミズなど。
特記事項等：国；特別天然記念物・国内希少野生動植物種・CR
特徴：雌雄同色。成鳥は全体が白色と黒色の配色からなり、飛翔中のコントラストも明瞭である。嘴はまっすぐに長く黒い。足は赤い。虹彩は淡黄色で、眼のまわりは赤い。
生息状況等：県内では稀な迷鳥または冬鳥として、入江や河口等に渡来することがある。2000年12月から一ツ瀬川河口付近で観察された個体は、３カ月間滞在した。2013年10月には兵庫県で人工繁殖した十数羽の群れが観察された。（Ｉ）

2000年12月　成鳥　宮崎市佐土原町（N）

観察時期	1	2	3	4	5	6	7	8	9	10	11	12
	▲	▲								▲	▲	▲

オオグンカンドリ
カツオドリ目グンカンドリ科

学　名：*Fregata minor*
英　名：Great Frigatebird
漢字名：大軍艦鳥

生息環境：海上
渡り区分：迷鳥
全長：80cm（≫カラス）
鳴声：（不明）
食性：魚類とイカ類。
特徴：成鳥雄は全身が黒いが、頭部からの上面には光沢がある。喉に赤い喉袋がある。翼はひじょうに長く、尾は燕尾形で長い。成鳥雌も全身が黒いが、喉は灰色で前頸から胸は白い。
生息状況等：県内では迷鳥として、6月から9月に、沿海地で観察された記録が少数あるが、コグンカンドリの誤認も含まれると思われる。（I）

観察時期	1	2	3	4	5	6	7	8	9	10	11	12
						※	※	※	※			

コグンカンドリ
カツオドリ目グンカンドリ科

学　名：*Fregata ariel*
英　名：Lesser Frigatebird
漢字名：小軍艦鳥

生息環境：海上
渡り区分：迷鳥
全長：79cm（≫カラス）
鳴声：（不明）
食性：魚類とイカ類。
特徴：オオグンカンドリより小さい。成鳥雄は全身が黒い。喉に赤い喉袋がある。翼は長く、尾は燕尾形で長い。成鳥雌も全身が黒いが、喉は灰色で前頸から腹は白い。
生息状況等：県内では迷鳥として、6月から9月に、沿海地で観察された記録が少数ある他、2010年9月4日に、ゴルフ練習場のネットに絡んで弱った個体が保護されている。（I）

2010年9月 幼鳥 宮崎市 剥製 宮崎県総合博物館所蔵

観察時期	1	2	3	4	5	6	7	8	9	10	11	12
						▲	▲	▲	▲			

観察時期：●ほぼ毎年観察される　▲数年に一度観察される　※ごく稀な観察記録がある

カツオドリ カツオドリ目カツオドリ科

学　名：*Sula leucogaster*
英　名：Brown Booby　漢字名：鰹鳥

2011年12月 成鳥雄 日南市南郷町（F）

生息環境：海上
渡り区分：冬鳥・少
全長：73cm（>カラス）
鳴声：グワッ　グワッ　グワッ
　　　グウッ　グウッ　グウッ
食性：トビウオ、サヨリ、アジ、サバ、イカ類、エビ類など。

2011年12月 成鳥雌 日南市南郷町（F）

特徴：雌雄ほぼ同色。成鳥は全身が黒褐色で、腹から体下面と下雨覆のみが白い。嘴は淡黄色で、雄は眼の周りの裸出部に青色みがある。足は淡黄色。尾はくさび形。
生息状況等：県内では冬鳥として、海上に渡来する。普段は沖合に出ないと観察することはできないが、時には沿海上でも１～３羽を観察することがある。（Ｉ）

観察時期	1	2	3	4	5	6	7	8	9	10	11	12
	●	●	●	●				●	●	●	●	●

ヒメウ カツオドリ目ウ科

学　名：*Phalacrocorax pelagicus*
英　名：Pelagic Cormorant　漢字名：姫鵜

生息環境：海岸
渡り区分：冬鳥・稀
全長：73cm（>カラス）
鳴声：グウウウーン
食性：魚類が主、甲殻類。
特記事項等：国：EN
特徴：雌雄同色。小型のウ類で、全身スマート。成鳥冬羽は全身が黒くて青紫色の光沢がある。眼のまわりの皮膚の裸出部は小さい。嘴と足は黒っぽい。

2015年2月 成鳥冬羽 日南市（奥の２羽はウミウ）（F）

生息状況等：県内では数少ない冬鳥で、海岸の岩礁や内湾などで１～２羽が稀に観察されることがある。（Ｉ）

観察時期	1	2	3	4	5	6	7	8	9	10	11	12
		※		※								※

カワウ

カツオドリ目ウ科

学　名：*Phalacrocorax carbo*
英　名：Great Cormorant　漢字名：河鵜

2009年2月
成鳥
婚姻色
宮崎市（I）

生息環境：河川、湖沼、海岸
渡り区分：冬鳥（一部越夏）
全長：82cm（≫カラス）
鳴声：グワー　グルルッ
食性：魚類や甲殻類。
特記事項等：国；狩猟鳥
特徴：雌雄同色。成鳥は全体に光沢のある黒色で、背と翼の上面は暗褐色の鱗模様がある。繁殖期には頭部に白色の羽が出て、腰の両脇にも白斑が入る。尾はウミウより長い。
生息状況等：県内では主に冬鳥として平野部の河川や湖沼、入江に集団で渡来する。2000年頃より越冬個体数は増加し、一ツ瀬川河口等では500羽を超える集団を見ることもある。また、若鳥は越夏するものも多く、椎葉村等の内陸部でも観察することがある。（I）

観察時期	1	2	3	4	5	6	7	8	9	10	11	12
	●	●	●	●	●	●	●	●	●	●	●	●

ウミウ

カツオドリ目ウ科

学　名：*Phalacrocorax capillatus*
英　名：Japanese Cormorant　漢字名：海鵜

1987年2月
成鳥
宮崎市（N）

2013年12月
幼鳥
日南市（I）

生息環境：海岸、河口
渡り区分：冬鳥
全長：84cm（≫カラス）
鳴声：グワァー
食性：主に底生の魚。
特徴：雌雄同色。成鳥は全体に光沢のある黒色で、背と翼の上面は緑色みを帯びる。繁殖期には頭部に白色の羽が出て、腰の両脇にも白斑が入る。尾はカワウより短い。
生息状況等：県内では冬鳥として、10月下旬頃から５月上旬まで海岸の岩礁周辺に渡来する。個体数はそれほど多くない。（I）

観察時期	1	2	3	4	5	6	7	8	9	10	11	12
	●	●	●	●	●					●	●	●

観察時期：●ほぼ毎年観察される　▲数年に一度観察される　※ごく稀な観察記録がある

サンカノゴイ ペリカン目サギ科

学　名：*Botaurus stellaris*
英　名：Eurasian Bittern　漢字名：山家五位

生息環境：沿海地のヨシ原
渡り区分：冬鳥・稀
全長：70㎝（>カラス）
鳴声：ボォー　ボォー
食性：魚やカエル、エビ、ネズミなど。
特記事項等：国；EN
特徴：雌雄同色。成鳥では全身が淡いバフ色と黒褐色のまだら模様で、頭頂と顎線は黒褐色。嘴と足は黄緑色。全国的に個体数は少ない。
生息状況等：県内では数少ない冬鳥として、沿海地のヨシ原で稀に観察される。単独で生息し、保護色のため目立たない。過去には宮崎市松崎海岸で保護されたこともある。（I）

2001年3月
成鳥
宮崎市
佐土原町（I）

観察時期	1	2	3	4	5	6	7	8	9	10	11	12
	▲	▲	▲									▲

ヨシゴイ ペリカン目サギ科

学　名：*Ixobrychus sinensis*
英　名：Yellow Bittern　漢字名：葭五位

生息環境：ヨシ原、湿地
渡り区分：夏鳥・少（一部越冬）
全長：36.5㎝（>ハト）
鳴声：オー　オー
食性：魚やカエルなど。
特記事項等：国；NT、県；VU-r
特徴：小型のサギ類。成鳥雄は全体が黄茶褐色で、額から後頭は青みがある黒色。嘴は橙黄色で上嘴は黒みを帯びる。足は黄緑色。成鳥雌は全体に淡色である。よく擬態する。
生息状況等：県内では数少ない夏鳥または旅鳥で、河川のヨシ原に生息する。過去には繁殖も確認されている。12月から２月の確認記録もあり、少数は越冬している。（I）

2012年1月 成鳥雄 宮崎市（I）

観察時期	1	2	3	4	5	6	7	8	9	10	11	12
	▲	▲			●	●	●	●	●	●	●	●

ミゾゴイ　ペリカン目サギ科

学　名：*Gorsachius goisagi*
英　名：Japanese Night Heron　漢字名：溝五位

生息環境：低山の河川や湖沼に近い樹林
渡り区分：夏鳥・少
全長：49cm（=<カラス）
鳴声：オッボォーッ
食性：サワガニ、ミミズ、魚類など。
特記事項等：国；VU、県；EN-r
特徴：雌雄同色。全体に栗色で、頭頂は濃く背面はより暗色。下面は淡く黒褐色縦斑。眼の周囲と眼先は水色。日没後と夜明け前よく通る声で鳴く。
生息状況等：県内では個体数の少ない夏鳥として4～5月頃に渡来し、水辺の森林環境に生息する。繁殖も確認されている。渡り時期には市街地の公園で観察される。稀に越冬記録もある。（I）

2007年4月
成鳥
宮崎市
（F）

観察時期	1	2	3	4	5	6	7	8	9	10	11	12
	※			●	●	●	●	●	●	●		

ゴイサギ　ペリカン目サギ科

学　名：*Nycticorax nycticorax*
英　名：Black-crowned Night Heron　漢字名：五位鷺

生息環境：湖沼、湿地、水田、河川、水際の林縁部（営巣地）
渡り区分：留鳥
全長：57.5cm（>カラス）
鳴声：グァッ
食性：昆虫、カエル、小魚、ザリガニなど。
特記事項等：国；狩猟鳥
特徴：雌雄同色。成鳥は全体に灰色を帯び、頭部から背が青みを帯びた黒色。後頭部には数本の白い飾り羽がある。虹彩は赤い。嘴は黒色。足は黄色だが、繁殖期には赤みを帯びる。
生息状況等：県内には留鳥として、湖沼や入江、河川等の水辺に普通に生息している。繁殖は他のサギ類と同じコロニーを利用する。夜行性で夕方から夜によく活動し、昼間はアシ原などで休んでいる。（I）

2004年1月 成鳥 宮崎市佐土原町（I）

観察時期	1	2	3	4	5	6	7	8	9	10	11	12
	●	●	●	●	●	●	●	●	●	●	●	●

観察時期：●ほぼ毎年観察される　▲数年に一度観察される　※ごく稀な観察記録がある

ササゴイ

ペリカン目サギ科

学　名：*Butorides striatus*
英　名：Striated Heron　漢字名：笹五位

生息環境：市街地（営巣地）、河川、水田、湿地
渡り区分：夏鳥（一部越冬）
全長：52cm（>カラス）
鳴声：キュウ
食性：魚を主に、カエルやザリガニ、水生昆虫、ネズミなど。
特徴：雌雄同色。成鳥は全体に青灰色を帯び、頭頂部は青みを帯びた黒色。後頭部には数本の長い冠羽がある。虹彩は黄色い。嘴は黒色。足は黄色だが、繁殖期には赤みを帯びる。
生息状況等：県内には主に夏鳥として渡来し、河川や湖沼等に生息する。集落付近の林や市街地の街路樹に巣をかけて繁殖する（宮崎県庁前の楠並木でも繁殖）。少数が越冬する。（Ｉ）

2008年6月
成鳥
宮崎市
（F）

観察時期	1	2	3	4	5	6	7	8	9	10	11	12
	●	●	●	●	●	●	●	●	●	●	●	●

アカガシラサギ

ペリカン目サギ科

学　名：*Ardeola bacchus*
英　名：Chinese Pond Heron　漢字名：赤頭鷺

生息環境：湿地、水田
渡り区分：迷鳥
全長：45cm（<カラス）
鳴声：クァッ
食性：昆虫、クモ類、ドジョウやフナなどの魚類、ザリガニ、カエルなどの両生類。
特徴：雌雄同色。成鳥夏羽は頭部から後頸までが赤褐色で、背は濃い青灰色。嘴は黄色で先が黒い。足は黄緑色。成鳥冬羽は背が灰褐色で頭部から頸にかけて縦斑がある。
生息状況等：県内では冬期および春・秋の渡り時期に稀に河川やため池、水田等の湿地に渡来するが、滞在期間も短く迷行性が強い。行動は警戒心が強く、あまり開けた所には出てこない。（Ｉ）

2008年4月　成鳥夏羽
新富町（F）

1987年2月
成鳥冬羽
串間市（I）

観察時期	1	2	3	4	5	6	7	8	9	10	11	12
	▲	▲	▲	▲	▲	▲	▲		▲	▲	▲	▲

サギ科

アマサギ

ペリカン目サギ科

学　名：*Bubulcus ibis*
英　名：Cattle Egret　漢字名：黄毛鷺

生息環境：水田、牧草地
渡り区分：留鳥
全長：50.5cm（＝カラス）
鳴声：ゴァー　グワー
食性：イナゴ・バッタなどの昆虫類やカエルなど。
特徴：雌雄同色。成鳥夏羽は頭部から頸にかけて橙黄色となり、背には同色の飾り羽が出る。嘴は橙黄色で足は黒い。成鳥冬羽は全身が白くなる。水辺よりも草地で採餌する。
生息状況等：県内では１年中見ることができる留鳥であるが、冬期と夏期では個体が入れ替わっている可能性が高い。渡りの時期には数百羽の群れに出会うこともある。他のサギ類とコロニーを作り繁殖する。（Ｉ）

2011年5月
成鳥夏羽
新富町
（F）

観察時期	1	2	3	4	5	6	7	8	9	10	11	12
	●	●	●	●	●	●	●	●	●	●	●	●

アオサギ

ペリカン目サギ科

学　名：*Ardea cinerea*
英　名：Grey Heron　漢字名：蒼鷺

生息環境：河川、湖沼、干潟、湿地、水田、海岸など
渡り区分：留鳥
全長：93cm（≫カラス）
鳴声：クワー　グワッ
食性：魚を主に、カエルやザリガニ、水生昆虫、ネズミなど。
特徴：雌雄同色。成鳥は全身が灰色みを帯び、額から頭頂と前頸は白く、目の上から後頭に黒線がある。繁殖期には嘴の基部、眼先、足が赤い婚姻色となる。
生息状況等：県内では以前は冬鳥であったが、1994年４月に延岡市島野浦島で400羽を超える大規模なコロニーが発見された頃から、留鳥化した。現在では各所で見られ、繁殖をするなど確実に生息域を拡大している。（Ｉ）

2014年3月 成鳥婚姻色 日南市南郷町（I）

観察時期	1	2	3	4	5	6	7	8	9	10	11	12
	●	●	●	●	●	●	●	●	●	●	●	●

ムラサキサギ ペリカン目サギ科

学　名：*Ardea purpurea*
英　名：Purple Heron　漢字名：紫鷺

生息環境：沿海部の湿地や水田
渡り区分：迷鳥
全長：78.5cm（≫カラス）
鳴声：グワァー
食性：魚を主に、カエルやザリガニ、水生昆虫、ヘビ、ネズミなど。
特徴：雌雄同色。嘴と頸が細長いサギ。成鳥は全体に黒灰色を帯び、頭上から後頭の冠羽まで黒い。頭から側頸に黒い縦線が入る。嘴と足は黄褐色。幼鳥は全体が淡褐色である。
生息状況等：県内では冬期および春・秋の渡り時期に稀に飛来するが、滞在期間も短く迷行性が強い。沿海地の水辺で観察されることが多いが、警戒心が強くあまり開けた所には出てこない。（Ｉ）

2014年11月 幼鳥 宮崎市（F）

観察時期	1	2	3	4	5	6	7	8	9	10	11	12
					▲					▲	▲	▲

ダイサギ ペリカン目サギ科

学　名：*Ardea alba*
英　名：Great Egret　漢字名：大鷺

生息環境：入江、河川、水田、湖沼など
渡り区分：留鳥
全長：90cm（≫カラス）
鳴声：グワァー　クワァッ
食性：魚を主に、カエルやザリガニ、水生昆虫、ネズミなど。
特徴：雌雄同色。成鳥は周年にわたって全身が白い。夏羽では背や胸に長い飾り羽が出る。嘴は黒くなり、眼先は青緑色を帯びる。冬羽では嘴が黄色くなり、亜種ダイサギ（*alba*）は足も黄色くなる。亜種チュウダイサギ（*modesta*）の方がやや小さい。

2014年1月
成鳥冬羽
右：亜種ダイサギ
左：亜種チュウダイサギ
宮崎市佐土原町
（F）

生息状況等：県内では亜種ダイサギは冬鳥として渡来し、入江や河川などで見られる。亜種チュウダイサギは留鳥として河川、湖沼、入江等に普通に生息し、他のサギ類とコロニーを作り繁殖する。（Ｉ）

観察時期	1	2	3	4	5	6	7	8	9	10	11	12
	●	●	●	●	●	●	●	●	●	●	●	●

チュウサギ

ペリカン目サギ科

学　名：*Egretta intermedia*
英　名：Intermediate Egret　漢字名：中鷺

生息環境：水田、畑地、牧草地、草地
渡り区分：留鳥
全長：68.5cm（>カラス）
鳴声：グーワ　ゴーワ
食性：昆虫、クモ類、ドジョウやフナなどの魚類、ザリガニ、カエルなどの両生類。
特記事項等：国；NT
特徴：雌雄同色。シラサギ類では中型。成鳥は全身が白く、足は黒い。夏羽では背や胸に長い飾り羽が出る。嘴は黒い。冬羽では嘴が黄色くなる。水辺よりも草地で採餌することが多い。
生息状況等：県内では１年中見られる留鳥であるが、冬期と夏期では個体が入れ替わっている可能性が高い。他のサギ類とコロニーを作り繁殖する。秋の渡り時期には数十羽の群れを見ることがある。（Ｉ）

2004年9月 成鳥夏羽 宮崎市（I）

観察時期	1	2	3	4	5	6	7	8	9	10	11	12
	●	●	●	●	●	●	●	●	●	●	●	●

コサギ

ペリカン目サギ科

学　名：*Egretta garzetta*
英　名：Little Egret　漢字名：小鷺

生息環境：水田、湿地、河川、湖沼、海岸など
渡り区分：留鳥
全長：61cm（>カラス）
鳴声：グワッ　ゴァッ
食性：小型魚類、カエル、ザリガニなど。
特徴：雌雄同色。シラサギ類では小型。成鳥は全身が白く、足と嘴は黒い。足指は黄色い。夏羽では背や胸に長い飾り羽が出る。冬羽では冠羽がなくなり、下嘴が淡色化する。
生息状況等：県内では留鳥として１年中、水辺で見ることができる最も一般的なサギ。他のサギ類とコロニーを作り繁殖する。以前よりも個体数は減少している。（Ｉ）

2012年3月 成鳥婚姻色 宮崎市佐土原町（F）

観察時期	1	2	3	4	5	6	7	8	9	10	11	12
	●	●	●	●	●	●	●	●	●	●	●	●

観察時期：●ほぼ毎年観察される　▲数年に一度観察される　※ごく稀な観察記録がある

クロサギ　ペリカン目サギ科

学　名：*Egretta sacra*
英　名：Pacific Reef Egret　漢字名：黒鷺

生息環境：海岸、干潟
渡り区分：留鳥・少
全長：62.5㎝（>カラス）
鳴声：グアッ
食性：魚、カニなどの甲殻類、貝などの軟体動物など。
特記事項等：県；NT-r
特徴：雌雄同色。成鳥は全身黒灰色で嘴は褐色。目先の裸出部は灰青緑色。脚は暗緑色。白色型はコサギに似るが嘴が黄色く脚が短めである。
生息状況等：県内では留鳥として、岩の多い海岸に生息するが、河口や干潟で見られることもある。個体数は多くない。岩棚や林内の地上に枝を集めて巣をつくり繁殖する。（I）

2003年12月 成鳥 都農町（I）

1995年8月
成鳥白色型
宮崎市（N）

観察時期	1	2	3	4	5	6	7	8	9	10	11	12
	●	●	●	●	●	●	●	●	●	●	●	●

カラシラサギ　ペリカン目サギ科

学　名：*Egretta eulophotes*
英　名：Chainese Egret　漢字名：唐白鷺

生息環境：河口、干潟、入江
渡り区分：迷鳥
全長：65㎝（>カラス）
鳴声：グァッ
食性：魚、カニなどの甲殻類、貝などの軟体動物など。
特記事項等：国；NT
特徴：雌雄同色。成鳥は全身が白く、足は黒く足指は黄色い。夏羽では後頭に房状の冠羽があり、胸と背には長い飾り羽が出る。嘴は黄色。冬羽では嘴が黒くなる。世界的な希少種。

2007年5月
成鳥夏羽
宮崎市（I）

生息状況等：県内では４～６月、沿海地の河口や干潟に稀に飛来するが、滞在期間も短く迷行性が強い。単独で記録されることが多いが、延岡市では４羽同時に観察されたことがある。（I）

観察時期	1	2	3	4	5	6	7	8	9	10	11	12
				▲	▲	▲						

クロトキ

ペリカン目トキ科

学　名：*Threskiornis melanocephalus*
英　名：Black-headed Ibis　漢字名：黒朱鷺

生息環境：河口干潟、水田
渡り区分：迷鳥
全長：68cm（>カラス）
鳴声：グワァ
食性：カエル、巻き貝類、ミミズ、昆虫、甲殻類、小魚など。
特記事項等：国；DD
特徴：雌雄同色。成鳥は全体が白色で、嘴から顔にかけては黒色である。足も黒い。頭部から上頸にかけては黒い皮膚が裸出する。幼鳥では、頭部等に灰黒色の羽毛がある。
生息状況等：県内では迷鳥として、河口や沿海地の水田に飛来したことがある。直近では1986年に一ツ瀬川河口で若鳥１羽が観察されているが、それ以降の記録はない。（Ｉ）

1980年6月 延岡市（田崎州洋）

観察時期	1	2	3	4	5	6	7	8	9	10	11	12
	※					※					※	※

トキ科

ヘラサギ

ペリカン目トキ科

学　名：*Platalea leucorodia*
英　名：Eurasian Spoonbill　漢字名：箆鷺

生息環境：河口干潟、水田、入江
渡り区分：冬鳥・少
全長：86cm（≫カラス）
鳴声：ウフー　プウ
食性：水生昆虫、貝類、甲殻類、魚、カエルなど。
特記事項等：国；DD、県；DD-2
特徴：雌雄同色。全体的に白色で脚は黒い。嘴は長くヘラ形で先端の平たい部分は黄色く、他は黒色。幼鳥は初列風切の先端が黒い。クロツラヘラサギよりやや大きい。
生息状況等：県内では数少ない冬鳥として、10月くらいから河口や入江に渡来する。個体数は少なく、１～２羽の記録がほとんどである。クロツラヘラサギと行動を共にすることも多い。（Ｉ）

1984年12月 若鳥 串間市（I）

観察時期	1	2	3	4	5	6	7	8	9	10	11	12
	▲	▲	▲	▲					▲	▲	▲	▲

観察時期：●ほぼ毎年観察される　▲数年に一度観察される　※ごく稀な観察記録がある

クロツラヘラサギ

ペリカン目トキ科

学　名：*Platalea minor*
英　名：Black-faced Spoonbill
漢字名：黒面篦鷺

生息環境：河口干潟、入江、水田
渡り区分：冬鳥・少
全長：73.5㎝（≫カラス）
鳴声：ウブー
食性：水生昆虫、貝類、甲殻類、魚、カエルなど。
特記事項等：国；EN、県；CR-r
特徴：雌雄同色。全体的に白色で脚は黒い。嘴は長くヘラ形で黒色。目先の裸出部が幅広く黒い。幼鳥は初列風切の先端が黒い。ヘラサギによく似るがやや小型。
生息状況等：県内では数少ない冬鳥として、11月くらいから河口や入江に渡来する。毎年観察されるが、一ツ瀬川河口では2000年頃より個体数が多くなり、10羽を超える年もある。（Ｉ）

2005年12月 成鳥冬羽 宮崎市佐土原町（I）

観察時期	1	2	3	4	5	6	7	8	9	10	11	12
	●	●	●	●	●	※				●	●	●

マナヅル

ツル目ツル科

学　名：*Grus vipio*
英　名：White-naped Crane
漢字名：真鶴

生息環境：水田、湿地
渡り区分：冬鳥・稀
全長：127㎝（≫カラス）
鳴声：グルー　クルルウ
食性：植物の種子・根茎、昆虫、魚、カエル、貝類など。
特記事項等：国；国際希少野生動植物種・VU
特徴：雌雄同色。成鳥は全体が灰色や暗灰色。頭頂から喉、後頸にかけては白く、眼の周囲から嘴基部にかけては赤い皮膚が裸出する。幼鳥は全体に褐色みをおびる。

2011年11月 若鳥 綾町（N）

生息状況等：県内では数少ない冬鳥として、平野部の農耕地や河川に飛来する。若鳥が単独で記録されることが多いが、６羽が同時に観察されたこともある。迷行性が強く、短期間の滞在がほとんどである。（Ｉ）

観察時期	1	2	3	4	5	6	7	8	9	10	11	12
	▲	▲									▲	▲

ナベヅル

ツル目ツル科

学　名：*Grus monacha*
英　名：Hooded Crane　漢字名：鍋鶴

生息環境：湿地、水田
渡り区分：冬鳥・稀
全長：96.5cm（≫カラス）
鳴声：クルル　ククウ
食性：植物の種子・根茎、昆虫、魚、カエル、貝類など。
特記事項等：国；国際希少野生動植物種・VU
特徴：雌雄同色。成鳥は全体が灰黒色。頭頂から眼先は黒く、眼の上は赤い皮膚が裸出する。頭部から頸にかけては白い。幼鳥は頭部から頸が褐色みをおびる。
生息状況等：県内では数少ない冬鳥として、平野部の農耕地や河川に飛来する。若鳥が単独で記録されることが多いが、4羽が同時に観察されたこともある。迷行性が強く、短期間の滞在がほとんどである。（I）

2013年3月
成鳥
門川町（N）

観察時期	1	2	3	4	5	6	7	8	9	10	11	12
	▲	▲	▲								▲	▲

クイナ

ツル目クイナ科

学　名：*Rallus aquaticus*
英　名：Water Rail　漢字名：水鶏

生息環境：小河川や用水路沿いの草地
渡り区分：冬鳥
全長：29cm（<ハト）
鳴声：クィ　クィ　クルッ　キュッ
食性：昆虫、クモ類、カエル、小魚、エビ、植物の種子など。
特記事項等：県；NT-r
特徴：雌雄同色。成鳥は全体に茶褐色で、黒い軸斑が縦縞状に入る。顔から胸にかけては青灰色で、嘴は赤くて細長い。虹彩は赤い。幼鳥は全体に褐色みがあり、嘴が黒い。
生息状況等：県内では冬鳥として、平野部の水路や河川の水辺に渡来する。個体数は多くなく、観察記録も減少傾向にある。半夜行性で、朝や夕方によく見られる。警戒心も強く、開けたところにはなかなか出てこない。（I）

2007年2月 成鳥冬羽 宮崎市（I）

観察時期	1	2	3	4	5	6	7	8	9	10	11	12
	●	●	●	●	●	●				●	●	●

観察時期：●ほぼ毎年観察される　▲数年に一度観察される　※ごく稀な観察記録がある

シロハラクイナ

ツル目クイナ科

学　名：*Amaurornis phoenicurus*
英　名：White-breasted Waterhen
漢字名：白腹水鶏

生息環境：水田、水辺の草地
渡り区分：迷鳥（一部繁殖、一部越冬）
全長：32.5㎝（=<ハト）
鳴声：コッ　コッ　コッ
食性：地上に生息する昆虫や軟体動物、植物の種子など。
特徴：雌雄同色。成鳥は額から顔、腹にかけてが白色でよく目立つ。頭頂部から体の上面は、やや光沢のある褐色がかった黒色。下尾筒は茶色。幼鳥は体の上面の褐色みが強い。
生息状況等：県内では迷鳥あるいは数少ない夏鳥または留鳥として、平野部の湿地で観察される。1989年にえびの市で初めて記録されて以来目撃情報も増加し、宮崎市や串間市などで繁殖も確認されている。（I）

2012年8月 成鳥 宮崎市（F）

観察時期	1	2	3	4	5	6	7	8	9	10	11	12
	▲	▲	▲	▲	▲	▲	▲	▲	▲	▲	▲	▲

ヒメクイナ

ツル目クイナ科

学　名：*Porzana pusilla*
英　名：Baillon's Crake　漢字名：姫水鶏

生息環境：入江湿地
渡り区分：旅鳥・稀（一部越冬）
全長：19.5㎝（<ムクドリ）
鳴声：コッ　コッ　コッ　クォッ　クォッ　クォッ　コロコロロロワッ
食性：主に水生昆虫。
特徴：雌雄同色。小型のクイナ類。成鳥は額から尾までの体上面が茶褐色で、黒い軸斑と灰白色の羽縁が目立つ。喉から体下面にかけては白っぽい。幼鳥は全体的に褐色みがある。
生息状況等：県内では数少ない旅鳥として、春と秋に沿海地のヨシがよく茂った湿地等で稀に観察されるが、近年はほとんど記録されていない。（I）

観察時期	1	2	3	4	5	6	7	8	9	10	11	12
	▲			▲						▲	▲	

ヒクイナ

ツル目クイナ科

学　名：*Porzana fusca*
英　名：Ruddy-breasted Crake
漢字名：緋水鶏

生息環境：水辺の草地、水田
渡り区分：留鳥
全長：22.5㎝（<ムクドリ）
鳴声：キョッ　キョッ　キョッ
食性：昆虫、クモ類、カエル、小魚、エビ、植物の種子など。
特記事項等：国；NT、県；NT-g
特徴：雌雄同色。成鳥は全体に赤褐色で、胸から腹にかけては赤みが強く、足も赤い。幼鳥は全体に淡色で、体下面は白っぽい。繁殖期には夜間に特徴のある声でよく鳴く。
生息状況等：県内では留鳥として、平野部の河川や水路に沿った湿地や水田に生息している。20年ほど前はどこでも見られる比較的普通の鳥であったが、近年は観察記録も少なくなっている。（I）

2007年2月
成鳥
宮崎市
(I)

観察時期	1	2	3	4	5	6	7	8	9	10	11	12
	●	●	●	●	●	●	●	●	●	●	●	●

ツルクイナ

ツル目クイナ科

学　名：*Gallicrex cinerea*
英　名：Watercock　漢字名：鶴水鶏

生息環境：水辺の草地、水田
渡り区分：迷鳥
全長：40㎝（<ハト）
鳴声：コッ　コッ
食性：昆虫、カタツムリなどの動物食のほか、イネ科植物や水生植物の芽や種子。
特徴：雌雄ほぼ同色。成鳥雄の夏羽は全体に灰黒色で、黄色い嘴と赤い額版が目立つ。冬羽は全体に黄褐色となる。成鳥雌は体が小さく、雄の冬羽に似る。
生息状況等：県内では迷鳥または稀な旅鳥として、1996年５月８日新富町下富田、2009年６月８日延岡市北川町で、それぞれ１羽が観察された記録がある。（I）

2009年6月　延岡市北川町（稲田菊雄）

観察時期	1	2	3	4	5	6	7	8	9	10	11	12
					※	※						

観察時期：●ほぼ毎年観察される　▲数年に一度観察される　※ごく稀な観察記録がある

バン

ツル目クイナ科

学　名：*Gallinula chloropus*
英　名：Common Moorhen　漢字名：鷭

生息環境：水辺の草地、水田
渡り区分：留鳥
全長：32cm（=ハト）
鳴声：クルルーッ
食性：水草の種子や植物体のほか、昆虫、貝、甲殻類、ミミズなど。
特記事項等：国：狩猟鳥
特徴：雌雄同色、成鳥は全体に黒色で、下尾筒両脇の白い三角斑が目立つ。額にはくちばしが延長したような額板があり、繁殖期には赤くなる。幼鳥は全体に淡褐色みをおびる。

2012年9月 親子 高鍋町（F）

生息状況等：県内では留鳥として、平野部の河川や水路に沿った湿地に生息し、繁殖している。個体数は少なくなく、比較的普通に観察することができる。（I）

観察時期	1	2	3	4	5	6	7	8	9	10	11	12
	●	●	●	●	●	●	●	●	●	●	●	●

オオバン

ツル目クイナ科

学　名：*Fulica atra*
英　名：Eurasian Coot　漢字名：大鷭

生息環境：湖沼、河川
渡り区分：留鳥（大部分は冬鳥）
全長：39cm（>ハト）
鳴声：クルッ　キョン
食性：水草の種子や植物体のほか、昆虫、貝、甲殻類、ミミズなど。
特徴：雌雄同色。成鳥は全体が黒色で、嘴と額版の白色が目立つ。虹彩は赤い。幼鳥は全体に淡色となり、嘴は肉色である。
生息状況等：県内では大部分が冬鳥として、河川や湖沼・入江に渡来するが、一部は留鳥としてため池に生息し繁殖する。

2014年1月 成鳥 宮崎市佐土原町（I）

以前はそれほど多くはなかったが、2002年頃より越冬個体数が増加に転じ、県内各地で50羽を超える群れも見るようになった。（I）

観察時期	1	2	3	4	5	6	7	8	9	10	11	12
	●	●	●	●	●	▲	▲	▲	●	●	●	●

ジュウイチ カッコウ目カッコウ科

学　名：*Hierococcyx hyperythrus*
英　名：Rufous Hawk-Cuckoo　漢字名：十一

生息環境：森林（内陸部）
渡り区分：夏鳥
全長：32㎝（=ハト）
鳴声：ジュウイチー　ジュウイチー
食性：昆虫、特に樹上の鱗翅目の幼虫。
特記事項等：県；NT-r

特徴：雌雄同色。成鳥は頭部から背面にかけては灰黒色。体下面は橙黄色で胸から腹は淡橙褐色。尾には褐色と黒の横帯がある。黄色いアイリングが目立つ。
生息状況等：県内では夏鳥として、4月中・下旬、内陸部の比較的標高の高い山地に渡来する。個体数は多くない。6月まではよく鳴くが、8月以降に声を聞くことはほとんどない。（I）

観察時期	1	2	3	4	5	6	7	8	9	10	11	12
				●	●	●	●	●	●	●		

ホトトギス カッコウ目カッコウ科

学　名：*Cuculus poliocephalus*
英　名：Lesser Cuckoo　漢字名：杜鵑

生息環境：森林（低山から内陸部に広く生息）
渡り区分：夏鳥
全長：27.5㎝（<ハト）
鳴声：テッペンカケタカ 地鳴き ピピピ
食性：昆虫、特に樹上の鱗翅目の幼虫。
特徴：雌雄同色。成鳥は頭部から喉にかけては暗青灰色で、体上面は黒褐色である。腹の黒い横斑はカッコウやツツドリよりも太くて粗く、7～9本である。
生息状況等：県内では夏鳥で、平地から山地の林に5月中旬に渡来する。県内で観察されるカッコウ類では最も個体数が多く、ウグイスに托卵することも確認されている。ホトトギスの鳴き声には、県内各地に様々な言い伝えがあり、古より親しまれてきたことが推察される。（I）

2004年6月 成鳥 延岡市（田崎州洋）

観察時期	1	2	3	4	5	6	7	8	9	10	11	12
				※	●	●	●	●	●	●		

セグロカッコウ カッコウ目カッコウ科

学　名：*Cuculus micropterus*
英　名：Indian Cuckoo　漢字名：背黒郭公

生息環境：森林（主に内陸部）
渡り区分：旅鳥・稀
全長：33㎝（=ハト）
鳴声：カ　カ　カ　コー　　ファ　ファ　ファ　フォー　　4節目は下がる
食性：昆虫、特に樹上の鱗翅目の幼虫。

特徴：雌雄同色。成鳥は頭部から喉にかけては暗灰褐色、体上面は暗黒褐色である。腹の黒い横斑はカッコウよりも太くて粗い。姿よりも声に特徴がある。
生息状況等：県内では稀な旅鳥として、5月から6月にかけて渡来することがある。高千穂峰の山麓や高千穂町四季見原、椎葉村上椎葉など内陸部の山地で記録されている。（I）

観察時期	1	2	3	4	5	6	7	8	9	10	11	12
					▲	▲						

観察時期：●ほぼ毎年観察される　▲数年に一度観察される　※ごく稀な観察記録がある

ツツドリ　カッコウ目カッコウ科

学　名：*Cuculus optatus*
英　名：Oriental Cuckoo　漢字名：筒鳥

生息環境：森林（主に内陸部の高所）
渡り区分：夏鳥
全長：32.5㎝（=<ハト）
鳴声：ポポッ　ポポッ
　　地鳴き　ピピピ
食性：昆虫、特に樹上の鱗翅目の幼虫。
特記事項等：県；NT-r
特徴：雌雄ほぼ同色。成鳥は頭部と背面は暗青灰色で、尾羽は灰黒色で白点があり長く楔形である。カッコウに似ているが下面の斑は粗く、9～11本である。
生息状況等：県内では夏鳥として4月中旬に渡来し、低山帯の落葉広葉樹林や亜高山帯の針葉樹林に生息する。個体数は多くはない。7月に入る頃にはあまり鳴かない。県内での繁殖は未記録。（I）

2000年5月 成鳥 小林市（児玉純一）

観察時期	1	2	3	4	5	6	7	8	9	10	11	12
				●	●	●	●	●	●	●		

カッコウ　カッコウ目カッコウ科

学　名：*Cuculus canorus*
英　名：Common Cuckoo　漢字名：郭公

生息環境：高原、森林（内陸部高所）
渡り区分：夏鳥
全長：35㎝（>ハト）
鳴声：カッコー　カッコー
　　地鳴き　ピピピ
食性：昆虫、特に樹上の鱗翅目の幼虫。
特記事項等：県；NT-r
特徴：雌雄ほぼ同色。成鳥は頭部と背面は青灰色。尾羽は灰黒色で白点があり長く楔形である。腹部は白地に黒色横斑があるが、ツツドリやホトトギスより細く、11～13本と多い。
生息状況等：県内では夏鳥として、山地の高原に渡来する。県内で観察されるカッコウ類では最も開けた場所を好む。えびの高原ではホオジロに托卵している姿が観察されている。（I）

2003年6月 成鳥 高千穂町（I）

観察時期	1	2	3	4	5	6	7	8	9	10	11	12
					●	●	●	●	●	●		

ヨタカ

ヨタカ目ヨタカ科

学　名：*Caprimulgus indicus*
英　名：Jungle Nightjar　漢字名：夜鷹

生息環境：海岸部松林、内陸部高所の森林

渡り区分：夏鳥・少

全長：29cm（>ムクドリ）

鳴声：キョッ キョッ キョッ キョッ キョッ キョッ　と連続して鳴く

食性：飛翔性のガ、ゴミムシ、トビケラ、カメムシなどの昆虫。

特記事項等：国；NT、県；NT-r

特徴：雌雄ほぼ同色。成鳥は全体が黒褐色で、灰白色、茶褐色などの虫食い斑や他の斑紋が混じった複雑な模様をしている。夜行性で夕暮れから朝にかけて飛び回る。

1983年11月 保護 宮崎市清武町（N）

生息状況等：県内では夏鳥として、針葉樹の多い山地の林や海岸部の松林に渡来する。以前は個体数が多かったが、近年はほとんど鳴き声を聞くことがなくなり絶滅が危惧される。（I）

観察時期	1	2	3	4	5	6	7	8	9	10	11	12
				●	●	●	●	●	●	●	●	

ハリオアマツバメ

アマツバメ目アマツバメ科

学　名：*Hirundapus caudacutus*
英　名：White-throated Needltailed Swift
漢字名：針尾雨燕

生息環境：山地上空

渡り区分：旅鳥・少

全長：21cm（<ムクドリ）

鳴声：チューリリリリ

食性：空中に漂うハチ、甲虫、アブ、ガガンボなどの昆虫。羽化した水生昆虫。

特徴：雌雄同色。アマツバメ類では最も大きく、体形は太い。成鳥は全体に黒褐色で、額や喉、腹部側面から下尾筒は白い。尾羽は短く、羽軸が針のように露出している。

2005年10月 都城市（I）

生息状況等：県内では旅鳥として、5～6月と9～10月に山地の上空を通過する。観察機会と個体数は多くないが、時に10羽程度の群れを見ることがある。（I）

観察時期	1	2	3	4	5	6	7	8	9	10	11	12
					●	●				●		

観察時期：●ほぼ毎年観察される　▲数年に一度観察される　※ごく稀な観察記録がある

アマツバメ

アマツバメ目アマツバメ科

学　名：*Apus pacificus*
英　名：Pacific Swift　漢字名：雨燕

生息環境：（夏）島嶼部・沿海地崖地、（渡り時期）各地上空
渡り区分：夏鳥
全長：20cm（<ムクドリ）
鳴声：チュウリリリリ　　チィリリリリ
食性：ハナアブ、ガガンボ、アブ、カ、ハエ、羽アリなどの飛翔性昆虫。
特徴：雌雄同色。成鳥は全体に黒褐色で、腰は白い。喉から頸は汚白色で、黒褐色の細かな縦斑がある。尾は深い凹字状で、翼は細長く鎌形をしている。
生息状況等：県内では夏鳥として、主に３月から10月にかけて見られ、海岸や山地の断崖で繁殖する。繁殖地では100羽を超えることがある。渡りの時期には平地でも見ることができる。（Ｉ）

2013年5月
成鳥
門川町（N）

観察時期	1	2	3	4	5	6	7	8	9	10	11	12
		●	●	●	●	●	●	●	●	●	●	

ヒメアマツバメ

アマツバメ目アマツバメ科

学　名：*Apus nipalensis*
英　名：House Swift　漢字名：姫雨燕

生息環境：市街地、農耕地、沿海地
渡り区分：留鳥
全長：13cm（<スズメ）
鳴声：ジュウリリリリ　　ビリィー
食性：カ、ハエ、羽アリなどの飛翔性昆虫。
特徴：雌雄同色。アマツバメ類では最も小さい。成鳥は全体に黒褐色で、喉から頸と腰が白い。尾は浅い凹字状で、翼は鎌形だが、アマツバメほど長くはない。
生息状況等：県内では留鳥として、平野部や開けた山間地に周年生息し、繁殖も確認されている。営巣は市街地のビルやダム等のコンクリート性構造物で行うことが多い。冬期には群れで生活し、集団で塒もとる。（Ｉ）

2014年1月
成鳥
小林市野尻町
(I)

観察時期	1	2	3	4	5	6	7	8	9	10	11	12
	●	●	●	●	●	●	●	●	●	●	●	●

タゲリ

チドリ目チドリ科

学　名：*Vanellus vanellus*
英　名：Northern Lapwing
漢字名：田計里、田鳧

2005年3月 成鳥夏羽 雄 新富町（I）

生息環境：水田、畑地、干潟
渡り区分：冬鳥
全長：31.5cm（<ハト）
鳴声：ミュー
食性：昆虫の成虫や幼虫、イネ科やタデ科などの植物種子など。
特徴：雌雄ほぼ同色。成鳥雄冬羽は背面は光沢のある暗緑色で、後頭にある黒くて長い冠羽がよく目立つ。成鳥雌冬羽は頭部と胸部に褐色みを帯び、冠羽も短い。幼鳥は褐色みが強い。
生息状況等：県内では冬鳥として、水田や畑・草地に渡来し、たまに干潟で観察する。群れで行動する性質が強く、多い時には70～80羽を見ることも。（I）

観察時期	1	2	3	4	5	6	7	8	9	10	11	12
	●	●	●							●	●	●

ケリ

チドリ目チドリ科

学　名：*Vanellus cinereus*
英　名：Grey-headed Lapwing
漢字名：計里、鳧

1995年2月 成鳥 宮崎市（N）

生息環境：水田、畑地
渡り区分：冬鳥・少
全長：35.5cm（>=ハト）
鳴声：キリッ　キリッ　キキッ　ケケッ
食性：昆虫の成虫や幼虫、イネ科やタデ科などの植物種子など。
特記事項等：国：DD
特徴：雌雄同色。足の長い大型のチドリ類。成鳥は全体が灰褐色で、黄色い足と嘴が遠目からも目立つ。翼に白色部と黒色部があり、飛翔時のコントラストが明瞭である。
生息状況等：県内では数少ない冬鳥として、水田や畑・草地などに渡来する。毎年、同じ場所に現れる傾向が強く、10年ほど連続して観察されたこともある。数羽の群れの場合が多い。（I）

観察時期	1	2	3	4	5	6	7	8	9	10	11	12
	●	●	●	●	●					●	●	●

観察時期：●ほぼ毎年観察される　▲数年に一度観察される　※ごく稀な観察記録がある

ムナグロ

チドリ目チドリ科

学　名：*Pluvialis fulva*
英　名：Pacific Golden Plover　漢字名：胸黒

生息環境：水田、干潟、畑地
渡り区分：旅鳥（一部冬鳥）
全長：24cm（=ムクドリ）
鳴声：キョビッ　キュビッ
食性：昆虫、甲殻類、貝類、ミミズやゴカイ、植物の種子など。
特徴：雌雄同色。成鳥夏羽は顔から腹までの体下部が黒く、背面は黄褐色と黒褐色の斑模様。成鳥冬羽は体下面が淡黄褐色で腹部が白っぽい。幼鳥は全体に黄褐色みが強い。
生息状況等：県内では主に旅鳥として、水田や畑・草地に渡来する。20年ほど前には100羽程度の大きな群れを見ることもあったが、近年は渡来数が減っている。少数が冬期にも観察されることがある。
（Ｉ）

2007年4月 夏羽 新富町（I）

観察時期	1	2	3	4	5	6	7	8	9	10	11	12
	●	●	●	●	●			●	●	●	●	●

ダイゼン

チドリ目チドリ科

学　名：*Pluvialis squatarola*
英　名：Grey Plover　漢字名：大膳

生息環境：干潟、砂浜、河口
渡り区分：冬鳥、旅鳥
全長：29.5cm（<ハト）
鳴声：ピューイ
食性：昆虫、甲殻類、貝類、ミミズやゴカイ、植物の種子など。
特徴：雌雄ほぼ同色。成鳥夏羽は顔から腹までの体下部が黒く、背面は白黒のまだら模様となる。成鳥冬羽は体下面が白っぽく、胸に淡黄褐色がある。幼鳥は淡褐色の縦斑がある。
生息状況等：県内では冬鳥または旅鳥として、干潟や砂浜・河口などに渡来する。個体数はそれほど多くなく、数羽程度の群れを見ることが多い。春と秋には夏羽を見ることもある。
（Ｉ）

2012年9月 冬羽 新富町（F）

観察時期	1	2	3	4	5	6	7	8	9	10	11	12
	●	●	●	●	●			●	●	●	●	●

ハジロコチドリ

チドリ目チドリ科

学　名：*Charadrius hiaticula*
英　名：Ringed Plover　漢字名：羽白小千鳥

生息環境：沿海地の干潟
渡り区分：冬鳥・稀
全長：19㎝（>スズメ）
鳴声：プーイッ　ピューイ
食性：昆虫、甲殻類、ゴカイなど
特徴：雌雄ほぼ同色。コチドリと似ているが、体長はやや大きくずんぐりした印象である。成鳥冬羽では頭部から体上面は褐色である。成鳥と幼鳥を通じて、飛翔時に翼の上面にある白い帯が目立つ。
生息状況等：県内では稀な旅鳥または冬鳥として、河口や入江の干潟で観察されることがある。いずれの記録も1羽である。（I）

2005年2月 成鳥冬羽 宮崎市佐土原町（I）

観察時期	1	2	3	4	5	6	7	8	9	10	11	12
	▲	▲	▲	▲					▲	▲	▲	▲

イカルチドリ

チドリ目チドリ科

学　名：*Charadrius placidus*
英　名：Long-billed Plover
漢字名：斑鳩千鳥、鵤

生息環境：河川（中流域から河口域の水辺）
渡り区分：留鳥
全長：20.5㎝（<ムクドリ）
鳴声：ピォ　ピュ
食性：昆虫、甲殻類など
特徴：雌雄ほぼ同色。コチドリに似るが、嘴や足が長く体も大きい。成鳥夏羽では頭部から体上面が灰褐色となり、細い黒色の胸帯が出る。冬羽は全体に淡色。
生息状況等：県内では留鳥として、砂礫の多い河川の中流域を中心に生息し、河川敷の砂礫地で繁殖する。個体数はそれほど多くない。水辺の環境を好むが、干潟にでることは少ない。（I）

2004年2月 成鳥冬羽 西都市（I）

観察時期	1	2	3	4	5	6	7	8	9	10	11	12
	●	●	●	●	●	●	●	●	●	●	●	●

観察時期：●ほぼ毎年観察される　▲数年に一度観察される　※ごく稀な観察記録がある

コチドリ

チドリ目チドリ科

学　名：*Charadrius dubius*
英　名：Little Ringed Plover　漢字名：小千鳥

生息環境：河川、水田、草地、湿地
渡り区分：留鳥
全長：16cm（>スズメ）
鳴声：ピォ　ピピピピュー
食性：昆虫、甲殻類など
特徴：雌雄ほぼ同色。日本産のチドリ類では最も小さい。成鳥夏羽では顔と胸が黒く、黄色いアイリングが目立つ。冬羽では全体が褐色となり、アイリングも淡くなる。
生息状況等：県内では留鳥として、平野部の河川、水田、埋立地等に生息し、草の少ない砂礫地で繁殖する。個体数はそれほど多くない。水辺の環境を好むが、干潟にでることは少ない。（I）

2009年4月 成鳥夏羽 新富町（I）

観察時期	1	2	3	4	5	6	7	8	9	10	11	12
	●	●	●	●	●	●	●	●	●	●	●	●

シロチドリ

チドリ目チドリ科

学　名：*Charadrius alexandrinus*
英　名：Kentish Plover　漢字名：白千鳥

生息環境：砂浜、干潟、河川、入江
渡り区分：留鳥
全長：17.5cm（>スズメ）
鳴声：ピル　ピル　　ポイ　ピルルル
食性：昆虫、甲殻類、貝類、ゴカイなど
特記事項等：国：VU、県：NT-g
特徴：コチドリと同じくらいのチドリ類。成鳥雄の夏羽は頭頂から後頭が橙褐色で、体上面は灰褐色である。冬羽は成鳥雌と同じ配色となり、頭上は灰褐色となる。
生息状況等：県内では留鳥として海岸の砂浜や河口、入江、干潟等に生息し、砂地で繁殖しているが、個体数は多くない。冬期には越冬個体が増加するが、以前より群れは小さくなり、個体数は減少傾向にある。（I）

2004年7月 夏羽雌 宮崎市（I）

観察時期	1	2	3	4	5	6	7	8	9	10	11	12
	●	●	●	●	●	●	●	●	●	●	●	●

メダイチドリ

チドリ目チドリ科

学　名：*Charadrius mongolus*
英　名：Mongolian Plover　漢字名：眼大千鳥

生息環境：干潟、砂浜、入江、河口、水田
渡り区分：旅鳥
全長：19.5㎝（<ムクドリ）
鳴声：クリリ　プリリ
食性：昆虫、甲殻類、貝類、ゴカイなど
特徴：雌雄ほぼ同色。シロチドリより一回り大きい。成鳥雄の夏羽では前頭から後頸、胸にかけての橙赤褐色が目立つ。成鳥雌は橙赤褐色みが淡い。成鳥冬羽は全体が褐色となる。
生息状況等：県内では旅鳥として、河口や入江の干潟、沿海地の水田に渡来する。1980年代までは大きな群れも見られたが、近年は個体数が減少している。5月には美しい夏羽の個体も観察される。（Ｉ）

2003年5月 夏羽 新富町（I）

観察時期	1	2	3	4	5	6	7	8	9	10	11	12
				●	●			●	●	●	●	

オオメダイチドリ

チドリ目チドリ科

学　名：*Charadrius leschenaultii*
英　名：Greater Sand Plover
漢字名：大眼大千鳥

生息環境：干潟、砂浜、入江、河口、水田
渡り区分：旅鳥・少
全長：24㎝（=ムクドリ）
鳴声：クリリ　プリリ
食性：昆虫、甲殻類、貝類、ゴカイなど
特徴：雌雄同色。メダイチドリより大きく、嘴と足は長い。成鳥夏羽では前頭から後頸、胸にかけての橙色である。成鳥冬羽は橙色みがなくなり、全体に淡褐色となる。
生息状況等：県内では旅鳥として、河口や入江の干潟に渡来する。個体数は少なく、１～３羽が目撃される例がほとんどである。５月には美しい夏羽の個体が観察されることもある。（Ｉ）

2005年9月 幼鳥 新富町（I）

観察時期	1	2	3	4	5	6	7	8	9	10	11	12
				●	●			●	●	●		

観察時期：●ほぼ毎年観察される　▲数年に一度観察される　※ごく稀な観察記録がある

オオチドリ

チドリ目チドリ科

学　名：*Charadrius veredus*
英　名：Oriental Sand Plover
漢字名：大千鳥

2009年4月 成鳥冬羽 都城市（鈴木直孝）

生息環境：農耕地、草地
渡り区分：旅鳥・稀
全長：24cm（=ムクドリ）
鳴声：チプ　チプ　チプ
食性：昆虫、甲殻類、ミミズ、植物の種子など。
特徴：成鳥雄の夏羽は顔が白っぽく、胸は橙色で腹との境は黒い。体上面は灰褐色である。成鳥雌の夏羽では胸が淡橙色となる。冬羽では全体に淡褐色となる。
生息状況等：県内では稀な旅鳥で、春と秋に草地、畑、水田、埋立地等に渡来することがあるが、個体数はほとんど1羽である。（I）

観察時期	1	2	3	4	5	6	7	8	9	10	11	12
			▲	▲					▲			

ミヤコドリ

チドリ目ミヤコドリ科

学　名：*Haematopus ostralegus*
英　名：Oystercatcher　漢字名：都鳥

2012年7月 成鳥 宮崎市（F）

生息環境：干潟、入江、海岸、河口
渡り区分：冬鳥・稀
全長：45cm（<カラス）
鳴声：キュリーッ　ピリーッ
ピッ　ピッ　ピッ
食性：貝類、甲殻類、ゴカイ類など。
特徴：雌雄同色。成鳥は頭部から体上面が黒いことに対して、胸から腹・下尾筒にかけての体下面は白い。嘴は長くて赤い。虹彩と足も赤い。若鳥は全体に淡色となり、足は肉色である。
生息状況等：県内では数少ない冬鳥として、二枚貝の多い砂質の河口や入江の干潟に飛来する。1羽で観察されることが多く、複数の記録は稀である。（I）

観察時期	1	2	3	4	5	6	7	8	9	10	11	12
	▲	▲	▲	▲			※		▲	▲	▲	▲

セイタカシギ

チドリ目セイタカシギ科

学　名：*Himantopus himantopus*
英　名：Black-winged Stilt　漢字名：背高鷸

生息環境：水田、入江、干潟、河口
渡り区分：旅鳥（越冬も多い）
全長：32cm（<=ハト）
鳴声：ピューイッ　キッキッキッ
ピュッ　ピュッ
食性：昆虫、甲殻類、小魚、カエル・オタマジャクシなど。
特記事項等：国：VU、県：NT-r
特徴：雌雄ほぼ同色。ひじょうにスマートなシギ。成鳥雄夏羽は頭部から後頸が黒く、背は緑色光沢のある黒色で、下面の白とのコントラストが明瞭。足は長く赤い。雌の頭部は白っぽい。
生息状況等：県内では旅鳥または冬鳥として、水田や干潟、河口、ため池などに渡来する。単独か数羽の群れで観察されることが多いが、春には20羽を超える大きな群れを見ることもある。（I）

2005年4月
成鳥雄
宮崎市（I）

2004年1月
成鳥雌
新富町（I）

観察時期	1	2	3	4	5	6	7	8	9	10	11	12
	●	●	●	●	●			●	●	●	●	●

ソリハシセイタカシギ

チドリ目セイタカシギ科

学　名：*Recurvirostra avocetta*
英　名：Pied Avocet　漢字名：反嘴背高鷸

生息環境：水田、入江、干潟
渡り区分：旅鳥・稀（稀に越冬）
全長：43cm（<カラス）
鳴声：リィッ　ホイッ
食性：昆虫、甲殻類、ゴカイなど。
特徴：雌雄同色。成鳥は全体に白と黒の単純な配色で遠目からも目立つ。嘴は黒色で、細くて先が反り上がり、極めて特徴的である。脚は青灰色で長い。幼鳥は褐色みが強い。
生息状況等：県内では稀な旅鳥または冬鳥として、干潟や入江、河口、沿海地の水田などに渡来する。多くは単独で観察されるが、3羽が同時に見られたこともある。（I）

2011年12月　成鳥　宮崎市佐土原町（F）

観察時期	1	2	3	4	5	6	7	8	9	10	11	12
	▲	▲	▲	▲	▲						▲	▲

観察時期：●ほぼ毎年観察される　▲数年に一度観察される　※ごく稀な観察記録がある

ヤマシギ　チドリ目シギ科

学　名：*Scolopax rusticola*
英　名：Eurasian Woodcock　漢字名：山鷸

生息環境：疎林、農耕地、草地
渡り区分：冬鳥
全長：34cm（>ハト）
鳴声：チキッ　チキッ　ブー　ブー
食性：ミミズや昆虫（甲虫類の幼虫が好物）、ムカデ類、軟体動物、植物の種子。
特記事項等：国；狩猟鳥、方言；ヤブシギ
特徴：雌雄同色。ずんぐりとした印象のシギで長い嘴が目立つ。成鳥は全体に赤褐色か灰褐色を帯び、頭部には黒い過眼線があり、頭頂から後頭部の黒斑も特徴的である。
生息状況等：県内では冬鳥として、疎林や農耕地、草地に渡来する。個体数はそう多くない。主に夜行性で、昼間は目立ちにくい林床部でじっとしているため、あまり目にする機会はない。（I）

2014年1月 成鳥 日南市南郷町（I）

観察時期	1	2	3	4	5	6	7	8	9	10	11	12
	●	●	●	●	●					●	●	●

アオシギ　チドリ目シギ科

学　名：*Gallinago solitaria*
英　名：Solitary Snipe　漢字名：青鷸

生息環境：渓流、水田等
渡り区分：冬鳥
全長：30cm（=ハト）
鳴声：ジェッ
食性：昆虫等
特徴：雌雄同色。体上面は褐色で、肩羽に白い斑がある。顔や体下面はわずかに青みを帯びる。嘴は長くまっすぐで、オオジシギやタシギと似ているが、これらと比べると太めの体型である。嘴の色は先端が黒く、ほかは少しピンクを帯びる。足は黄緑色である。
生息状況等：冬に見られるシギの仲間で、数は少なく単独行動をする。他のシギ類とは違い渓流や山間部の水田、湿地で観察される。開けている場所ではなく、狭い水路や河川を好む傾向がある。（F）

1979年 宮崎県内 剥製 宮崎県総合博物館所蔵

観察時期	1	2	3	4	5	6	7	8	9	10	11	12
	※	※										※

オオジシギ チドリ目シギ科

学　名：*Gallinago hardwickii*
英　名：Latham's snipe　漢字名：大地鷸

生息環境：高原、草原、干潟、河口等
渡り区分：旅鳥（一部越夏）
全長：30cm（<ハト）
鳴声：通常はゲエッ。繁殖期にズビー、ズビーと鳴きながら飛びまわる。
食性：ミミズを主として昆虫など。
特記事項等：国：NT

2005年4月　宮崎市佐土原町（I）

特徴：夏羽の上面は褐色であるが、ほかのタシギ類と比べると淡い色である。過眼線は細く、肩羽の羽縁は黄白色である。尾はやや長い。嘴は長くまっすぐである。チュウジシギ、タシギ、ハリオシギに似るがやや体が大きい。
生息状況等：北日本には夏鳥として飛来し、高原や草原で見られるシギ。県内では渡りの途中に旅鳥として見られ、五ケ所高原等で記録がある。渡りの際には群を形成するが、通常は群での行動はしない。（F）

観察時期	1	2	3	4	5	6	7	8	9	10	11	12
				●	●			●	●			

ハリオシギ チドリ目シギ科

学　名：*Gallinago stenura*
英　名：Pintail Snipe
漢字名：針尾鷸

生息環境：干潟、水田、湿地等
渡り区分：旅鳥
全長：25cm（<ハト）
鳴声：ジーッ、ジーッ
食性：ミミズや昆虫類

2006年4月 成鳥 宮崎市佐土原町（I）

特徴：褐色の体に長くまっすぐな嘴が特徴である。タシギに似ているが、嘴はタシギよりもやや太く短い。尾羽の外側6～8対が極端に細く、針状である。
生息状況等：シベリア地方で繁殖し、冬は東南アジアで越冬する。日本では渡りの時期に旅鳥として見られるが数は少ない。尾羽の外側の羽が極端に細く、針状であることが和名の由来となる。鳴き声はジーッ、ジーッで、飛び立つときにはシャッと鳴く。（F）

観察時期	1	2	3	4	5	6	7	8	9	10	11	12
				▲								

観察時期：●ほぼ毎年観察される　▲数年に一度観察される　※ごく稀な観察記録がある

チュウジシギ　チドリ目シギ科

学　名：*Gallinago megala*
英　名：Swinhoe's Snipe　漢字名：中地鷸

生息環境：干潟、水田、湿地、草地、農耕地等

渡り区分：旅鳥

全長：27㎝（<ハト）

鳴声：クエッ、クエッ、ジェー

食性：ミミズや昆虫、貝類等

特徴：体上面は褐色で、秋・冬にはやや暗い色合いになる。長くまっすぐな嘴が特徴である。オオジシギに似ているが、それよりも体が小さい。尾羽の外側6～8対が細いが、ハリオシギのように極端な細さではない。

生息状況等：旅鳥として全国の湿地や草地で見られるが、農耕地で見られる。やや乾燥した地域での採餌行動が見られることが多く、ミミズや昆虫の幼虫等を捕食する。飛び立つとき「ジェッ」と鳴く。「ジェー」や「クェッ」という鳴き声を繰り返す。（F）

2008年9月 冬羽 都城市（鈴木直孝）

観察時期	1	2	3	4	5	6	7	8	9	10	11	12
				●					●			

タシギ　チドリ目シギ科

学　名：*Gallinago gallinago*
英　名：Common snipe　漢字名：田鷸

生息環境：干潟、水田、湿地、河口等

渡り区分：冬鳥

全長：27㎝（<ハト）

鳴声：ジェッ

食性：昆虫、甲殻類、ミミズなど

特記事項等：国；狩猟鳥

特徴：褐色の体に非常に長くまっすぐな嘴が特徴である。次列風切羽の先端部の羽毛は白く、翼を広げた時に確認することができる。

生息状況等：本州地方では春・秋の渡りの季節に見られる旅鳥であるが、県内では10月ごろから水田や干潟などで見られるようになり、越冬する。飛び立つときにジェッと鳴き、ジグザグに飛び去る。昆虫やミミズなどを捕食する。（F）

2006年8月 宮崎市佐土原町（F）

観察時期	1	2	3	4	5	6	7	8	9	10	11	12
	●	●	●	●	●			●	●	●	●	●

シギ科

オオハシシギ
チドリ目シギ科

学　名：*Limnodromus scolopaceus*
英　名：Long-billed Dowitcher
漢字名：大嘴鷸

生息環境：干潟、水田、湿地等
渡り区分：冬鳥
全長：29cm（<ハト）
鳴声：ピッピッピッ
食性：昆虫や巻貝等
特徴：体は全体に灰褐色で白い眉斑があるが、夏羽は顔から腹にかけて赤褐色になる。太めの体に、黒色で長くまっすぐな嘴が目立つ。シベリアオオハシシギに比べるとやや小さい。
生息状況等：県内では秋または冬に観察されている。一ツ瀬川河口にできる干潟にカモの群に混じって数羽で確認されることもある。水深の浅いところで昆虫や貝類などを捕食する。（F）

2013年11月 成鳥冬羽 宮崎市佐土原町（F）

観察時期	1	2	3	4	5	6	7	8	9	10	11	12
	●	●	●								●	●

シベリアオオハシシギ
チドリ目シギ科

学　名：*Limnodromus semipalmatus*
英　名：Asiatic Dowitcher
漢字名：西比利亜大嘴鷸

生息環境：干潟、水田、湿地等
渡り区分：旅鳥
全長：33cm（=ハト）
鳴声：チェッチュッ
食性：ミミズや昆虫、甲殻類、貝類等
特記事項等：国；DD
特徴：夏羽は顔から腹にかけて赤褐色で、翼下面は全体に白い。冬羽は体上面が灰褐色で顔や下面は灰白色になる。黒い過眼線と眉斑があり、黒色で長くまっすぐな嘴が目立つ。オオハシシギに比べると一回り大きく足も長い。
生息状況等：稀に見られる旅鳥で県内では春に観察されている。類似種のオグロシギの群に少数が混じって行動することもある。オグロシギよりも頭が大きく、頸が短いことと、嘴が基部まで黒いことで区別できる。（F）

2004年5月 成鳥夏羽 新富町（I）

観察時期	1	2	3	4	5	6	7	8	9	10	11	12
					▲							

観察時期：●ほぼ毎年観察される　▲数年に一度観察される　※ごく稀な観察記録がある

オグロシギ　チドリ目シギ科

学　名：*Limosa limosa*
英　名：Black-tailed Godwit
漢字名：尾黒鷸

2004年5月 成鳥夏羽 宮崎市佐土原町（I）

生息環境：干潟、水田、湿地等
渡り区分：旅鳥
全長：38.5㎝（>ハト）
鳴声：キッキッキッ
食性：ミミズや昆虫、貝類等
特徴：長くまっすぐな嘴は先端が黒色で基部がピンク色である。長い足を持つ大型のシギで、上尾筒が白くて尾羽が黒いため、飛翔時に白い翼帯、白い腰、黒い尾が目立つ。灰褐色の体であるが、夏羽は顔から胸にかけて赤褐色となる。シベリアオオハシシギに似るが、嘴の色で区別できる。

生息状況等：日本では春・秋の渡りの時期に旅鳥として飛来する。水辺で数羽で見られることが多いが、稀に20羽以上の群で観察される。春には夏羽に換羽した個体を見ることもある。　(F)

観察時期	1	2	3	4	5	6	7	8	9	10	11	12
			●	●	●				●	●		

オオソリハシシギ　チドリ目シギ科

学　名：*Limosa lapponica*
英　名：Bar-tailed Godwit　漢字名：大反嘴鷸

2012年9月 冬羽 宮崎市佐土原町（F）

生息環境：干潟、水田、砂浜等
渡り区分：旅鳥
全長：41㎝（<カラス）
鳴声：ケッ　ケッ　ケッ
食性：甲殻類や貝類、昆虫類
特記事項等：国；VU
特徴：長い足と、長い嘴を持つ大型のシギで、くちばしは先端が黒色で基部はピンク色で、オグロシギに似るが、嘴がわずかに上に反っていることで区別できる。夏羽は顔から胸にかけて赤褐色で腰と尾は白い。冬羽は上面は灰褐色で、下面は灰白色である。亜種コシジロオオハシシギ（*menzbieri*）は下背まで白い。

生息状況等：日本では春・秋の渡りの時期に旅鳥として飛来する。宮崎でも加江田川河口、一ッ葉入江、一ツ瀬川河口などで観察されているが、数は多くない。春に見られる個体には赤みを帯びた夏羽に換羽しているものがいる。　(F)

観察時期	1	2	3	4	5	6	7	8	9	10	11	12
			●	●	●				●	●	●	

シギ科

コシャクシギ

チドリ目シギ科

学　名：*Numenius minutus*
英　名：Little Curlew　漢字名：小杓鷸

生息環境：農耕地、草地等
渡り区分：旅鳥
全長：31cm（<ハト）
鳴声：ピピピー
食性：昆虫を好み、種子なども食べる
特記事項等：国；国際野生動植物種
特徴：少し下に曲がった嘴が特徴で、頭長の1.5倍ほどの長さになる。雌雄同色で、褐色の過眼線があるが、嘴とはつながっていない。チュウシャクシギに比べると体は一回り小さく、嘴も短い。腰は黒味が強い。
生息状況等：春・秋の渡りの時期に旅鳥として見られるが数は少ない。草丈の低い農耕地や草地で見られる。チュウシャクシギとは体の大きさと嘴で識別できるが、チュウシャクシギの幼鳥は、嘴が短く湾曲も小さいため注意が必要。　(F)

1999年4月 成鳥 宮崎市佐土原町（N）

観察時期	1	2	3	4	5	6	7	8	9	10	11	12
				▲	▲				▲	▲		

チュウシャクシギ

チドリ目シギ科

学　名：*Numenius phaeopus*
英　名：Whimbrel　漢字名：中杓鷸

生息環境：干潟、河口、岩礁、水田、湿地、草原等
渡り区分：旅鳥
全長：42cm（<カラス）
鳴声：ホィ、ピピピピピ……
食性：カニなどの甲殻類、昆虫等
特徴：雌雄同色で腰から背にかけては白く、飛翔時に目立つ。下に曲がった長い嘴が特徴で、頭長の２倍ほどの長さになる。ダイシャクシギに比べると体は一回り小さく、嘴も短い。
生息状況等：春・秋の渡りの時期に旅鳥として数羽から数十羽の群で渡来する。時には数百の群で移動することもある。干潟などで長い嘴を穴に差し込み、カニなどを捕食する。草地で昆虫を捕食することもある。　(F)

2004年9月 成鳥 新富町（I）

観察時期	1	2	3	4	5	6	7	8	9	10	11	12
				●	●	●		●	●	●		

ダイシャクシギ

チドリ目シギ科

学　名：*Numenius arquata*
英　名：Eurasian Curlew
漢字名：大杓鷸

2008年11月 成鳥冬羽 新富町（F）

生息環境：干潟、河口、砂浜等
渡り区分：冬鳥
全長：60cm（>カラス）
鳴声：ホーイーン
食性：カニ等の甲殻類、ゴカイ、貝等
特徴：雌雄同色で腹と下尾筒、腰白く、飛翔時に目立つ。ホウロクシギによく似ているが、腰の色が白いことで区別できる。下に大きく曲がった長い嘴が特徴と、頭長の３倍ほどの長さになる。日本で見られるシギの仲間では最大級の大きさである。
生息状況等：長いくちばしを使って泥の中のカニやゴカイ等を捕食する。一ツ瀬川河口や一ッ葉干潟などで越冬する個体を見ることができる。首を後ろに向け、嘴を背に埋め隠すようにして休む。（F）

観察時期	1	2	3	4	5	6	7	8	9	10	11	12
	●	●	●	●	●			●	●	●	●	●

ホウロクシギ

チドリ目シギ科

学　名：*Numenius madagascariensis*
英　名：Far Eastern Curlew
漢字名：焙烙鷸

2007年3月
夏羽
新富町（I）

生息環境：干潟、河口、砂浜等
渡り区分：旅鳥
全長：61.5cm（>カラス）
鳴声：ホーイーン
食性：カニ等の甲殻類、ゴカイ、貝等
特記事項等：国；VU、県；VU-r
特徴：雌雄同色で、腰の色が淡褐色で翼下面も黒い斑紋がある。日本で見られるシギの中ではダイシャクシギと並んで最大級の大きさで、頭長の３倍にもなる長く大きく下に湾曲したくちばしが特徴である。
生息状況等：日本では春・秋の渡りの時期に旅鳥として渡来するが数は少ない。長いくちばしを使って、泥の中のカニなどの甲殻類等を捕食する。ダイシャクシギとよく似ているが、腰の色、翼下面の色等で識別できる。（F）

観察時期	1	2	3	4	5	6	7	8	9	10	11	12
			●	●	●			●	●	●	●	▲

ツルシギ　チドリ目シギ科

学　名：*Tringa erythropus*
英　名：Spotted Redshank　漢字名：鶴鷸

生息環境：干潟、河口、水田、湿地等
渡り区分：旅鳥
全長：32.5cm（=ハト）
鳴声：チュイッ
食性：甲殻類や昆虫類、貝類等
特記事項等：国；VU
特徴：雌雄同色。細長くまっすぐな嘴は全体に黒く、下嘴基部が赤い。夏羽は全身が黒色で、翼や背に白斑が散らばる。冬羽は上面が灰褐色、下面と腰は白く、白い眉斑が目立つ。足は赤くて長い。アカアシシギよりも嘴と足がやや長い。
生息状況等：日本では春・秋の渡りの時期に旅鳥として飛来する。宮崎県への飛来は多くない。干潟や水田、湿地で見られる。　(F)

2005年10月 夏から冬換羽中 宮崎市佐土原町 (I)

観察時期	1	2	3	4	5	6	7	8	9	10	11	12
	▲	▲	●	●				●	●	●	●	▲

アカアシシギ　チドリ目シギ科

学　名：*Tringa totanus*
英　名：Common Redshank　漢字名：赤足鷸

生息環境：干潟、水田、干潟、川岸等
渡り区分：旅鳥
全長：28cm（<ハト）
鳴声：ピーチョイチョイ
食性：ミミズや昆虫類
特記事項等：国；VU
特徴：雌雄同色で、褐色の体に先端が黒く基部が赤い嘴が特徴である。長く赤い足を持ち、白いアイリングがある。次列風切が白く、飛翔時に白帯が見える。
生息状況等：渡りの時期に旅鳥として見られるが数は少ない。ツルシギの冬羽に似ているが、体が小さく、上嘴基部の色が赤いことや飛翔時の白帯で区別できる。　(F)

2005年10月 冬羽 宮崎市佐土原町 (I)

観察時期	1	2	3	4	5	6	7	8	9	10	11	12
				●	●			●	●	●		

シギ科

コアオアシシギ

チドリ目シギ科

学　名：*Tringa stagnatilis*
英　名：Marsh Sandpiper　漢字名：小青足鷸

生息環境：干潟、水田、湿地等
渡り区分：旅鳥
全長：25cm（<ハト）
鳴声：ピッピッピッ　ピョー
食性：甲殻類や昆虫類、貝類
特徴：雌雄同色。全体的には青みのある灰褐色で背、腰、頸は白い。胸には黒斑が多くある。黒くてまっすぐな細い嘴と、細長く黄色みを帯びた足・長くまっすぐな嘴が特徴である。
生息状況等：日本では春・秋の渡りの時期に旅鳥として飛来するが数は多くない。アオアシシギよりも小さく、嘴がアオアシシギのように反っていない。水深の浅いところで、カニなどを捕食する。（F）

2006年4月 成鳥夏羽 宮崎市佐土原町（I）

観察時期	1	2	3	4	5	6	7	8	9	10	11	12
	※			●	●			●	●	●	●	

アオアシシギ

チドリ目シギ科

学　名：*Tringa nebularia*
英　名：Greenshank　漢字名：青足鷸

生息環境：干潟、水田、河川等
渡り区分：旅鳥
全長：35cm（>ハト）
鳴声：チョーチョーチョー
食性：甲殻類や昆虫類、小魚
特徴：雌雄同色で、体下面は白く、飛翔時には背と腰が白く目立つ。胸には細かい黒斑が密にある。やや細身で褐色の体にやや上に反った細長い嘴と黄緑色の長い足が特徴である。
生息状況等：日本では春と秋の渡りの時期に旅鳥として渡来する。チョーチョーチョーと３音節の特徴的な鳴き声である。コアオアシシギよりも二回りほど大きい。水深の浅いところで、水中のカニや小魚を捕食することが多い。（F）

2012年5月 夏羽 新富町（F）

観察時期	1	2	3	4	5	6	7	8	9	10	11	12
	●	●	●	●	●		●	●	●	●	●	●

カラフトアオアシシギ

チドリ目シギ科

学　名：*Tringa guttifer*
英　名：Nordmann's greenshank　Spotted greenshanke
漢字名：樺太青脚鷸

生息環境：干潟、水田、河川等
渡り区分：旅鳥
全長：32㎝（=ハト）
鳴声：ケェーッ
食性：甲殻類やゴカイ、小魚
特記事項等：国；CR
特徴：やや上に反ったしっかりとした嘴と黄緑色の長い足が特徴である。嘴は全体に黒いが基部はやや黄緑色がかる。翼下面は白く、飛翔時には背、腰、尾が白く目立つ。喉から胸にかけて黒褐色の斑紋がある。
生息状況等：日本では春と秋の渡りの時期に旅鳥として渡来するが数は少ない。宮崎県では一ツ瀬川河口で2011年７月等に記録がある。　(F)

2011年7月　夏羽　新富町（F）

観察時期	1	2	3	4	5	6	7	8	9	10	11	12
					▲		※		▲			

クサシギ

チドリ目シギ科

学　名：*Tringa ochropus*
英　名：Green Sandpiper　漢字名：草鷸

生息環境：河川、水田、湖沼等
渡り区分：冬鳥
全長：24㎝（=ムクドリ）
鳴声：チュリーチュリー
食性：甲殻類や昆虫類、貝類
特徴：夏羽は、頭部から背や翼にかけての体上面が緑色味がかった黒褐色で、背と翼には細かい白斑紋が散在する。体下面と腰は白く、翼下面は黒い。尾は白いが黒色の横縞がある。冬羽は背と翼の白斑が目立たなくなる。
生息状況等：河川や湿地で見ることができるシギで、内陸部で見られることもあるが海岸で観察されることは少ない。イソシギに似ているが、イソシギよりも少し大きく、飛翔時に白色の翼帯が出ない。　(F)

2013年10月　冬羽　えびの市（F）

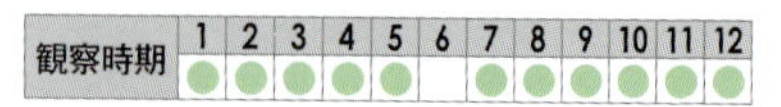

観察時期	1	2	3	4	5	6	7	8	9	10	11	12
	●	●	●	●	●		●	●	●	●	●	●

シギ科

観察時期：●ほぼ毎年観察される　▲数年に一度観察される　※ごく稀な観察記録がある

タカブシギ　チドリ目シギ科

学　名：*Tringa glareola*
英　名：Wood Sandpiper　漢字名：鷹斑鷸

2011年4月　夏羽　宮崎市佐土原町（F）

生息環境：河川、水田、湖沼等
渡り区分：旅鳥
全長：21.5cm（<ムクドリ）
鳴声：ピッピッピッピッ
食性：ミミズや昆虫類、小魚、貝類
特記事項等：国：VU
特徴：嘴は細くてまっすぐで黒い。夏羽は、頭部から背や翼にかけての体上面が黒褐色で、白斑が散在する。白い眉斑は眼の後ろまで伸びる。翼下面と腰は白く、足は長めで黄色い。
生息状況等：河川や水田で見ることができるシギで、主に内陸部で見られ海岸で観察されることは少ない。ミミズや昆虫を捕食するほか、水深の浅いところで小魚を捕食することもある。クサシギに似るが、クサシギよりも体上面の斑は多い。（F）

観察時期	1	2	3	4	5	6	7	8	9	10	11	12
	▲		●	●	●		●	●	●	●	●	

キアシシギ　チドリ目シギ科

学　名：*Heteroscelus brevipes*
英　名：Grey-tailed Tattler　漢字名：黄足鷸

2005年5月　夏羽　新富町（I）

生息環境：河川、水田、湖沼、磯砂浜等
渡り区分：旅鳥
全長：25cm（>ムクドリ）
鳴声：ピュイー　ピュイ
食性：甲殻類や昆虫類、貝類
特徴：黒い過眼線があり、夏羽は胸と脇には波のような横縞がある。体上面は灰黒色で、飛翔時も斑は見られない。嘴はまっすぐで黒く基部は黄色みを帯び、足は黄色。類似のメリケンキアシシギの嘴は基部まで黒い。
生息状況等：春・秋の渡りの季節に渡来する旅鳥で、河川や干潟のほか、磯や砂浜でも見ることができる。水田等でカニなどを捕食する。「ピピピピピ」と鳴くことも多い。（F）

観察時期	1	2	3	4	5	6	7	8	9	10	11	12
				●	●	●	●	●	●	●		

ソリハシシギ チドリ目シギ科

学　名：*Xenus cinereus*
英　名：Terek Sandpiper
漢字名：反嘴鷸

生息環境：河口、水田、砂浜等
渡り区分：旅鳥
全長：23cm（<ムクドリ）
鳴声：ピッピッピッ
食性：ゴカイや甲殻類、貝類
特徴：長くて上に反った嘴と、短めでオレンジ色の足が特徴である。雌雄同色で、上面が灰褐色、白い眉斑は眼の前方までしかない。飛翔時に次列風切の先の白色の部分が帯状に見える。
生息状況等：日本では春・秋の渡りの季節に見られる旅鳥で、河口や干潟、砂浜で見ることができる。海岸近くの水田で見られることもあるが、内陸部で見られることは少ない。干潟を小走りで移動し、カニなどを捕食する。　(F)

2004年5月 冬羽から夏羽へ換羽中 新富町 (I)

観察時期	1	2	3	4	5	6	7	8	9	10	11	12
			●	●	●	●	●	●	●	●	●	

イソシギ チドリ目シギ科

学　名：*Actitis hypoleucos*
英　名：Common sandpiper
漢字名：磯鷸

生息環境：河川、水田、湖沼、磯、岩礁等
渡り区分：留鳥
全長：20cm（<ムクドリ）
鳴声：ツィリーリー
食性：甲殻類や昆虫類、貝類
特徴：体上面は黒褐色で、脇から翼角に向けて白く切れ込んでいる。足は黄緑色で短めで尾は長めである。飛翔時に翼上面に白帯が見える。
生息状況等：その名のとおり磯でも見られるが、海岸のみならず、内陸部の河川や水田でも見ることができるシギ。尾がやや長く上下に振りながら行動する。カニや昆虫、貝類などを捕食する。　(F)

2012年9月 冬羽 串間市 (F)

観察時期	1	2	3	4	5	6	7	8	9	10	11	12
	●	●	●	●	●	●	●	●	●	●	●	●

観察時期：●ほぼ毎年観察される　▲数年に一度観察される　※ごく稀な観察記録がある

キョウジョシギ チドリ目シギ科

学　名：*Arenaria interpres*
英　名：Ruddy Turnstone　漢字名：京女鷸

生息環境：干潟、岩礁、砂浜、水田等
渡り区分：旅鳥
全長：22㎝（<ムクドリ）
鳴声：ゲッゲッゲッ
食性：ゴカイや甲殻類、昆虫等
特徴：顔から胸にかけては白と黒の模様、足はオレンジ色をしている。シギの中では嘴と足が短く、体がずんぐりとした印象。冬羽は赤褐色の部分がほとんどなくなり全身が暗い色合いになる。
生息状況等：夏羽の白・黒・赤褐色のよく目立つまだら模様を、京都の女性の着物に例えて京女シギと名前がついたといわれる。春と秋の渡りの時期に、河口や海岸付近に飛来する。港の岸壁などで見られることも多い。（F）

2012年8月 夏羽 串間市（F）

観察時期	1	2	3	4	5	6	7	8	9	10	11	12
				●	●			●	●	●		

オバシギ チドリ目シギ科

学　名：*Calidris tenuirostris*
英　名：Great Knot　漢字名：尾羽鷸

生息環境：干潟、河口、水田、等
渡り区分：旅鳥
全長：28.5㎝（>ムクドリ）
鳴声：ケッケッ
食性：貝類や甲殻類、昆虫等
特徴：雌雄同色。頸部がやや短めで、嘴は黒くてやや長めで胸と脇に大きな黒斑がある。腰は白く、背中に赤褐色の斑がある。冬羽は胸や脇の斑が目立たなくなり、体上面全体が灰色になる。コオバシギよりも一回り大きな体をしている。
生息状況等：春と秋の渡りの季節に飛来するシギで、数羽から数十羽の群で観察されることが多い。初夏に河口や海岸に近い水田や干潟等で数十羽の群で観察されることも。コオバシギ冬羽に似ているが、腰が白いことなどで識別できる。（F）

2012年4月 夏羽 新富町（F）

観察時期	1	2	3	4	5	6	7	8	9	10	11	12
				●	●			●	●	●		

コオバシギ　チドリ目シギ科

学　名：*Calidris canutus*
英　名：Red Knot　漢字名：小尾羽鷸

生息環境：干潟、水田、湿地等
渡り区分：旅鳥
全長：24.5cm（>ムクドリ）
鳴声：ノッ
食性：甲殻類やミミズ、昆虫類等
特徴：雌雄同色。太めの体型で、夏羽は顔から腹にかけて赤褐色で、背中にも赤褐色の斑がある。嘴は黒くてまっすぐ。胸と脇に灰色の斑があり腰は灰色。冬羽は顔から腹にかけて白っぽくなり、脇に灰色の斑が見られるようになる。
生息状況等：春と秋の渡りの季節に飛来するシギで、体はオバシギよりも一回り小さい。数羽から数十羽の群で行動し、オバシギの群に混じって観察されることが多い。冬羽や幼鳥はオバシギに似るが、腰が白くなく、灰色に見えることなどで識別できる。（F）

2008年4月　夏羽　新富町（F）

観察時期	1	2	3	4	5	6	7	8	9	10	11	12
				●	●				●	●		

ミユビシギ　チドリ目シギ科

学　名：*Calidris alba*
英　名：Sanderling　漢字名：三趾鷸

生息環境：干潟、砂浜、水田、湿地等
渡り区分：旅鳥・冬鳥
全長：19cm（<ムクドリ）
鳴声：クリーッ
食性：甲殻類や貝類、昆虫等
特徴：太めの体型で、黒くてやや短い足の第１指はなく趾が３本である。嘴は黒色で短めである。夏羽は頭や胸、体上面が赤褐色で腹は白く、翼角が黒く飛翔時に翼上面に太い白帯が目立つ。冬羽は体上面が灰白色で下面が白く、全体に白っぽい印象を受ける。
生息状況等：春と秋の渡りの季節と冬に見られるシギで、砂浜や河口干潟で見られ、内陸部では見られない。砂浜や干潟を小走りに移動し、カニなどを捕食する。（F）

2012年9月　幼鳥　宮崎市（F）

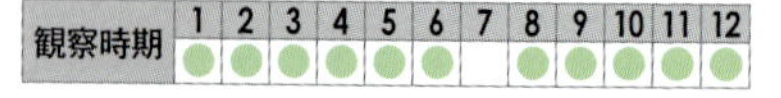

観察時期	1	2	3	4	5	6	7	8	9	10	11	12
	●	●	●	●	●	●		●	●	●	●	●

トウネン

チドリ目シギ科

学　名：*Calidris ruficollis*
英　名：Red-necked Stint　漢字名：当年

生息環境：干潟、砂浜、水田、湿地等
渡り区分：旅鳥
全長：15cm（＝スズメ）
鳴声：チュリッ
食性：ゴカイや甲殻類、昆虫類等
特徴：体は太めで、足は黒色で短く、嘴は黒色で短い。初列風切が突出している。夏羽は頭や胸、体上面が鮮やかな赤褐色で腹は白く、飛翔時は翼の白帯と尾の中央の黒色が目立つ。冬羽は体上面が灰褐色で下面が白い。
生息状況等：春と秋の渡りの季節に飛来する小型のシギで、砂浜や河口干潟で群れで行動する姿が見られる。今年生まれたように小さいことから当年（トウネン）と名がついたといわれている。（F）

2003年4月　夏羽　新富町（I）

観察時期	1	2	3	4	5	6	7	8	9	10	11	12
	▲	▲	▲	●	●			●	●	●	●	▲

ヨーロッパトウネン

チドリ目シギ科

学　名：*Calidris minuta*
英　名：Little Stint
漢字名：ヨーロッパ当年

生息環境：干潟、砂浜、水田、湿地等
渡り区分：旅鳥
全長：14cm（＝スズメ）
鳴声：チッ　チッ
食性：ゴカイや甲殻類、昆虫類等
特徴：体は太めで、足は黒色で短く、嘴は黒色で短い。顔や背は赤褐色をしているが、喉は白い。背と肩羽上列の境に白色のV字模様が出る。トウネンによく似ているが、嘴がやや細く長い。足もトウネンよりも長い。

2013年5月　夏羽　宮崎市佐土原町（鈴木直孝）

生息状況等：春と秋の渡りの季節に飛来する小型のシギ。ニシトウネンともよばれる。トウネンに比べ飛来数は少ない。（F）

観察時期	1	2	3	4	5	6	7	8	9	10	11	12
			▲	▲	▲				▲			

オジロトウネン チドリ目シギ科

学　名：*Calidris temminckii*
英　名：Temminick's Stint
漢字名：尾白当年

生息環境：干潟、砂浜、水田、湿地等
渡り区分：旅鳥
全長：14.5cm（=スズメ）
鳴声：チリリリリ
食性：ゴカイや甲殻類、昆虫類等
特徴：足は黄色みを帯びて短く、嘴は黒色で短い。頭や胸、体上面は灰褐色で、黒色と赤褐色の斑が見られる。冬羽は赤褐色、黒色の斑が目立たなくなり全体が暗めの灰褐色となる。
生息状況等：春と秋の渡りの季節に飛来する小型のシギ。砂浜や干潟で見られるが、数は多くない。トウネンによく似ているが、足の色が黄色みを帯びていることなどで区別できる。（F）

2004年5月 夏羽 新富町（I）

観察時期	1	2	3	4	5	6	7	8	9	10	11	12
	▲	▲	●	●	●				●	●	●	▲

ヒバリシギ チドリ目シギ科

学　名：*Calidris subminuta*
英　名：Long-toed Stint　漢字名：雲雀鷸

生息環境：水田、川岸、湿地等
渡り区分：旅鳥
全長：14.5cm（=スズメ）
鳴声：プルル　チュリリ
食性：ミミズや昆虫類等
特徴：嘴は黒くて細く、足は黄色みを帯びる。夏羽は、頭から背と翼が赤褐色で、太い白色の眉斑がある。体下面は白色である。冬羽は、体上面が灰褐色で頭部に黒褐色の縦斑が見られる。
生息状況等：日本では春・秋の渡りの時期に旅鳥として飛来する。ヒバリほどの大きさであることからヒバリシギと名付けられたといわれている。水田や湿地で見られ、泥質の干潟で見られることは少ない。（F）

2014年1月 冬羽 宮崎市佐土原町（F）

観察時期	1	2	3	4	5	6	7	8	9	10	11	12
	▲	▲	▲	●	●			●	●	●	●	▲

観察時期：●ほぼ毎年観察される　▲数年に一度観察される　※ごく稀な観察記録がある

ヒメウズラシギ

チドリ目シギ科

学　名：*Calidris bairdii*
英　名：Baird's Sandpiper
漢字名：姫鶉鷸

2005年9月 幼鳥 新富町（永友清太）

生息環境：水田、干潟、湿地等
渡り区分：旅鳥
全長：16㎝（＝スズメ）
鳴声：プリー
食性：貝類、甲殻類
特徴：嘴は黒くわずかに下に曲がっている。体上面は暗い褐色で眉斑は白く、顔と胸は黄色褐色、で下面は白い。冬羽は体上面が灰褐色である。翼が長く、たたんだ時に尾の先端よりも長く大きく突出する。足は黒くてやや短い。
生息状況等：日本では春・秋の渡りの時期に旅鳥として稀に飛来する。宮崎県では2005年に新富町下富田で記録がある。冬羽はハマシギに似るが、ハマシギよりも一回り小さい。（F）

観察時期	1	2	3	4	5	6	7	8	9	10	11	12
									※			

アメリカウズラシギ

チドリ目シギ科

学　名：*Calidris melanotos*
英　名：Pectoral Sandpiper
漢字名：亜米利加鶉鷸

1996年8月
成鳥冬羽
都城市
（鈴木直孝）

生息環境：水田、干潟、湿地等
渡り区分：旅鳥（稀）
全長：22㎝（＜ムクドリ）
鳴声：クリーッ　プリ
食性：貝類、甲殻類
特徴：雌雄同色。夏羽の体上面は暗褐色で、胸は褐色の斑紋があり腹部は白い。胸と腹の境が明瞭である。嘴はやや長めでわずかに下に湾曲している。足は黄緑色。冬羽は体上面が灰褐色になる。
生息状況等：日本では春・秋の渡りの時期に旅鳥として稀に飛来する。1995年都城市乙房、宮崎市佐土原町等で記録がある。ウズラシギやヒメウズラシギに似るが、これらは胸と腹の境目が不明瞭である。（F）

観察時期	1	2	3	4	5	6	7	8	9	10	11	12
							▲	▲	▲	▲		

ウズラシギ

チドリ目シギ科

学　名：*Calidris acuminata*
英　名：Sharp-tailed Sandpiper　漢字名：鶉鷸

生息環境：水田、干潟、湿地等
渡り区分：旅鳥
全長：21.5cm（<ムクドリ）
鳴声：プリリ　プリリ
食性：貝類、甲殻類、昆虫類
特徴：夏羽は頭や体上面は褐色で赤みを帯び、背と翼には黒いうろこ状の模様が出る。眉斑は白いが明瞭ではなく、胸から脇にV字型の黒い斑がある。冬羽は体上面の赤みが少なくなり、白い眉斑が明瞭になる。嘴は黒く、やや下に曲がっていて、基部は黄緑である。
生息状況等：日本では春・秋の渡りの時期に旅鳥として飛来するが、県内で見られる数は多くない。ヒメハマシギよりも体が一回り大きく、足は黄色味を帯びる。（F）

2008年4月　夏羽　新富町（F）

観察時期	1	2	3	4	5	6	7	8	9	10	11	12
				●	●			●	●	●	●	

サルハマシギ

チドリ目シギ科

学　名：*Calidris ferruginea*
英　名：Curlew Sandpiper　漢字名：猿浜鷸

生息環境：水田、干潟、湿地等
渡り区分：旅鳥
全長：22cm（<ムクドリ）
鳴声：チィリー
食性：貝類、甲殻類、昆虫類
特徴：黒くて長い足は、飛翔時に尾の先端を超えて突出する。嘴は黒くて長く、下に湾曲する。夏羽は頭から腹にかけて鮮やかな赤褐色で、腰は白い。冬羽は全体的に赤みが少なくなり、腹は白い。飛翔時に翼上面に白い翼帯が目立つ。
生息状況等：日本では春・秋の渡りの時期に旅鳥として干潟や湿地等に飛来するが、冬鳥として見られるハマシギほど数は多くない。ハマシギ冬羽に似ているが、嘴はより長く、湾曲も少し大きい。（F）

2006年4月　夏羽　新富町（I）

観察時期	1	2	3	4	5	6	7	8	9	10	11	12
				●	●				●	●		

ハマシギ　チドリ目シギ科

学　名：*Calidris alpina*
英　名：Dunlin　漢字名：浜鷸

生息環境：河口、干潟、湿地等
渡り区分：冬鳥
全長：21cm（<ムクドリ）
鳴声：ピーィ　ピーィ、ジューイ
食性：貝類、甲殻類、昆虫類
特記事項等：国；NT
特徴：嘴は黒くて長く、下に少し曲がっている。足は黒く長めである。夏羽は体上面が赤褐色で、黒い斑があり、白い腹には黒くて大きな斑が目立つ。飛翔時に翼上面に白い翼帯が出る。冬羽は頭から背にかけて灰褐色になり、腹の黒斑は消えて白くなる。
生息状況等：宮崎では主に９月末頃から、河口や干潟で見られるようになる冬鳥で、群れで行動する姿が観察できる。大きな群れで飛翔し、同調して方向を変える姿は壮観である。４月頃には夏羽の個体を見ることができるようになる。（F）

2013年12月 冬羽 宮崎市（F）

観察時期	1	2	3	4	5	6	7	8	9	10	11	12
	●	●	●	●	●			●	●	●	●	●

ヘラシギ　チドリ目シギ科

学　名：*Eurynorhynchus pygmeus*
英　名：Spoon-billed sandpiper　漢字名：篦鷸

生息環境：干潟、河口、湿地等
渡り区分：旅鳥（稀）passage visitor
全長：15cm（=スズメ）
鳴声：プリーッ
食性：甲殻類や昆虫類、貝類等
特記事項等：国；CR
特徴：嘴の先端がスプーン状になっており、泥の中で嘴を左右に振りながら餌を探す。嘴と足は黒く、首は短めである。夏羽は顔から胸が赤褐色で、背と肩羽は黒い。冬羽では赤みがなくなり、体上面が灰褐色で下面は白い。
生息状況等：春・秋の渡りの時期に旅鳥として稀に飛来する小型のシギ。宮崎県では石崎川河口や一ッ葉入江などで記録がある。嘴の先端がスプーン（へら）状になっていることが名前の由来。（F）

1995年9月 幼鳥 宮崎市佐土原町（I）

観察時期	1	2	3	4	5	6	7	8	9	10	11	12
				▲					▲			

シギ科

キリアイ

チドリ目シギ科

学　名：*Limicola falcinellus*
英　名：Broad-billed Sandpiper　漢字名：錐合

生息環境：干潟、水田、干潟、湿地等
渡り区分：旅鳥
全長：17cm（>スズメ）
鳴声：ジュルー
食性：甲殻類、貝類
特徴：雌雄同色で白い眉斑は眼の前の位置から２本に分かれる。夏羽は体上面が薄い赤褐色で、黄白色のＶ字斑がある。冬羽は赤みがなくなり、体上面が灰褐色になる。長くてやや幅広の嘴は先端付近がわずかに下に曲がる。足は黒色で短い。

2004年5月 夏羽 新富町（I）

生息状況等：春と秋の渡りの時期に旅鳥として見られるが数は少なく、トウネンやハマシギなどの群に混じることが多い。水田や河口でカニなどを捕食する。（F）

観察時期	1	2	3	4	5	6	7	8	9	10	11	12
				●	●			●	●			

エリマキシギ

チドリ目シギ科

学　名：*Philomachus pugnax*
英　名：Ruff　漢字名：襟巻鷸

生息環境：干潟、水田、休耕田等
渡り区分：旅鳥・稀
全長：雄32・雌25cm（＝ハト、ムクドリ）
鳴声：クューッ
食性：甲殻類、昆虫類、ゴカイ
特徴：雄の襟巻の色や体上面の色は個体差があり、黒いもの赤褐色、白っぽいものなどさまざまである。頭がやや小さめで首が長く、足も長いのが特徴である。冬羽では体上面が薄い褐色になり、黒褐色の鱗模様が見られる。
生息状況等：日本では春と秋の渡りの時期旅鳥として飛来するが、数が少なく観察される機会はあまりない。宮崎県内では、新富町下富田、都城市沖水等で記録がある。名前が示すように繁殖期には首に襟巻のような長い飾り羽が生え、体上面が濃い色になるが、国内で飾り羽がある姿を観察することは難しい。（F）

1990年7月 夏羽
都城市（中原聡）

2006年12月 冬羽
新富町（I）

観察時期	1	2	3	4	5	6	7	8	9	10	11	12
	▲			●	●			●	●	●		▲

アカエリヒレアシシギ
チドリ目シギ科

学　名：*Phalaropus lobatus*
英　名：Red-necked phalarope
漢字名：赤襟鰭足鷸

2011年6月 夏羽 宮崎市佐土原町（F）

生息環境：海岸、水田、河川等
渡り区分：旅鳥
全長：19㎝（>スズメ）
鳴声：プリーッ
食性：甲殻類やゴカイ
特徴：黒い嘴は非常に細い。夏羽は頭が黒く喉は白く、頸から胸にかけて鮮やかな赤褐色。飛翔時には白い翼帯が目立つ。冬羽は体上面が灰色で、下面は白色になり、目の周りと頭頂が黒い。
生息状況等：日本では春と秋の渡りの時期に旅鳥として渡来し、春の渡りの季節に、明石海峡を大群で移動することが知られる。頸から胸にかけて鮮やかな赤褐色で、これが名前の由来となっている。（F）

観察時期	1	2	3	4	5	6	7	8	9	10	11	12
				●	●	▲	▲		●	●		

レンカク
チドリ目レンカク科

学　名：*Hydrophasianus chirurgus*
英　名：Pheasant-tailed jacana
漢字名：蓮鶴

2014年6月 夏羽 宮崎市（F）

生息環境：河川、湖沼等
渡り区分：迷鳥
全長：55㎝（>カラス）
鳴声：チュー　チュー
食性：植物の根、茎、甲殻類や昆虫類
特徴：夏羽は黒くて非常に長い尾を持ち、頭と翼が白色、後頸が黄色である。背と腹は黒く、飛翔時には白・黒のコントラストがはっきりとしている。後足の指と爪は非常に長い。
生息状況等：非常に長い足指と爪でハスなどの水草の上を歩きながら餌を探す。植物の根や茎を主に、昆虫や甲殻類も食べる。県内では1994年、2001年、2004年、2014年に宮崎市のため池、大淀川、水田で確認されている。（F）

観察時期	1	2	3	4	5	6	7	8	9	10	11	12
						※				※		

タマシギ

チドリ目タマシギ科

学　名：*Rostratula benghalensis*
英　名：greater painted snipe　漢字名：玉鷸

生息環境：水田、湖沼、湿地
渡り区分：留鳥
全長：23.5cm（＝ムクドリ）
鳴声：コォーッ　コォーッ……
食性：ミミズ、昆虫、貝類
特記事項等：国；VU、県；NT-r
特徴：目の周囲に勾玉のような形のアイリングがあり目立つ。体上面が褐色で、腹は白く、胸から肩に向かって白色の切れ込みがある。雌は体色が鮮やかでやや赤みを帯びる。
生息状況等：水深の浅い池や水田などに生息し、嘴を左右に振りながら餌を探し、ミミズや水生昆虫を捕食する。夜行性で、夕方から水辺を動いて餌を探す。雄が子育てをすることが知られている。　(F)

2006年9月 成鳥雄とヒナ 宮崎市（I）

観察時期	1	2	3	4	5	6	7	8	9	10	11	12
	●	●	●	●	●	●	●	●	●	●	●	●

ツバメチドリ

チドリ目ツバメチドリ科

学　名：*Glareola maldivarum*
英　名：Large Indian pratincole Oriental ratincole
漢字名：燕千鳥

生息環境：休耕田、草原、河岸等
渡り区分：夏鳥
全長：26.5cm（>ムクドリ）
鳴声：クリリ　クリリ
食性：昆虫等
特記事項等：国；VU、県；VU-r
特徴：体上面は灰褐色で、黒くて短い嘴は、夏には基部が赤くなる。喉は淡黄色で、それを縁取るように黒線が入る。腹部や下尾筒は白い。翼や尾羽が長く、尾羽はV字型になっている。
生息状況等：翼や尾羽が長く、尾羽はV字になっており、飛翔する姿がツバメに似ていることが名前の由来になっている。日本全体としては渡りの途中に旅鳥として確認されることが多い。飛翔しながら昆虫を捕食する。　(F)

2003年4月 成鳥夏羽 新富町（鈴木直孝）

観察時期	1	2	3	4	5	6	7	8	9	10	11	12
				▲	▲	※	※	※	▲	▲		

観察時期：●ほぼ毎年観察される　▲数年に一度観察される　※ごく稀な観察記録がある

クロアジサシ　チドリ目カモメ科

学　名：*Anous stolidus*
英　名：Brown Noddy　漢字名：黒鯵刺

生息環境：島嶼、海岸、岩礁
渡り区分：迷鳥
全長：45cm（>キジバト）
鳴声：アッ　アッ
食性：魚類
特徴：全身が黒褐色で額から前頭までの狭い範囲が白色で、嘴は細くて黒く足も黒い。尾は先端がわずかに分かれていて、静止時の尾端と翼端はほぼ同じ位置である。
生息状況等：全身が黒いことが名前の由来。日本では小笠原諸島で夏鳥として繁殖に飛来するが、その他の地域では迷鳥として少数が記録される。県内では2002年に新富町下富田に記録がある。　(F)

観察時期	1	2	3	4	5	6	7	8	9	10	11	12
								※				

ユリカモメ　チドリ目カモメ科

学　名：*Larus ridibundus*
英　名：Black-headed Gull　漢字名：百合鷗

生息環境：海岸、河口、河川等
渡り区分：冬鳥
全長：40cm（>キジバト）
鳴声：ギィー ギィー
食性：魚類、甲殻類、貝類
特徴：体全体が白く、体上面は淡い白灰色。目の後ろに薄い黒斑が出る。赤い嘴は先端が黒く、足は長くて赤色。夏羽は頭部が濃い黒褐色になり、目の上下に白い縁取りが目立つようになる。翼の先は黒色で、白斑は目立たない。
生息状況等：10月ごろ渡ってくる冬鳥で、一ツ瀬川河口などで見られるが数は多くない。ズグロカモメに似ているが、ズグロカモメは嘴が黒くて短いことなどで識別できる。渡る前に、稀に夏羽に換羽した個体を見ることがある。　(F)

2012年4月 冬羽 宮崎市佐土原町（F）

観察時期	1	2	3	4	5	6	7	8	9	10	11	12
	●	●	●	●	●				●	●	●	●

ユリカモメ

ズグロカモメ　チドリ目カモメ科

学　名：*Larus saundersi*
英　名：Chinese black-headed gull Saunders's gull
漢字名：頭黒鷗

生息環境：海岸　河口、干潟等
渡り区分：冬鳥
全長：32.5㎝（＝キジバト）
鳴声：キッ　キッ
食性：魚類、甲殻類、ゴカイ
特記事項等：国；VU、県；VU-r
特徴：夏羽は、頭部が黒く、体上面は淡青灰色。冬羽は全体が白っぽく、背は淡い白灰色、頭は白くなり目の後ろに薄い黒斑が出る。後足は暗い赤色。
生息状況等：11月ごろ渡ってくる冬鳥で、河口付近で見られるが数は少ない。一ツ瀬川河口で少数が確認される。ユリカモメに似るが、嘴は黒くて短いことで識別できる。（F）

2012年11月 冬羽 新富町（F）

観察時期	1	2	3	4	5	6	7	8	9	10	11	12
	●	●	●	▲	▲						●	●

ウミネコ　チドリ目カモメ科

学　名：*Larus crassirostris*
英　名：Black-tailed gull　漢字名：海猫

生息環境：沿岸、河口、干潟、港湾
渡り区分：冬鳥
全長：46.5㎝（<カラス）
鳴声：ミャオー
食性：魚類、甲殻類、昆虫、貝類
特徴：頭から体下面は白色で、体上面は黒灰色。嘴は黄色で先端に黒色と赤色の斑がある。足は黄色で白い尾の先端部には黒色で幅広い帯が出る。目瞼は赤色で、夏羽になるとより目立つ。
生息状況等：冬に見られるカモメの仲間で、猫の声のように「ミャオー」と鳴く。北海道や北日本では繁殖する個体もおり、冬に南に渡る。（F）

2013年1月 成鳥冬羽 串間市（F）

観察時期	1	2	3	4	5	6	7	8	9	10	11	12
	●	●	●	●	●	●	●		●	●	●	●

観察時期：●ほぼ毎年観察される　▲数年に一度観察される　※ごく稀な観察記録がある

カモメ

チドリ目カモメ科

学　名：*Larus canus*
英　名：Common gull　　漢字名：鴎

生息環境：沿岸、河口、干潟
渡り区分：冬鳥
全長：44.5㎝（<カラス）
鳴声：キャッキャッキャー
食性：魚類、甲殻類、昆虫、貝類
特徴：頭から体下面は白色で、体上面は黒灰色。嘴は細くて黄色で先端に不鮮明な黒色の斑が出ることある。足は黄緑色。尾は白色で翼の先端は黒く、中に白色の斑が入る。冬羽は頭や頸に薄い灰褐色の小斑が見られる。
生息状況等：大陸北部で繁殖し、日本へは冬渡ってくるカモメの仲間であるが、県内に飛来する数は少ない。県の沿岸部に多く渡来するセグロカモメに比べるとかなり小さい。　(F)

2013年11月 冬羽 宮崎市（F）

観察時期	1	2	3	4	5	6	7	8	9	10	11	12
	●	●	●	●							●	●

ワシカモメ

チドリ目カモメ科

学　名：*Larus glaucescens*
英　名：Glaucous-winged Gull　漢字名：鷲鴎

生息環境：沿岸、河口、干潟
渡り区分：冬鳥
全長：65㎝（>カラス）
鳴声：ニャーオ、キィーユ
食性：魚類、甲殻類、昆虫、貝類
特徴：雌雄同色で全体的にはセグロカモメに似た体色であるが、成鳥の初列風切が灰色であることで区別できる。幼鳥は体全体が褐色で、足の色がやや黒っぽい。第１回冬羽では体全体が淡い色になり、尾羽の黒帯がない。
生息状況等：シベリア東部等で繁殖し、日本へは冬渡ってくるカモメの仲間で、セグロカモメ、オオセグロカモメに混じって確認されることが多い。北海道などでは普通に見られるが、県内に飛来することは稀で、2013年10月に宮崎市大淀川河口で幼鳥１羽が確認されている。県の沿岸部に多く渡来するセグロカモメに比べると大きい。　(F)

2013年10月 幼鳥 宮崎市（F）

観察時期	1	2	3	4	5	6	7	8	9	10	11	12
										※	※	※

シロカモメ

チドリ目カモメ科

学　名：*Larus hyperboreus*
英　名：Glaucous Gull　漢字名：白鴎

生息環境：沿岸、河口、湖沼
渡り区分：冬鳥
全長：71cm（>カラス）
鳴声：ミャーオー
食性：魚類、甲殻類、鳥の雛
特徴：頭から体下面は白色で、体上面は薄い灰色でやや青みを帯びる。嘴は薄い黄色で下嘴先端に赤色の斑がある。足はピンク色。
生息状況等：日本では冬に見られる大型のカモメの仲間であるが、関西以南への飛来は少なく、宮崎県内で見られることは稀である。宮崎県では2007年に宮崎市等で記録がある。他のカモメ類に混じって行動する。宮崎県の沿岸部に多いセグロカモメより一回り大きい。（F）

2007年3月 成鳥 宮崎市（I）

観察時期	1	2	3	4	5	6	7	8	9	10	11	12
	▲	▲	▲	▲								

セグロカモメ

チドリ目カモメ科

学　名：*Larus argentatus*
英　名：Herring Gull　漢字名：背黒鴎

生息環境：沿岸、河口、干潟
渡り区分：冬鳥
全長：60cm（>カラス）
鳴声：クワーッ
食性：魚類、甲殻類、昆虫、貝類
特徴：頭から体下面は白色で、上面は灰色。黄色い嘴の先端付近には赤色の斑がある。翼下面の翼の先端部が黒く明瞭で、白斑がある。足は薄いピンク色。冬羽では頭・頸に褐色の斑が出る。
生息状況等：冬に見られる大型のカモメで、県中央部で冬に見られるカモメ類では最も数が多い。港や河口にいて集団で行動する。魚類や甲殻類のほか、貝類、両生類、動物の死骸など何でも食べる。（F）

2014年10月 成鳥冬羽 日南市（F）

観察時期	1	2	3	4	5	6	7	8	9	10	11	12
	●	●	●	●	●					●	●	●

観察時期：●ほぼ毎年観察される　▲数年に一度観察される　※ごく稀な観察記録がある

オオセグロカモメ

チドリ目カモメ科

学　名：*Larus schistisagus*
英　名：Slaty-backed gull　漢字名：大背黒鷗

生息環境：沿岸、河口、干潟
渡り区分：冬鳥
全長：61cm（>カラス）
鳴声：クワーウ　クワ　クワ……
食性：魚類、昆虫、貝類
特徴：頭から体下面は白色で、上面は黒灰色。太くて黄色い嘴の先端付近には赤色の斑がある。嘴が太く、先端付近が太く膨らんでいる。足はピンク色。
生息状況等：冬に見られる大型のカモメの仲間で、よく似たセグロカモメの群れの中に混じっていることが多い。セグロカモメに比べると数はずっと少ない。セグロカモメよりも背の色が濃く、嘴の先端付近が太い。（F）

2013年10月 冬羽 宮崎市（F）

観察時期	1	2	3	4	5	6	7	8	9	10	11	12
	●	●	●	●							●	●

ニシセグロカモメ

チドリ目カモメ科

学　名：*Larus fuscus*
英　名：Lesser Black-backed Gull
漢字名：西背黒鷗

生息環境：海岸、河口
渡り区分：冬鳥
全長：55cm（>カラス）
鳴声：クワーッ
食性：魚類、甲殻類、昆虫、貝類
特徴：雌雄同色。成鳥夏羽は頭部から体下面が白色で、体上面は濃い灰黒色。成鳥冬羽では後頭から後頸にかけて淡褐色の縦線が入る。足は黄色だが、肉色となる個体もある。嘴は小ぶりで黄色く、下嘴の赤色斑が大きい。
生息状況等：県内では冬鳥として少数が海岸や河口で観察される。他のカモメ類と混じって見られることが多いが、よく似たセグロカモメと比べるとやや小さく、足が黄色いこと、背の黒み強いこと、嘴の赤色斑が大きいことで見分けられる。(I)

2007年12月 成鳥冬羽 宮崎市（I）

観察時期	1	2	3	4	5	6	7	8	9	10	11	12
	●	●	●	●							●	●

ハシブトアジサシ

チドリ目カモメ科

学　名：*Gelochelidon nilotica*
英　名：Gull-billed Tern　漢字名：嘴太鯵刺

生息環境：沿岸、河口、干潟
渡り区分：迷鳥
全長：38cm（>キジバト）
鳴声：クワッ　クワッ
食性：甲殻類
特徴：夏羽は頭が黒く、体上面は薄い灰色。黒くて太い嘴をもつ。足は黒く、ほかのアジサシの仲間と比べるとやや長め。尾は白く、飛翔時に浅目の切れ込みが見られる。冬羽は体全体が白くなり、眼の後ろに黒斑が出る。
生息状況等：春・秋の渡りの時期に稀に見られることがある。宮崎県では一ツ葉干潟や一ツ瀬川河口などで記録がある。同じ範囲を何度も往復して飛翔し、干潟などでカニなどを捕食する。（F）

2005年6月 夏羽 宮崎市佐土原町（鈴木直孝）

観察時期	1	2	3	4	5	6	7	8	9	10	11	12
				※		※	※		※	※		

オニアジサシ

チドリ目カモメ科

学　名：*Hydroprogne caspia*
英　名：Caspian Tern　漢字名：鬼鯵刺

生息環境：沿岸、河口、干潟、湖沼
渡り区分：迷鳥
全長：53cm（>カラス）
鳴声：カーッ
食性：魚類、甲殻類
特徴：翼を広げると140cmほどになる。飛翔時には、細い翼の下面先端付近が黒く見える。頭が黒く、体下面は白色。体上面は薄い灰色。鮮やかな赤色の太くて長い嘴をもつ。足は黒い。
生息状況等：春・秋の渡りの時期に稀に見られることがある大型のアジサシ類。同じ範囲を何度も往復して飛翔し、水中に飛び込んで魚を捕える。春または秋に一ツ瀬川河口で観察されている。（F）

2012年5月 夏羽 新富町（F）

観察時期	1	2	3	4	5	6	7	8	9	10	11	12
			▲	▲	▲						※	

観察時期：●ほぼ毎年観察される　▲数年に一度観察される　※ごく稀な観察記録がある

コアジサシ

チドリ目カモメ科

学　名：*Sterna albifrons*
英　名：Little Tern　漢字名：小鯵刺

2011年6月 夏羽 宮崎市（F）

生息環境：沿岸、河口、干潟
渡り区分：夏鳥
全長：28㎝（>ムクドリ）
鳴声：キリッ　キリッ
食性：魚類
特記事項等：国；国際希少野生動植物種・VU、県；野生動植物の保護に関する条例・EN-g、別名・鮎鷹
特徴：雌雄同色。黒い頭に白い額のコントラストが鮮やか。黄色で長い嘴は先端だけ黒い。体下面、腰、尾は白く、上面は青灰色。足の色は橙色。尾は凹型に深く切れ込む。冬羽は、頭の白色の部分が多くなり、嘴も黒くなる。
生息状況等：宮崎には夏鳥として飛来し、砂地のある河口や海岸にコロニーをつくり集団繁殖をする。空中を飛びながら獲物を探し、見つけるとホバリングを行った後、水中に飛び込んで小魚を捕える。砂地にくぼみを作り2、3個の卵を産む。（F）

観察時期	1	2	3	4	5	6	7	8	9	10	11	12
				●	●	●	●	●				

セグロアジサシ

チドリ目カモメ科

学　名：*Sterna fuscata*
英　名：Sooty Tern　漢字名：背黒鯵刺

1993年7月 高千穂町 剥製 宮崎県総合博物館所蔵

生息環境：沿岸、港、河口
渡り区分：迷鳥
全長：45㎝（<カラス）
鳴声：ジュー　ジュー
食性：魚類等
特徴：頭頂から尾まで、体上面は黒く白い額が目立つ。嘴や足も黒い。体下面は白く、黒く長い尾は深い切れ込みがある。全体的にスマートな姿である。
生息状況等：夏鳥として小笠原諸島などで繁殖するアジサシ類であるが、離島以外の地域で、飛来が確認されることは珍しい。宮崎県では日南市や延岡市などに記録がある。1998年には高千穂町に落鳥の記録もある。水中には飛び込まず、飛びながら水面付近の魚類などを嘴で捕える。（F）

観察時期	1	2	3	4	5	6	7	8	9	10	11	12
							※		※	※		

ベニアジサシ　チドリ目カモメ科

学　名：*Sterna dougallii*
英　名：Roseate Tern　漢字名：紅鯵刺

生息環境：沿岸、河口、干潟
渡り区分：迷鳥
全長：31cm（<キジバト）
鳴声：キィー
食性：魚類、昆虫、貝類
特記事項等：国；VU
特徴：頭頂は黒く、体上面は薄い青灰色。嘴は細く、基部が赤くてその他が黒色であるが、全体的に黒い個体もいる。繁殖期には嘴全体が鮮やかな赤色になる。尾が長く、翼を閉じている時には翼先端よりもかなり突出する。足は鮮やかな赤色であるが、冬には褐色となる。

2003年6月 成鳥 新富町（I）

生息状況等：全国的に確認が少ない鳥であるが、沖縄県や福岡県で繁殖の記録がある。宮崎県では一ツ瀬川河口などに飛来した記録がある。アジサシに似るが、アジサシは翼を閉じている時に、翼端よりも尾が外へ出ない。（F）

観察時期	1	2	3	4	5	6	7	8	9	10	11	12
					※	※		※	※			

エリグロアジサシ　チドリ目カモメ科

学　名：*Sterna sumatrana*
英　名：Black-naped tern　漢字名：襟黒鯵刺

生息環境：沿岸、河口、干潟
渡り区分：迷鳥
全長：30cm（<キジバト）
鳴声：キッ　キッ
食性：魚類、昆虫、貝類
特記事項等：国；VU
特徴：体全体が白く、眼から後頭部へかけて黒い帯があり、後頭部で繋がる。翼の上面、下面ともに白く、飛翔時にも白さが際立つ。嘴は細くて黒色、足も黒い。尾は白くて長く、静止時に翼先端よりも突出する。
生息状況等：国内では奄美以南に夏鳥として飛来するが、本土では迷鳥として記録される。宮崎県においては一ツ瀬川河口などで確認されている。コアジサシなどの群に混じって観察されることが多い。水面付近の魚を嘴ですくい取るようにして捕えるほか、急降下して水に飛び込んで魚を捕えることもある。（F）

2003年6月 成鳥 新富町（I）

観察時期	1	2	3	4	5	6	7	8	9	10	11	12
					※	※	※		※			

観察時期：●ほぼ毎年観察される　▲数年に一度観察される　※ごく稀な観察記録がある

アジサシ

チドリ目カモメ科

学　名：*Sterna hirundo*
英　名：Common Tern　漢字名：鰺刺

生息環境：沿岸、河口、干潟、河川
渡り区分：旅鳥
全長：35.5cm（>キジバト）
鳴声：キィ　キィ　キィ
食性：魚類、甲殻類
特徴：頭頂は黒く、体上面は灰色。体下面は上面よりも薄い灰色で、尾は白い。翼を閉じている時に、尾は翼先端を超えない。嘴は細くて黒い。冬羽は額や体下面が白くなる。亜種アカアシアジサシ（*minussensis*）は体上面は灰色で亜種アジサシ（*longipennis*）よりもやや淡い。体下面は上面よりも薄い灰色で、尾は白い。嘴は細くて鮮やかな赤色をしており先端は黒い。足も鮮やかな赤色である。

1993年9月 成鳥 宮崎市佐土原町（I）

生息状況等：春・秋の渡りの時期に旅鳥として数羽から数十羽の群で渡来し、台風の通過後など、稀に大群で観察される。水中の獲物を見つけると、上空でホバリングして、飛び込んで捕獲する。　（F）

観察時期	1	2	3	4	5	6	7	8	9	10	11	12
				●	●	●	●	●	●	●	●	

キョクアジサシ

チドリ目カモメ科

学　名：*Sterna paradisaea*
英　名：Arctic Tern
漢字名：極鰺刺

生息環境：沿岸、河口、干潟
渡り区分：迷鳥
全長：36cm（>キジバト）
鳴声：ギィー
食性：甲殻類、魚類、貝類
特徴：夏羽は頭頂は黒く頬や喉は白い。体上面は淡灰色、成長すると嘴と足は赤くなるが、幼鳥では黒い。他のアジサシと比較して足が短いのが特徴。冬羽と幼鳥は嘴と足が黒くなり、後頭部も黒くなる。アジサシによく似るが、飛翔時の翼下面はアジサシよりも白い。

2003年6月 成鳥夏羽 新富町（鈴木直孝）

生息状況等：南極圏と北極圏の間を渡る、最も渡りの距離の長い鳥として知られる。日本は渡りのルートには入っていないが、稀に記録される。宮崎県では、2003年6月新富町富田浜に、2012年9月に宮崎市一ッ葉海岸に飛来した記録がある。（F）

観察時期	1	2	3	4	5	6	7	8	9	10	11	12
						※			※			

クロハラアジサシ

チドリ目カモメ科

学　名：*Chlidonias hybrida*
英　名：Whiskered Tern
漢字名：黒腹鯵刺

2005年9月　夏羽　新富町（I）

生息環境：干潟、河口、水田、湖沼等
渡り区分：旅鳥
全長：25cm（＞ムクドリ）
鳴声：キョッ　キョッ
食性：魚類、甲殻類、昆虫、両生類
特徴：頭頂は黒く、頬は白い。胸から背にかけては灰黒色で、嘴はやや暗めの赤色で足は赤い。冬羽は全体に淡い色になり、嘴と足は黒くなる。
生息状況等：日本では春・秋の渡りの時期に旅鳥として飛来する。干潟や沿岸で見られることが多いが、海岸から離れた湖沼で観察されることもある。同じ範囲を何度も往復しながら餌を探し、水面付近の魚などを嘴ですくうようにして捕える。（F）

観察時期	1	2	3	4	5	6	7	8	9	10	11	12
					●	●			●	●	●	

ハジロクロハラアジサシ

チドリ目カモメ科

学　名：*Chlidonias leucopterus*
英　名：White-winged Black Tern
漢字名：羽白黒腹鯵刺

2010年5月　夏羽　新富町（F）

生息環境：干潟、河口、水田、湖沼等
渡り区分：旅鳥
全長：24cm（＝ムクドリ）
鳴声：キッ　キッ
食性：魚類、甲殻類
特徴：頭や胸、腹、背は黒色で翼上面は白色から灰色。腰や尾は白い。嘴は細く短めであるが、先端がとがっており、少し赤みを帯びた黒色である。
生息状況等：日本では春・秋の渡りの時期に旅鳥として飛来するが数は少ない。宮崎県では春に一ツ瀬川河口付近で、数十羽の群が観察されたことがある。クロハラアジサシに混じって観察される。同じ範囲を何度も往復しながら餌を探し、水面付近の魚などを嘴ですくうようにして捕えたり、空中で昆虫を捕えたりする。水田でカエルを捕食することもある。（F）

観察時期	1	2	3	4	5	6	7	8	9	10	11	12
					●	●	▲	▲	●	●	●	

観察時期：●ほぼ毎年観察される　▲数年に一度観察される　※ごく稀な観察記録がある

オオトウゾクカモメ

チドリ目カモメ科

学　名：*Catharacta maccormicki*
英　名：South Polar Skua　漢字名：大盗賊鴎

生息環境：海上、沿岸
渡り区分：旅鳥
全長：55cm（>カラス）
鳴声：グァー グァー
食性：魚類、鳥類
特徴：全身が褐色で、背は濃い灰褐色。黒くて太いくちばしを持つ。体の色は個体によって異なり、全身が黒褐色のものもいる。翼を広げると130cmを超える大型の鳥で、体も太い。
生息状況等：日本では春・秋の渡りの時期に旅鳥として飛来するが数は少なく、宮崎県では2005年に宮崎市で保護された記録がある。海上にいるカモメの仲間やミズナギドリの仲間を探し、それらの餌を奪い取るところから、トウゾク（盗賊）の名がついている。（F）

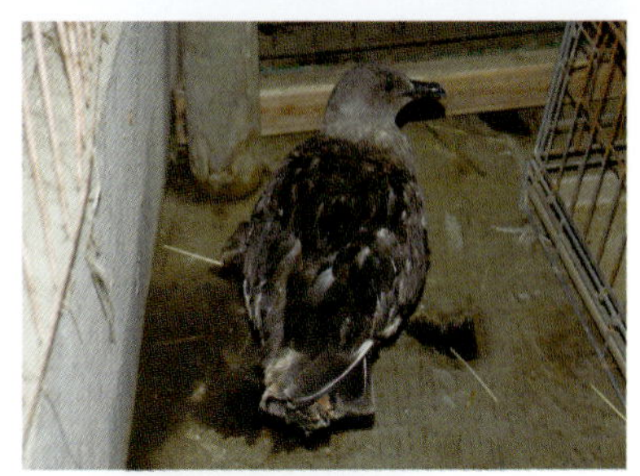

2005年9月 保護
宮崎市（N）

2005年9月 保護
宮崎市（N）

観察時期	1	2	3	4	5	6	7	8	9	10	11	12
					※				※			

ウミスズメ

チドリ目ウミスズメ科

学　名：*Synthliboramphus antiquus*
英　名：ancient murrelet
漢字名：海雀

生息環境：沿岸
渡り区分：旅鳥
全長：25cm（=ムクドリ）
鳴声：チッ チッ
食性：小魚
特記事項等：国；CR
特徴：頭は黒く目の上から白帯が後方にのびる。体上面は暗灰色で、下面は白い。嘴は短く、黄白色をしているが、基部は黒い。冬羽は喉が白くなり眼の上方も黒くなる。

2008年2月 成鳥冬羽 川南町（I）

生息状況等：日本では北海道の天売島等で繁殖し、冬には宮崎県の沿岸でも見られる。繁殖のために島に上陸する以外は、洋上で生活。カンムリウミスズメに似ているが、後頭に冠羽はない。（F）

観察時期	1	2	3	4	5	6	7	8	9	10	11	12
	▲	▲	▲	▲					※		▲	▲

カンムリウミスズメ

チドリ目ウミスズメ科

学　名：*Synthliboramphus wumizusume*
英　名：Japanese murrelet　漢字名：冠海雀

生息環境：沿岸　島
渡り区分：夏鳥
全長：24cm（=ムクドリ）
鳴声：ピッ　ピッ
食性：小魚
特記事項等：国；天然記念物・VU、県；EN-r
特徴：頭は黒く目の上から白帯が後方にのび、後頭に黒い冠羽がある。体上面は暗灰色で、下面は白い。嘴は短く、黄白色をしているが、基部は黒い。冬羽には冠羽がなく、喉は白く、後頭が黒い。
生息状況等：ウミスズメの仲間の中では唯一温帯域で繁殖し、宮崎県門川町の枇榔島が世界最大の繁殖地。12月ごろから日向灘でも姿を見るようになり、春が近づくにつれて枇榔島周辺に移動する。繁殖のために島に上陸する以外は、洋上で生活する。岩礁にある穴などを巣にし、２個の卵を産む。　(F)

2012年4月 夏羽
門川町（F）

2014年4月
門川町（N）

観察時期	1	2	3	4	5	6	7	8	9	10	11	12
	●	●	●	●	●	※		※			●	●

ウミネコ

観察時期：●ほぼ毎年観察される　▲数年に一度観察される　※ごく稀な観察記録がある

column

天然記念物カンムリウミスズメの生態

宮崎県の日向灘で見られるウミスズメの仲間は、ウミスズメとカンムリウミスズメです。ウミスズメは宮崎県では稀な渡り鳥で、１～３月頃、宮崎以南から北海道以北の繁殖地へ向け、泳いで海上移動する途中、稀に目撃されます。カンムリウミスズメも南から泳いで渡ってきますが、太平洋側では東京都の伊豆諸島が繁殖地の北限となっています。2007～09年に日向灘で行った20数回の洋上調査（写真１）で、12～２月ころ宮崎県沿岸を北上してくることが分かりました。それらの個体が全て枇榔島に滞在する個体なのか、より北上して行く個体なのかは不明ですが、枇榔島より北でも目撃されていることやウミスズメが通過することから後者の可能性が高いと思われます。

写真１．洋上調査の風景

枇榔島を繁殖地として滞在する個体は３月初旬頃より産卵を始め、数日かけて２個の卵を産み終え、抱卵を開始し、雌雄交替で30日間卵を温めヒナを孵します。２羽のヒナが生まれ揃った頃の２日目の夜、親鳥は２羽のヒナを連れて巣を離れます。２羽のヒナは親鳥の鳴き声だけを頼りにはぐれないように必死でついて行きます。岩場の断崖絶壁はヒナだけで海に向かい、そして海に出たヒナは鳴き声だけで親鳥と再会し、親鳥はそのまま夜が明ける前に枇榔島から15～16km沖までヒナを連れて泳ぎます。その間ヒナは親鳥に遅れまいと時速2.5kmくらいのスピードで必死に泳いでついて行きます。周りがうっすらと明るくなる頃、親鳥はスピードを緩め、餌を取りヒナに与えます。これがヒナにとって生まれて初めての親鳥からの給餌になります（写真２）。枇榔島を離れた親子が何処へ向かうのか、一晩中追跡したことがあります。親子の行く手を妨げないようにゆっくりゆっくり追跡し、行動を観察しました。とにか

写真２．初めての給餌

く親子は脇目もくれず必死に泳いで枇榔島を離れます。恐らく夜が明けて枇榔島の近くにいると天敵に狙われやすく危険が増すので、できるだけ枇榔島から離れるために必死に泳ぐのだろうと思います。結局、一旦は南下しますが夜明けから北上に転じていきます。これは海流と関係があると思われます。カンムリウミスズメの越夏地はよく分かっていませんが、夏に繁殖地でもない三陸海岸沖でよく目撃されるという情報から、枇榔島の個体もそこまで北上しているのかも知れません。これらのことをもっとよく知るために、カンムリウミスズメに環境省の足環を付けて（写真３）何処まで行くのか26年間調べ続けていますが全く分かっていません。しかし、2012年に装着したジオロケータが2014年に回収され、２年分の記録が得られました。まだ解析中ですが、枇榔島を出たカンムリウミスズメは東に向かうこと、最も宮崎から遠く離れた場所は、日本海北部樺太の西側まで行っていることが判りました。また、足環を付けることで何年間生存し続けているのか分かってきました。例えば1994年に足環を付けて放鳥した個体が2013年に２羽も再捕獲され、最初に足環を付けてから19年間も生き続けていることが分かりました。巣立ちしてから島に帰ってくるのに３年以上かかるといわれており、足環を付けたのは親鳥なので少なくとも22年以上は生きていることになります。一般に海鳥は長生きだといわれていますので、もっともっと長く生きるカンムリウミスズメを見てみたいものです。

写真３．標識調査で足環を装着中

最後にこれらの研究を行うためには、いろいろな許可が必要となります。天然記念物である鳥を捕まえる許可、野生鳥獣を捕まえる許可、特別鳥獣保護地区で鳥を捕まえる許可、鳥にカラーリングを付ける許可、血液を調べるために採血する許可などなど、毎年申請し、許可が得られなければこれらの研究はできません。また、これらの調査研究には危険がともなっています(写真４)。最善の注意を払って行動しています。(中村　豊)

写真４．調査地へ向かう

ミサゴ　タカ目ミサゴ科

学　名：*Pandion haliaetus*
英　名：Osprey　漢字名：鶚

2013年12月 成鳥
宮崎市佐土原町（F）

2011年12月 成鳥
宮崎市佐土原町（F）

生息環境：河川、河口、湖沼等
渡り区分：留鳥
全長：雄54cm　雌64cm（>カラス）
鳴声：ピョッ　ピョッ
食性：魚類
特記事項等：国；NT、県；NT-r
特徴：全体に白い鳥で、大きさはトビと同じくらいである。黒くて太い過眼線は背の黒い部分につながっている。体上面は黒褐色で頭上だけが白く目立つ。冠羽があり静止時に確認できる。足の爪は鋭く、大きく湾曲している。
生息状況等：河川や湖沼付近の上空を旋回している姿が見られる。上空を旋回しながら餌となる魚を探し、見つけるとホバリングした後、水中に飛び込み鋭い爪で魚を捕える。第四趾が後ろに回り、魚をがっちりと掴むことができる。魚を捕食することで別名がある。　(F)

観察時期	1	2	3	4	5	6	7	8	9	10	11	12
	●	●	●	●	●	●	●	●	●	●	●	●

ハチクマ　タカ目タカ科

学　名：*Pernis ptilorhynchus*
英　名：Oriental honey-buzzard　漢字名：蜂角鷹

2013年10月
都城市（F）

1987年6月 成鳥
高原町（中原聡）

生息環境：低山、山地、林
渡り区分：夏鳥
全長：雄57cm　雌60.5cm（>カラス）
鳴声：ピーエー
食性：甲殻類や昆虫類、貝類
特記事項等：国；NT、県；VU-r
特徴：体上面は暗褐色で、下面が淡白色であるが個体差が大きい。雄は尾羽に2本の黒帯が見られる。雌は、オスよりも体が大きく、尾羽の黒帯が細い。
生息状況等：宮崎県には夏鳥として渡来し、山地に滞在するものもいるが数は少ない。秋の渡りの時期にサシバとともに確認されることがある。ハチを主に、昆虫、は虫類、小鳥、小型ほ乳類を捕食する。(F)

観察時期	1	2	3	4	5	6	7	8	9	10	11	12
					▲	▲	▲	▲	●	●		

トビ　タカ目タカ科

学　名：*Milvus migrans*
英　名：Black Kite　漢字名：鳶

生息環境：河川、河口、湖沼、山地等
渡り区分：留鳥
全長：雄58.5cm　雌68.5cm（>カラス）
鳴声：ピーヒョロロロー
食性：ほ乳類、爬虫類、魚類などの死がい
特記事項等：方言；トンビ
特徴：体は全体に暗い赤褐色で、翼を広げると150cmほどになる。尾が凹型で角ばっていて、三味線のバチのような形をしている。体下面も赤褐色で、飛翔時には翼の先端近くに白斑が見られる。
生息状況等：日本では最もよくく観察される猛禽類で、海岸から河川、山地まで広い範囲に生息する。上空で、円を描くように旋回し、餌を探す。「ピーヒョロロ」という鳴き声がよく通る。死んだ動物の肉、カエルやトカゲなどを食べる。（F）

2014年4月 門川町（N）

2010年5月 門川町（N）

観察時期	1	2	3	4	5	6	7	8	9	10	11	12
	●	●	●	●	●	●	●	●	●	●	●	●

オジロワシ　タカ目タカ科

学　名：*Haliaeetus albicilla*
英　名：White-tailed eagle　漢字名：尾白鷲

生息環境：海岸、河川、湖沼等
渡り区分：冬鳥・稀
全長：雄90cm　雌98cm（>カラス）
鳴声：クワッ　クワッ
食性：魚類、ほ乳類、鳥類などの死がい
特記事項等：国；天然記念物・国の希少野生動植物・VU
特徴：体全体は褐色で、頭部はやや薄い。尾が白く、くさび形をしている。嘴は黄色で太い。かぎ状に大きく湾曲している。足は黄色で太く目立つ。飛翔時に翼が直線的で、長方形に見える。翼を広げると２ｍを超える。
生息状況等：冬に北日本を中心に飛来する大型の猛禽類で、北海道北部では留鳥として生息するものもいる。宮崎県内で観察されることは稀で、宮崎市佐土原町、延岡市北浦町等に記録があるのみである。動物食で、魚類、鳥類、ほ乳類の死がいなどを食べる。（F）

2004年4月 延岡市北浦町（高萩和夫）

観察時期	1	2	3	4	5	6	7	8	9	10	11	12
		※		※								

観察時期：●ほぼ毎年観察される　▲数年に一度観察される　※ごく稀な観察記録がある

オオワシ　タカ目タカ科

学　名：*Haliaeetus pelagicus*
英　名：Steller's sea eagle　漢字名：大鷲

生息環境：海岸、河川、湖沼等
渡り区分：冬鳥・稀
全長：雄90㎝　雌98㎝（>カラス）
鳴声：グワッ　グワッ
食性：魚類。ほ乳類、鳥類などの死がい
特記事項等：国；天然記念物・国の希少野生動植物・VU
特徴：体全体は黒褐色で、額と小雨覆、尾が白くコントラストがはっきりしている。嘴は黄色で、オジロワシよりも太く大きい。かぎ状に大きく湾曲している。足は黄色で、くさび形の尾とともに飛翔時も目立つ。翼を広げると２ｍを超える。

2009年12月 若鳥 日南市（I）

生息状況等：冬に北日本を中心に飛来する大型の猛禽類で、宮崎県内では2009年日南海岸で観察された記録がある。オジロワシに似ているが、オジロワシには小雨覆（翼の前縁部）に白色の部分がない。海岸や河川にいて、主に魚類を捕食するが、ほ乳類の死がいなども餌とする。（F）

観察時期	1	2	3	4	5	6	7	8	9	10	11	12
	※											※

クロハゲワシ　タカ目タカ科

学　名：*Aegypius monachus*
英　名：Eurasian black vulture
漢字名：黒禿鷲

生息環境：草原、高地等
渡り区分：迷鳥
全長：110㎝（>カラス）
鳴声：クワー　カー
食性：ほ乳類、鳥類の死がい
特徴：体全体が暗い黒褐色で、頭部には羽毛がなく皮膚が露出する。頸部の羽毛は長く、襟巻状になる。嘴は太く、かぎ状に大きく湾曲しており、先端付近は黒い。
生息状況等：中央アジア等の草原や高地に生息する大型の猛禽類で、翼を広げると250㎝を超える。冬季に朝鮮半島あたりまで移動する個体もおり、稀に日本海をわたって日本国内でも観察される。宮崎県内では宮崎市内で落鳥の記録がある。（F）

1958年12月 成鳥
宮崎市高岡町
剥製 宮崎県総合博物館所蔵

観察時期	1	2	3	4	5	6	7	8	9	10	11	12
												※

チュウヒ

タカ目タカ科

学　名：*Circus spilonotus*
英　名：Eastern marsh harrier　漢字名：沢鵟

生息環境：河原、草地、農耕地
渡り区分：冬鳥
全長：雄48cm（<カラス）　雌58cm（>カラス）
鳴声：ミュアー
食性：小型ほ乳類、両生類、爬虫類、鳥類
特記事項等：国；EN、県；VU-r
特徴：雌雄で体の色が違い、雄は全体が暗褐色で、体下面は薄い褐色であるが、大陸型は青灰色をしているなど体色の変異も多い。雌や幼鳥は全身が灰色の羽毛に覆われる。雄よりもやや淡い色である。翼をV字にして帆翔する。
生息状況等：日本へは越冬のために渡ってくる冬鳥であるが、北海道から中国地方にかけて繁殖が確認されている。宮崎県には10月ごろ渡ってくるが、飛来数は少ない。河原や農耕地など、開けたところを低空で飛翔し、ネズミやカエル、ヘビなどを捕食する。(F)

2003年12月 成鳥雄 宮崎市佐土原町（I）

観察時期	1	2	3	4	5	6	7	8	9	10	11	12
	●	●	●	●						●	●	●

タカ科

ハイイロチュウヒ

タカ目タカ科

学　名：*Circus cyaneus cyaneus*
英　名：Hen harrier　漢字名：灰色沢鵟

生息環境：河原、草地、農耕地
渡り区分：冬鳥
全長：雄43cm（<カラス）　雌53cm（>カラス）
鳴声：ケッケッ
食性：小型ほ乳類、両生類、爬虫類、鳥類
特記事項等：県；VU-r
特徴：雌雄で体の色が違い、雄は体上面が灰色で下面は白色、雌は暗灰褐色。腰と上尾筒は白い。雌の方が大きく、雄の翼開長は１ｍほど、雌は1.2ｍになる。翼をV字にして帆翔する。
生息状況等：10月ごろ北から渡ってくる猛禽類で、チュウヒと比べるとやや体が小さい。一ツ瀬川河口付近や都城市の大淀川敷で観察されている、河原や農耕地など、開けたところを低空で飛翔し、ネズミやカエル、ヘビなどを捕食する。(F)

2010年12月
都城市（中原聡）

2003年2月
雌
宮崎市（I）

観察時期	1	2	3	4	5	6	7	8	9	10	11	12
	●	●	●							●	●	●

観察時期：●ほぼ毎年観察される　▲数年に一度観察される　※ごく稀な観察記録がある

アカハラダカ　タカ目タカ科

学　名：*Accipiter soloensis*
英　名：Chinese Goshawk　漢字名：赤腹鷹

1991年10月
成鳥雄
都城市
（中原聡）

生息環境：山地、農耕地
渡り区分：旅鳥
全長：30㎝（<ハト）
鳴声：キーッキーッ
食性：昆虫、両生類、爬虫類など
特徴：体上面は暗めの青灰色で、体下面は白色であるが、胸のあたりが薄いオレンジ色になる。アイリングはない。飛翔時は翼下面は白く、翼先が黒く見える。全長は30㎝ほどでキジバトよりも少し小さい。
生息状況等：春・秋の渡りの季節に稀に観察される小型の猛禽類で、大群で移動することが知られている。九州の西側を渡ることが多く、県内では秋に少数が観察される程度。雌雄同色で、アイリングがないことで、ツミと識別できる。（F）

観察時期	1	2	3	4	5	6	7	8	9	10	11	12
			※						▲	▲	※	

タカ科

ツミ　タカ目タカ科

学　名：*Accipiter gularis*
英　名：Japanese sparrowhawk
漢字名：雀鷹

2003年10月 幼鳥（傷病保護）椎葉村（I）

1986年9月 幼鳥 小林市（N）

生息環境：山地、農耕地
渡り区分：留鳥
全長：雄27、雌30㎝（<ハト）
鳴声：キーッキッキッキ
食性：昆虫、小型ほ乳類、鳥類、両生類、爬虫類
特記事項等：県：NT-r
特徴：雄は体上面が暗めの青灰色で、下面は白く胸から脇がオレンジ色をしている。雌は体下面が白灰色で横斑がある。虹彩は暗赤色で黄色のアイリングがある。全長は雌でも30㎝ほどでキジバトほどの大きさである。
生息状況等：宮崎県では１年を通して観察される小型の猛禽類であるが、秋の渡りの季節の観察記録が多くなる。小林市などで繁殖の記録がある。アカハラダカに似ているが、アイリングがあることで識別できる。（F）

観察時期	1	2	3	4	5	6	7	8	9	10	11	12
	●	●	●	●	●	●	●	●	●	●	●	●

ハイタカ タカ目タカ科

学　名：*Accipiter nisus*
英　名：Sparrowhawk　漢字名：鷂

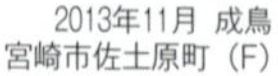
2013年11月 成鳥
宮崎市佐土原町（F）

2006年1月 幼鳥
宮崎市（I）

生息環境：山地、草地、農耕地
渡り区分：冬鳥
全長：雄31.5cm（<ハト）
雌39cm（>ハト）
鳴声：キッキッ
食性：小型ほ乳類、鳥類、昆虫類
特記事項等：国；NT、県；NT-r
特徴：雄は体上面が灰色で下面は白色で赤褐色の横斑が見られる。雌は雄よりも体が大きく、体の色もやや褐色を帯びている。下面の横斑は細く灰褐色である。
生息状況等：四国より北の地域では一年中観察される留鳥で、宮崎県では冬鳥として秋に渡ってくる。山地から平地の林で見られ、ネズミなど小型ほ乳類を捕食する他、鳥類や昆虫類は空中でも捕える。体の特徴がツミやオオタカと類似しているため識別には注意が必要である。（F）

観察時期	1	2	3	4	5	6	7	8	9	10	11	12
	●	●	●	●						●	●	●

オオタカ タカ目タカ科

学　名：*Accipiter gentilis*
英　名：Northern Goshawk　漢字名：大鷹

2008年11月 幼鳥
宮崎市佐土原町（I）

2013年12月 成鳥
宮崎市佐土原町（F）

生息環境：山地、草地、農耕地
渡り区分：冬鳥
全長：雄50cm（=カラス）
雌56.5cm（>カラス）
鳴声：キッキッ
食性：小型ほ乳類、鳥類
特記事項等：国；NT、県；NT-r
特徴：雄は体上面が灰色、下面は白色で黒褐色の横斑が見られる。白い眉斑がはっきりとしていて、尾が長めである。幼鳥は体下面は横斑ではなく、黒色の縦斑である。
生息状況等：九州より北の地域では留鳥として生息し、宮崎県では冬鳥として、秋に渡ってくる。平地の林や川原等で見られ、ネズミなど小型ほ乳類や小鳥を捕食する他、水辺でカモ類を捕えることもある。鷹狩用のタカとして利用されてきた。
（F）

観察時期	1	2	3	4	5	6	7	8	9	10	11	12
	●	●	●	●	▲		※		▲	●	●	●

観察時期：●ほぼ毎年観察される　▲数年に一度観察される　※ごく稀な観察記録がある

サシバ　タカ目タカ科

学　名：*Butastur indicus*
英　名：Grey-faced buzzard
漢字名：差羽

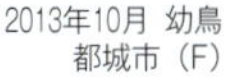
2013年10月 幼鳥
都城市（F）

2014年5月 成鳥
宮崎市田野町（N）

生息環境：山地、丘陵地
渡り区分：夏鳥
全長：49㎝（<カラス）
鳴声：ピックイー
食性：虫類、昆虫、小型ほ乳類
特記事項等：国；VU、；県NT-g
特徴：雄は、頭部は灰褐色の頭部に、体の上面と胸は茶褐色で、喉は白く中央に黒く縦線がある。下面は白く、腹には淡褐色の横縞がある。雌は眉斑が雄よりも明瞭で、胸から腹に淡褐色の横斑がある。翼開長は１ｍを超える。

生息状況等：夏の間、国内の低山や丘陵地の林に生息し、ヘビやトカゲ、昆虫類を捕食する。秋になると南に渡る。都城市金御岳は代表的な渡りのルートであり、10月の上旬頃、上昇気流を利用して高度を上げ、南下していく群れを観察できる。（F）

観察時期	1	2	3	4	5	6	7	8	9	10	11	12
		▲	●	●	●	●	●	●	●	●	▲	

ノスリ　タカ目タカ科

学　名：*Buteo buteo*
英　名：Eastern Buzzard
漢字名：鵟

2012年1月 成鳥 新富町（F）

2013年11月 成鳥 新富町（F）

生息環境：草原、農耕地、海岸
渡り区分：冬鳥
全長：54㎝（>カラス）
鳴声：ピーエー
食性：小型ほ乳類、鳥類、爬虫類、昆虫等
特徴：体上面は褐色で、体下面は上面より淡い色で白っぽい。飛翔時には腹に太い黒横帯が見られるほか、翼角にも黒い斑紋が見られる。幅の広い翼と、短い尾が特徴である。
生息状況等：北海道や本州では繁殖し、宮崎県では冬鳥として飛来する猛禽類。開けた草地や農耕地で見られるが、山地や離島、海岸付近でも観察される。主にネズミなどの小型ほ乳類を捕食する。鳥類、は虫類の他、昆虫も捕食する。（F）

観察時期	1	2	3	4	5	6	7	8	9	10	11	12
	●	●	●	●	※		※	※	※	●	●	●

column

サシバの渡り

都城市金御岳では10月10日前後になると、サシバというタカの仲間の渡りを見るためにバーダー（鳥見人）が集まります。特に猛禽類好きの人たちで一杯になります。ここ金御岳がタカ見の聖地として知られるようになったのは30年以上前のことです。

1970年代後半、まだまだ鳥見に興ずる人は特異な存在に近い時代でした。そんな中、サシバの渡りで有名な場所は、愛知県伊良湖岬と鹿児島県佐多岬が知られていました。宮崎県でもサシバはよく見られますので、何処から渡ってきて、何処を通り、何処へ行くのだろう、という疑問から、日本野鳥の会宮崎県支部会員に協力を得て、サシバの情報がある場所に調査地をおき、サシバが入ってくる方向、羽数、向かって行く先を地図上に記録し、その先の調査地に無線で連絡し、情報をつなげていきました。このような調査を約10年間、毎年続けることで、少しずつ渡りのルートは絞り込まれていきました。調査地は延150ヶ所以上にもなりました。折しも、1980年NHKで、宮崎県支部の設立に尽力された松田輝夫アナウンサー（当時）が総合司会をされ、全国からサシバの情報を集めるという特別生番組があり、この放送を契機に全国のサシバの流れがクローズアップされていきました。この頃には宮崎県内の主な中継地も延岡市遠見山、愛宕山、川南町大畑山、西都市西都原、国富町亀の甲、高岡町高房台、そして都城市金御岳と判明しはじめました。その中でも金御岳は大隅半島へ抜ける狭いコースであり、地理的に観察地点まで行き易く、周囲が見渡せ、羽数も数え易いことから注目され、タカ見の場所として全国に知られるようになりました。

全国タカ渡り番組

サシバの渡りはどうして起こるのか、もともと猛禽類は単独か、ペアで行動する種類ですので、それが何故群れるのかという疑問が起こります。夏鳥であるサシバが繁殖を終え、南へ向かう時期に発生する偏西風を感じ、日本で過ごしたサシバは一斉に南へ向かおうとして、条件のいい上昇気流を個々のサシバが利用することで、たまたま人の目からは群れているように見えるということだと思います。その条件が揃うと短時間で数千羽のサシバが次から次へと上空を通過していきます。しかし、金御岳が渡りの中継地と分かってからカウントを続けていますが、現在では半数近くに減少しています。

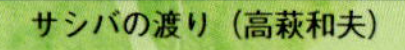
サシバの渡り（高萩和夫）

渡りルートは確定しているわけではなく、その時の条件で東に寄ったり西に寄ったりして南下します。その証拠に宮崎市街地上空で数千羽見たとか、清武川の上空を千羽以上通過したとかの情報があります。この時期皆さんも自分のいる場所の上空を見上げてサシバを見つけてみませんか。

（中村　豊）

主なサシバの渡りルート

オオノスリ

タカ目タカ科

学　名：*Buteo hemilasius*
英　名：Upland Buzzard　漢字名：大鵟

生息環境：草原、農耕地
渡り区分：迷鳥
全長：雄61cm　雌72cm（>カラス）
鳴声：ピョッピョッ
食性：小型ほ乳類、鳥類
特徴：翼下面は白っぽい褐色で、ふ蹠に暗褐色の羽毛が生えている。尾も白っぽい褐色で細い横帯がある。ノスリの仲間では最大の大きさになり、ノスリに比べても体は一回り大きい。
生息状況等：モンゴル北東部等で繁殖し、中国南東部や朝鮮半島等で越冬する猛禽類で、国内に稀に飛来することがある迷鳥である。ネズミなどのほ乳類の他、小型・中型の鳥類も捕食する。宮崎県では2001年新富町で観察された記録がある。（F）

2001年12月
新富町（I）

観察時期	1	2	3	4	5	6	7	8	9	10	11	12
												※

カラフトワシ

タカ目タカ科

学　名：*Aquila clanga*
英　名：Greater spotted eagle
漢字名：樺太鷲

生息環境：農耕地、低山の山林
渡り区分：迷鳥
全長：雄65cm　雌70cm（>カラス）
鳴声：ピッピッ　ピョーピョー
食性：小動物の死骸、魚類
特徴：雌雄同色で、体全身が黒褐色。幼鳥は雨覆から肩羽にバフ色の斑が見られ、この斑は成長とともに目立たなくなる。蠟膜、口角、足は黄色で上尾筒は白色をしている。日本に飛来するイヌワシ属の中では最も小さく、翼開長は180cmほどである。

2014年11月　幼鳥　宮崎市佐土原町（F）

2014年11月　幼鳥
宮崎市佐土原町（F）

生息状況等：県内では2014年11月に一ツ瀬川河口近くに幼鳥１羽の飛来が確認されている。国内では、北海道から九州まで記録があるが飛来は稀である。鹿児島県薩摩川内市では冬鳥として20年にわたって飛来した記録がある。（F）

観察時期	1	2	3	4	5	6	7	8	9	10	11	12
	※										※	※

カタシロワシ　タカ目タカ科

学　名：*Aquila heliaca*
英　名：Imperial eagle　漢字名：肩白鷲

1991年10月 幼鳥 都城市（鈴木直孝）

生息環境：草原、農耕地
渡り区分：迷鳥
全長：雄77cm　雌83cm（>カラス）
鳴声：クワ　クワ　クワ
食性：ほ乳類、鳥類
特徴：全身が黒褐色で上尾筒は白く、その名のとおり、肩羽の一部も白い。雌の方が大きく、翼を広げると２mを超えるものもいる。
生息状況等：ヨーロッパ南東部、中央アジア等で繁殖し、中国南部等で越冬する大型の猛禽類で、国内に稀に飛来することがある迷鳥である。宮崎県では1991年都城市金御岳で観察された記録がある。（F）

観察時期	1	2	3	4	5	6	7	8	9	10	11	12
										※		

イヌワシ　タカ目タカ科

学　名：*Aquila chrysaetos*
英　名：Golden eagle　漢字名：犬鷲

1999年
小林市須木村（N）

1999年12月
小林市須木村（N）

生息環境：山地、草原等
渡り区分：留鳥
全長：雄81cm　雌89cm（>カラス）
鳴声：ピィ、ピョッピョッ
食性：ほ乳類、鳥類
特記事項等：国；天然記念物・国内希少野生動植物種・EN、県；CR-r
特徴：体全体が黒褐色で後頭が金茶色をしている。翼は広めで、飛翔時にはわずかにＶ字になる。翼を広げると２mを超える。
生息状況等：山間部に開けた草原等に生息する大型の猛禽類。上空から獲物を探し、急降下して捕える。県内では中央部の山間部で、生息が確認されている。本県はイヌワシの生息地としては国内の南限にあたる。（F）

観察時期	1	2	3	4	5	6	7	8	9	10	11	12
	▲	▲	▲	▲	▲	▲	▲	▲	▲	▲	▲	▲

クマタカ

タカ目タカ科

学　名：*Nisaetus nipalensis*
英　名：Mountain Hawk-eagle　漢字名：熊鷹

生息環境：山地
渡り区分：留鳥
全長：雄75cm　雌83cm（>カラス）
鳴声：ピーィ、ピョッピョッ
食性：ほ乳類、鳥類
特記事項等：国；国内希少動植物種・EN、県；VU-g
特徴：頭は黒褐色で冠羽がある。胸や喉は白く、喉の中央に1本の黒い縦線が入る。翼は広く、先端は丸みを帯びていて、暗褐色の横帯が見られる。翼を広げると160cmに達する。尾は長めで黒色の横帯がある。
生息状況等：高木が多い深い森に生息する猛禽類で、森の中を飛翔し、ネズミなどのほ乳類などを捕食する。木の枝で獲物を待つことも多い。国内では北海道から九州まで留鳥として生息する。　（F）

2014年2月
成鳥雄
木城町（F）

2014年2月
成鳥
木城町（F）

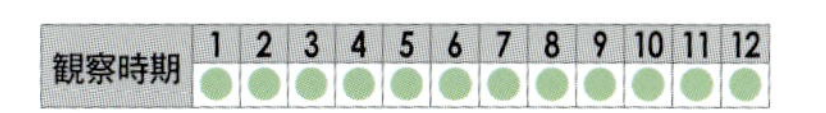

観察時期	1	2	3	4	5	6	7	8	9	10	11	12
	●	●	●	●	●	●	●	●	●	●	●	●

ミサゴとトビ

オオコノハズク

フクロウ目フクロウ科

学　名：*Otus lempiji*
英　名：Sunda Scops-owl　漢字名：大木葉木菟

生息環境：山地、社叢林
渡り区分：留鳥
全長：25㎝（<ハト）
鳴声：ウォッウォッ
食性：小型ほ乳類、鳥類、昆虫
特記事項等：県；CD-2
特徴：体全体が灰褐色で古木の幹のような複雑な模様がある。羽角が大きく、濃いオレンジ色の虹彩が特徴である。足指にも羽毛が生えている。
生息状況等：山地や、神社などで樹洞ができる大木がある森に生息する。夜に、ネズミや昆虫などを捕食する。夜行性で深い森に生息するために姿を見る機会は少ない。（F）

1994年12月
成鳥 西都市
(N)

観察時期	1	2	3	4	5	6	7	8	9	10	11	12
	●	●	●	●	●	●	●	●	●	●	●	●

コノハズク

フクロウ目フクロウ科

学　名：*Otus sunia*
英　名：Eurasian Scops-owl　漢字名：木葉木菟

生息環境：山地
渡り区分：夏鳥
全長：21.5㎝（<ムクドリ）
鳴声：ウッ　キョッ　コォー
食性：昆虫
特記事項等：県；VU-r
特徴：雌雄同色で体上面は灰褐色で、黒い縦斑がある。体下面はやや白く、黒の縦斑がある。稀に、赤色型の個体がおり、灰褐色の部分は赤褐色になる、虹彩は黄色で、外耳のようにみえる羽角があるのが特徴。
生息状況等：夏鳥として山地の深い森に飛来する小型のフクロウ。「ウッ キョッ コォー」という鳴き声が「仏 法 僧」とも聞こえることから、声の「ブッポウソウ」と呼ばれることがある。コノハズクの鳴き声が、ブッポウソウ科のブッポウソウの声と間違われたことから、ブッポウソウ科の鳥に「ブッポウソウ」と名前が付けられたといわれる。（F）

1995年10月
成鳥 宮崎市
(N)

観察時期	1	2	3	4	5	6	7	8	9	10	11	12
				▲	▲	▲	▲					

観察時期：●ほぼ毎年観察される　▲数年に一度観察される　※ごく稀な観察記録がある

フクロウ　フクロウ目フクロウ科

学　名：*Strix uralensis*
英　名：Ural owl　漢字名：梟

1993年4月 成鳥 延岡市北方町（N）

生息環境：低山、社叢林
渡り区分：留鳥
全長：48cm（<カラス）
鳴声：ゴロスケホッホッ
　雌はギャーッという声も発する
食性：小型ほ乳類、鳥類、昆虫
特記事項等：県；VU-g
特徴：体上面が褐色で頭が大きく、顔盤はハート形をしていて、羽角はない。翼は短めで幅が広い。体下面は白く、黒褐色の縦斑がある。尾はやや長く、褐色の横帯が見られる。趾は羽毛でおおわれる。
生息状況等：低山や、神社などで樹洞ができる大木がある森に生息する。夜行性で、ネズミやモグラなどを捕食する。小型の鳥類や昆虫類を捕食するものもある。九州地域のものは亜種キュウシュウフクロウ（*fuscescens*）に分類される。　（F）

観察時期	1	2	3	4	5	6	7	8	9	10	11	12
	●	●	●	●	●	●	●	●	●	●	●	●

アオバズク　フクロウ目フクロウ科

学　名：*Ninox scutulata*
英　名：Brown hawk owl　漢字名：青葉木菟

2006年7月
成鳥
宮崎市
佐土原町（F）

生息環境：平野部の森、林
渡り区分：夏鳥
全長：29cm（<ハト）
鳴声：ホッ　ホッ
食性：小型ほ乳類、は虫類、昆虫
特記事項等：県；VU-g、方言；ヨシカドイ（小林市他）
特徴：頭や体上面は黒褐色で、体下面はやや白く、褐色の太い縦斑がある。虹彩は黄色で、羽角はない。中型のフクロウで、翼を広げると70cmほどになる。
生息状況等：夏鳥として神社や学校、公園などの樹洞のある大木を有する林に飛来するフクロウで、比較的身近に観察される。樹洞で子育てをし、秋には南方へ渡る。夜行性で、昆虫やネズミなどを捕食する。夜、ホッ ホッという２声を繰り返す。　（F）

観察時期	1	2	3	4	5	6	7	8	9	10	11	12
				●	●	●	●	●	●	●		

トラフズク　フクロウ目フクロウ科

学　名：*Asio otus*
英　名：Long-eared Owl　漢字名：虎斑木菟

生息環境：平野部、山地
渡り区分：冬鳥
全長：40㎝（>ハト）
鳴声：ウー　ウー
食性：小型ほ乳類、は虫類、鳥類　昆虫
特徴：体上面は灰褐色で、黒褐色の縦斑がある。淡褐色で、黒褐色の縦斑と細かい横斑が混在する。長い羽角があり、虹彩はオレンジ色である。翼下面は白く、大雨覆に黒い横斑が見られる。
生息状況等：国内には留鳥として生息しているが、本県では冬に稀に記録されるフクロウ科の鳥。高鍋町、都城市、宮崎市で観察された記録がある。夜行性で昆虫やネズミ、鳥類などを捕食。人やほかのフクロウなど外敵が近づくと体を細くし、縦に伸ばすような姿勢をとる。（F）

2003年2月 成鳥 宮崎市（I）

観察時期	1	2	3	4	5	6	7	8	9	10	11	12
	▲	▲	▲									▲

コミミズク　フクロウ目フクロウ科

学　名：*Asio flammeus*
英　名：Short-eared Owl　漢字名：小耳木菟

生息環境：農耕地、河原、草原
渡り区分：冬鳥
全長：41㎝（>ハト）
鳴声：ほとんど鳴かない
食性：小型ほ乳類、は虫類、鳥類　昆虫
特徴：体全体が薄めの褐色で、胸には黒褐色の縦斑がある。翼幅は細めで、飛翔時に翼角などは丸みを帯びて見える。顔盤は白く、虹彩は黄色。羽角は非常に小さく目立たない。
生息状況等：河原、農耕地など平野部の開けた場所に飛来する冬鳥。一ツ瀬川河口や大淀川中流域河川敷などでの記録がある。フクロウの仲間で夜行性ではあるが、日中に活動することもあり、観察されやすい。ネズミや小鳥などを捕食する。（F）

1995年2月　宮崎市佐土原町（I）

観察時期	1	2	3	4	5	6	7	8	9	10	11	12
	●	●	●	●							●	●

ヤツガシラ
サイチョウ目ヤツガシラ科

学　名：*Upupa epops*
英　名：Eurasian Hoopoe
漢字名：八頭

2005年3月 宮崎市佐土原町（F）

生息環境：海岸沿いの草地、公園
渡り区分：旅鳥
全長：26㎝（>ムクドリ）
鳴声：ボッボッボッ……
食性：甲虫の幼虫、ミミズなど
特徴：雌雄同色。橙褐色の体に、白黒のコントラストがはっきりした横縞の翼を持つ。頭には長い冠羽があり、大きく扇状に逆立てることがある。尾は黒く飛翔時に白く太い横帯が1本出る。細長く下に少し曲がった黒い嘴を持つ。
生息状況等：春の渡りの時期に、海岸沿いの草地や公園などで稀に観察される。全国各地で記録があるが南西諸島や鹿児島県西部では、移動するヤツガシラが毎年確認される。草地を歩きながら甲虫の幼虫などを捕食する。（F）

観察時期	1	2	3	4	5	6	7	8	9	10	11	12
			▲	▲				▲	▲	▲	▲	

アカショウビン
ブッポウソウ目カワセミ科

学　名：*Halcyon coromanda*
英　名：Ruddy Kingfisher　漢字名：赤翡翠

2012年6月 成鳥 高原町（F）

生息環境：山地、池や渓流沿いの森
渡り区分：夏鳥
全長：27.5㎝（>ムクドリ）
鳴声：キョロロロロ
食性：魚類、両生類、昆虫
特記事項等：県；NT-r
特徴：橙褐色の体に、鮮やかな赤色の嘴と足が目立つ。嘴は長く大きい。翼上面は少し紫がかった褐色で、腰の中央に水色の縦線がある。雌雄同色であるが、雌の方が胸の色がやや薄い。
生息状況等：夏鳥として渓流や池のある森林に飛来し、繁殖するカワセミの仲間。水に飛び込んで、嘴で小魚やカエルなどを捕まえる他、森で昆虫を捕食する。枯れた樹木の幹に穴を開けて巣をつくる。キツツキなどの巣穴を利用することもある。（F）

観察時期	1	2	3	4	5	6	7	8	9	10	11	12
				●	●	●	●	●	●	▲		

ヤマショウビン

ブッポウソウ目カワセミ科

学　名：*Halcyon pileata*
英　名：Black-capped Kingfisher
漢字名：山翡翠

生息環境：河川沿いの森
渡り区分：迷鳥
全長：28㎝（>ムクドリ）
鳴声：ヒッヒッ
食性：魚類、両生類
特徴：頭が黒く、体上面は濃く鮮やかな青色で、喉・胸・後頸は白い。腹や下尾筒はオレンジ色である。鮮やかな赤色の嘴は長く大きい。飛翔時には赤・青・黒・白の色彩が美しい。
生息状況等：朝鮮半島や中国南東部で繁殖し、冬に東南アジアに渡るカワセミの仲間。日本では春に旅鳥として観察されるが、ほとんどが日本海側である。宮崎県では高原町、木城町等で観察された記録がある。（F）

観察時期	1	2	3	4	5	6	7	8	9	10	11	12
				▲	▲	▲	▲					

カワセミ

ブッポウソウ目カワセミ科

学　名：*Alcedo atthis*
英　名：Common Kingfisher　漢字名：翡翠

生息環境：河川や湖沼周辺
渡り区分：留鳥
全長：17㎝（>スズメ）
鳴声：チーッ
食性：魚類、両生類、昆虫、甲殻類
特徴：頭、体上面が青緑色で、背から上尾筒はコバルトブルーで美しい。耳羽の後ろと喉は白く、胸や腹はオレンジ色である。嘴は長く、4㎝ほどになる。嘴の色は雌雄で違い、雄は上下ともに黒く、メスは下嘴がオレンジ色である。
生息状況等：川や湖沼の周辺に生息する鳥で、獲物を見つけると水中に飛び込み、嘴で獲物を捕らえる。ホバリングをしてから飛び込むこともある。主に小魚を捕食するが、カエルやカニ、昆虫も食べる。（F）

2014年1月 成鳥雄 日南市北郷町（F）

2014年3月 成鳥雌 宮崎市（F）

観察時期	1	2	3	4	5	6	7	8	9	10	11	12
	●	●	●	●	●	●	●	●	●	●	●	●

カワセミ科

観察時期：●ほぼ毎年観察される　▲数年に一度観察される　※ごく稀な観察記録がある

ヤマセミ　ブッポウソウ目カワセミ科

学　名：*Megaceryle lugubris*
英　名：Crested Kingfisher
漢字名：山翡翠、鹿子翡翠

生息環境：河川や湖沼周辺
渡り区分：留鳥
全長：37.5cm（>ハト）
鳴声：キュラ　キュラ
食性：魚類、両生類、昆虫、甲殻類
特徴：体上面が白黒のまだら模様で、大きな冠羽が特徴。体下面は白く、胸と顎線のあたりに、黒色の帯状になった小斑がある。雄は黒い斑に、橙褐色の斑が混じる。嘴は黒くて長く、先端部分だけ白っぽい。カワセミに比べると体はかなり大きく、翼を広げると70cm近くになる。
生息状況等：山地の川や湖沼の周辺に生息する鳥で、獲物を見つけると水中に飛び込み嘴で捕らえる。ホバリングをしてから飛び込むこともある。主に魚を捕食するが、水生昆虫なども食べる。　(F)

2013年12月 雄
日南市北郷町（F）

2013年12月 雌
日南市北郷町
（F）

観察時期	1	2	3	4	5	6	7	8	9	10	11	12
	●	●	●	●	●	●	●	●	●	●	●	●

ブッポウソウ　ブッポウソウ目ブッポウソウ科

学　名：*Eurystomus orientalis*
英　名：Broad-billed Roller　漢字名：仏法僧

生息環境：河川、水田、湖沼等
渡り区分：冬鳥
全長：24cm（=ムクドリ）
鳴声：ゲッゲッ
食性：昆虫
特記事項等：国；高原町狭野神社はブッポウソウ繁殖地として天然記念物指定・EN、県；EN-r
特徴：青緑色の体に赤い嘴が目立つ。大きめの頭は黒褐色で、尾は暗い青色。初列風切に白く大きな斑紋があり、飛翔時にはくっきりと見える。
生息状況等：夏に繁殖のために南方より渡ってくる鳥で、飛翔しながら昆虫などを捕える。樹洞を利用して巣をつくるが、橋やダムなどの人工物にある隙間などを巣穴として利用することも多い。鳴き声が「仏・法・僧（ブッ・ポウ・ソウ）」と聞こえることで、この名がついたが、「仏法僧」と鳴くのはコノハズクということがわかったため、「姿のブッポウソウ」と呼ばれる。ブッポウソウはゲッゲッと濁った声で鳴く。　(F)

1987年7月 木城町（N）

観察時期	1	2	3	4	5	6	7	8	9	10	11	12
				●	●	●	●	●	●			

アリスイ

キツツキ目キツツキ科

学　名：*Jynx torquilla*
英　名：Eurasian wryneck　　漢字名：蟻吸

2013年4月
宮崎市（F）

生息環境：平地　草地　林縁
渡り区分：冬鳥
全長：17cm（>スズメ）
鳴声：キーィ　キィキィキィ
食性：アリ
特徴：体全体は褐色。背の中央に太い黒褐色の縦斑がある。喉と胸は黄褐色で、細い黒褐色の横斑がある。尾は灰褐色で、黒褐色の横斑がある。嘴は細く鋭い。
生息状況等：宮崎では冬に見られるキツツキの仲間であるが、数は少ない。地面や樹木で長い舌を使って、昆虫のアリを捕食する。夏には、本州北部や北海道に移動し、繁殖する。（F）

観察時期	1	2	3	4	5	6	7	8	9	10	11	12
	●	●	●	●					●	●	●	●

コゲラ

キツツキ目キツツキ科

学　名：*Dendrocopos kizuki*
英　名：Japanese Pygmy Woodpeck
漢字名：小啄木鳥

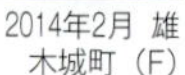

2014年2月 雄
木城町（F）

2011年3月 雌
宮崎市（F）

生息環境：山地、平野部の林
渡り区分：留鳥
全長：15cm（=スズメ）
鳴声：キーィ　キッキッキッ、ギーギー
食性：昆虫、木の実
特徴：黒い頭上に白い眉斑、頬、顎、腮は白い。背や翼は黒褐色で白色の斑紋がある、腹は白く黒い縦斑がある。雄は頭の両脇に小さな赤斑があるが通常は目立たない。
生息状況等：平野から山地まで広い範囲の林に生息する。国内で確認されるキツツキでは最も小さい。木の幹を移動しながら表面を突き、昆虫などを捕食する。ヤマガラ、エナガ、シジュウカラなどと混群をつくって行動することがある。九州地域のものは亜種キュウシュウコゲラ（*kizuki*）に分類される。（F）

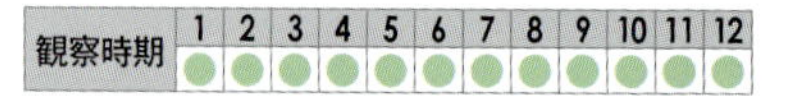

観察時期	1	2	3	4	5	6	7	8	9	10	11	12
	●	●	●	●	●	●	●	●	●	●	●	●

オオアカゲラ

キツツキ目キツツキ科

学　名：*Dendrocopos leucotos*
英　名：White-backed Woodpecker
漢字名：大赤啄木鳥

生息環境：森林
渡り区分：留鳥
全長：28㎝（>ムクドリ）
鳴声：ケッケッケッ
食性：昆虫の幼虫、木の実など
特徴：背中が黒く白い斑紋が目立つ。腰は白く、腹と下尾筒が薄い赤色をしている。胸の側に黒い斑紋がある。頭上は雄は赤色で、雌は黒色である。
生息状況等：立ち枯れの樹木のある森林に生息するキツツキの仲間。立ち枯れの木に穴を開けて巣にする。木の表面を突いて昆虫の幼虫などを捕食するほか、木の実や貝類も餌にする。地上で捕食することもある。九州地域のものは亜種ナミエオオアカゲラ（*namiyei*）に分類される。（F）

2005年4月 成鳥雄 椎葉村（I）

観察時期	1	2	3	4	5	6	7	8	9	10	11	12
	●	●	●	●	●	●	●	●	●	●	●	●

アオゲラ

キツツキ目キツツキ科

学　名：*Picus awokera*
英　名：Japanese Green Woodpecker
漢字名：緑啄木鳥

生息環境：森林
渡り区分：留鳥
全長：29㎝（>ムクドリ）
鳴声：ピョーピョーピョー
食性：昆虫の幼虫、木の実など
特徴：顔は灰色で後頸が赤色、背・翼は緑褐色である。腹は白灰色で黒褐色の黒斑がある。雄は頭上から後頸が赤く、雌は後頭が赤い。
生息状況等：立ち枯れの樹木のある平地、山地に生息するキツツキの仲間。立ち枯れの木に穴を開けて巣にする。木の表面を突いて昆虫の幼虫などを捕食するほか、木の実や貝類も餌にする。地上で捕食することもある。四国、九州地域のものは亜種カゴシマアオゲラ（*horii*）に分類される。（F）

2005年5月
宮崎市（F）

観察時期	1	2	3	4	5	6	7	8	9	10	11	12
	●	●	●	●	●	●	●	●	●	●	●	●

チョウゲンボウ

ハヤブサ目ハヤブサ科

学　名：*Falco tinnunculus*
英　名：Common Kestrel
漢字名：長元坊

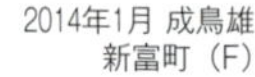

2014年1月 成鳥雄
新富町（F）

2012年1月 雌
宮崎市佐土原町（F）

生息環境：農耕地、草地、山地
渡り区分：冬鳥
全長：雄30㎝（<ハト）
雌33㎝（=ハト）
鳴声：キッキッ
食性：鳥類、小型ほ乳類、は虫類、昆虫
特徴：雄は青灰色の頭に茶褐色の背や翼上面、青灰色の尾は先端に太い黒帯が出る。翼上面、体下面に黒い斑紋が出る。雌は体上面全体が茶褐色である。
生息状況等：宮崎県では９月頃から、越冬のために飛来する小型のハヤブサ類。本州地方では留鳥として生息し繁殖も確認されている。獲物を見つけると上空でホバリングし、急降下して捕える。（F）

観察時期	1	2	3	4	5	6	7	8	9	10	11	12
	●	●	●	●	▲				●	●	●	●

アカアシチョウゲンボウ

ハヤブサ目ハヤブサ科

学　名：*Falco amurensis*
英　名：Amur Falcon　漢字名：赤足長元坊

2011年9月 幼鳥 新富町（永友清太）

生息環境：農耕地、草地
渡り区分：旅鳥
全長：29㎝（=ハト）
食性：鳥類、は虫類、昆虫
特徴：雄は体の上面が灰黒色で、頭は黒味が強い。下面は青灰色で下腹から下尾筒は赤褐色である。風切羽は黒く飛翔時に確認できる。雌は頭部が黒く頬は白い。体の上面は暗青灰色で雄よりもやや淡い。雌雄とも眼の周囲のアイリングと足は赤橙色である。
生息状況等：数が少ない旅鳥として春に全国各地に飛来記録がある。宮崎県では2011年に新富町で観察された記録がある。農耕地などの開けた場所で見られ、バッタなどの昆虫類を捕食する。（F）

観察時期	1	2	3	4	5	6	7	8	9	10	11	12
									※			

観察時期：●ほぼ毎年観察される　▲数年に一度観察される　※ごく稀な観察記録がある

コチョウゲンボウ

ハヤブサ目ハヤブサ科

学　名：*Falco columbarius*
英　名：Merlin　漢字名：小長元坊

2006年4月 幼鳥 宮崎市佐土原町（I）

生息環境：農耕地、草地、山地
渡り区分：冬鳥
全長：雄28cm　雌31cm（<ハト）
鳴声：キッキッ
食性：鳥類、小型ほ乳類、は虫類、昆虫
特徴：雄は頭や背翼上面が青灰色で、体下面が橙褐色で黒褐色の縦斑がある。雌は体上面全体が灰褐色で下面が薄い黄褐色で茶褐色の斑がある。
生息状況等：県内では冬の間、稀に観察されることのある小型のハヤブサ類で、宮崎市、都城市、延岡市などで記録がある。海岸から山地、農耕地、草地といろいろな場所で見られる。低空を飛行しネズミなどの獲物を捕える。（F）

観察時期	1	2	3	4	5	6	7	8	9	10	11	12
	●	●	●	●						●	●	●

チゴハヤブサ

ハヤブサ目ハヤブサ科

学　名：*Falco subbuteo*
英　名：Eurasian hobby　漢字名：稚児隼

2008年4月
成鳥
新富町（F）

生息環境：農耕地、草地、山地
渡り区分：旅鳥
全長：31cm（<ハト）
鳴声：キーッキキキキ
食性：鳥類、昆虫など
特徴：雄雌とも体上面全体が暗めの青灰色で頬にヒゲのように見える黒斑があり、胸から腹は白く黒色の太い縦斑がある。下腹は赤褐色である。成鳥のアイリングは黄色で、幼鳥は青灰色。
生息状況等：北海道や東北地方では夏鳥として飛来するが、県内では渡りの時期に見ることのできる旅鳥。秋のサシバの渡りの時期に観察されることが多い小型のハヤブサ類。飛びながら小型の鳥類や昆虫等の獲物を捕らえる。（F）

観察時期	1	2	3	4	5	6	7	8	9	10	11	12
				▲				●	●	●		

ハヤブサ　ハヤブサ目ハヤブサ科

学　名：*Falco peregrinus*
英　名：Peregrine Falcon　漢字名：隼

2013年11月
亜種ハヤブサ
成鳥
門川町（F）

2013年11月
亜種オオハヤブサ
成鳥
宮崎市（F）

生息環境：山地、農耕地、草地、河原、海岸
渡り区分：留鳥
全長：雄38cm（>ハト）
雌51cm（=カラス）
鳴声：ケーッ、ケーッ
食性：鳥類
特記事項等：国；国内希少野生動植物種・VU、県；NT-r
特徴：体上面が青みのかかった濃い黒灰色で体下面は白く細かい黒斑がある。頬にある太いヒゲのような黒班と、黄色いアイリングが特徴。嘴は黒く、基部は青灰色であるが基部のろう膜は黄色い。体は雄に比べて雌が大きい。亜種オオハヤブサ（*pealei*）は頭とひげ状の黒斑がつながり頭巾をかぶったような姿に見える。

生息状況等：山地から平野部、海岸と広範囲で観察される留鳥。餌にする鳥類は、飛翔しながら後肢で捕えたり、蹴落としたりして捕える。ハトなどを捕えるほか、冬はカモなども餌にすることも。市街地では鉄塔などに営巣する。亜種オオハヤブサは冬鳥として稀に観察される。（F）

観察時期	1	2	3	4	5	6	7	8	9	10	11	12
	●	●	●	●	●	●	●	●	●	●	●	●

ヤイロチョウ　スズメ目ヤイロチョウ科

学　名：*Numenius minutus*
英　名：Fairy pitta　漢字名：八色鳥

1992年5月
成鳥
高原町
（中原聡）

生息環境：低山（広葉樹林）
渡り区分：夏鳥
全長：18cm（>スズメ）
鳴声：ホヘン　ホヘン
食性：ミミズ、昆虫、甲殻類
特記事項等：国；国内希少野生動植物種・EN、県；野生動植物の保護に関する条例・EN-r
特徴：その名が示すように八色の美しい羽を持った鳥で、頭上は褐色、翼は緑色とコバルトブルー、黄白色の顔に黒く太い黒過眼線が目立つ。胸から腹は薄い黄褐色で腹中央と下尾筒は赤い。
生息状況等：広葉樹の茂る低山に飛来し繁殖する夏鳥。本州中部以南で繁殖する。主に地面でミミズを探して餌にする。特徴のある２声の鳴き声を繰り返す。（F）

観察時期	1	2	3	4	5	6	7	8	9	10	11	12
					●	●	●	▲				

アサクラサンショウクイ
スズメ目サンショウクイ科

学　名：*Coracina melaschistos*
英　名：Black-winged Cuckooshrike
漢字名：朝倉山椒食

2006年3月
日南市
（川野惇）

生息環境：平地、山地の森
渡り区分：迷鳥
全長：23㎝（<ムクドリ）
食性：昆虫、クモ
特徴：サンショウクイよりも少し大きく、頭部、背、腰と喉、顔から腹までの体下面は灰黒色である。雌は雄に比べるとやや褐色味を帯び、体下面には薄い横斑がある。尾の下側が白黒の縞模様になる。
生息状況等：中国からインドシナ半島にかけて生息するが、稀に迷鳥として日本に飛来する。本県のほか、石垣島、西表島などで記録がある。樹上でクモや昆虫を捕食する。　（F）

観察時期	1	2	3	4	5	6	7	8	9	10	11	12
	※		※									

サンショウクイ
スズメ目サンショウクイ科

学　名：*Pericrocotus divaricatus*
英　名：Ashy Minivet　漢字名：山椒食

2012年1月
亜種リュウキュウサンショウクイ
宮崎市（F）

生息環境：平地から山地の林
渡り区分：留鳥
全長：20㎝（<ムクドリ）
鳴声：ヒリリ　ヒリリ
食性：昆虫、クモ
特徴：額と体下面は白く、胸は灰色で、黒い過眼線が目立つ。頭上は黒く、背は灰黒色である。体は細く、尾は長い。亜種サンショウクイ（*divaricatus*）の方は胸が白色。
生息状況等：亜種リュウキュウサンショウクイ（*tegimae*）は、県内では留鳥として記録されるが、近年分布を北に広げている。亜種サンショウクイは、春秋の移動時に記録されることが多い。飛翔しながら昆虫を捕食する他、樹木に止まり昆虫やクモを捕食する。　（F）

観察時期	1	2	3	4	5	6	7	8	9	10	11	12
	●	●	●	●	●	●	●	●	●	●	●	●

オウチュウ スズメ目オウチュウ科

学　名：*Dicrurus macrocercus*
英　名：Black Drongo　漢字名：烏秋

生息環境：農耕地、草地、林、市街地
渡り区分：迷鳥
全長：28cm（<ハト）
鳴声：ジュイ、シャー
食性：昆虫類
特徴：全身が黒く、光が当たると青い光沢が出る。尾は長く、先が大きく2つに分かれる。嘴は比較的太く黒色で、上嘴が湾曲する。
生息状況等：中国等に生息し日本では日本海側を中心に稀な旅鳥として春に飛来することがある。開けた草地や農耕地などを好む。宮崎県では都農町に落鳥の記録がある。飛び方は緩やかであるが、飛びながら昆虫を捕える。(F)

2014年5月　延岡市北川町（高萩和夫）

観察時期	1	2	3	4	5	6	7	8	9	10	11	12
					※							※

ハイイロオウチュウ スズメ目オウチュウ科

学　名：*Dicrurus leucophaeus*
英　名：Ashy Drongo　漢字名：灰色烏秋

生息環境：農耕地、草地、林、市街地
渡り区分：迷鳥
全長：28cm（<ハト）
鳴声：チョチョチョー
食性：昆虫類
特徴：全身灰色で、オウチュウのような光沢はない。目の周りが白っぽく、腹側はやや薄い灰色である。尾は長く、先が2つに分かれる。嘴は比較的太く黒色で、上嘴が湾曲する。
生息状況等：東南アジア等に生息し日本では石垣島等を中心に稀な旅鳥として飛来する。宮崎県では新富町富田に観察記録がある。飛び方は緩やかであるが、飛びながら昆虫を捕える。(F)

2005年10月　新富町（岩切辰哉）

観察時期	1	2	3	4	5	6	7	8	9	10	11	12
										※		

オウチュウ科

サンコウチョウ

スズメ目カササギヒタキ科

学　名：*Terpsiphone atrocaudata*
英　名：Japanese Paradise Flycatcher
漢字名：三光鳥

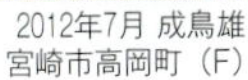

2012年7月 成鳥雄
宮崎市高岡町（F）

2012年7月 成鳥雌
宮崎市高岡町（F）

生息環境：平地から低山の森
渡り区分：夏鳥
全長：雄44.5cm　雌17.5cm（>スズメ）
鳴声：フィー　チー　ホイホイホイ
食性：昆虫
特記事項等：県；NT-g
特徴：雄は頭と胸が黒く、背はやや紫色を帯びた褐色。コバルトブルーのアイリングと嘴が特徴。繁殖期の尾羽が非常に長く、全長の４分の３ほどになる。雌は体上面が茶褐色で、尾は雄のようには伸びない。アイリングの幅は雄よりも狭い。

生息状況等：日本には繁殖のため夏鳥として飛来し、平野から低山の暗い森に生息する。細い木の枝の間に、ミズゴケで巣を作る。月日星ホイホイホイと聞きなされ、サンコウチョウ（三光鳥）の名の由来である。　(F)

観察時期	1	2	3	4	5	6	7	8	9	10	11	12
				●	●	●	●	●	●	●	▲	

チゴモズ

スズメ目モズ科

学　名：*Lanius tigrinus*
英　名：Tiger shrike　漢字名：稚児百舌

2004年5月　雄　延岡市（田崎州洋）

生息環境：開けた林、草地
渡り区分：迷鳥
全長：19cm（<ムクドリ）
鳴声：ギチギチギチ
食性：甲殻類、昆虫、両生類
特記事項等：国；CR
特徴：頭から後頸は灰色で背と尾は赤褐色、過眼線は黒く太い。嘴は黒く太めで、体下面は白い。雌は脇に褐色の横斑がある。「モズ」に比べると体がやや小さく、尾も短めである。
生息状況等：日本では北海道や本州に夏鳥として飛来する。九州での観察は稀で、宮崎県では2004年５月に延岡市で記録がある。動物食で、獲物を枝に突き刺す「はやにえ」を行う。　(F)

観察時期	1	2	3	4	5	6	7	8	9	10	11	12
					※							

モズ

スズメ目モズ科

学　名：*Lanius bucephalus*
英　名：Bull-headed shrike　漢字名：百舌

生息環境：開けた林、草地、農耕地
渡り区分：留鳥
全長：20cm（<ムクドリ）
鳴声：キィーキィキィ
食性：甲殻類、昆虫、両生類
特徴：雄は額から頭が褐色で過眼線は太くて黒い。腰から尾は赤褐色で、翼は黒い。雌は過眼線が褐色で、胸に波状の細い斑がある。
生息状況等：留鳥として、薮のある開けた林、草地、農耕地、公園などに生息する。動物食で、獲物を枝に突き刺す「はやにえ」を行う。キィーキィキィとよく通る声で鳴くほか、他の鳥のさえずりを真似して鳴く。（F）

2006年12月
雄
宮崎市
佐土原町
（F）

2006年1月
雌　宮崎市
佐土原町
（F）

観察時期	1	2	3	4	5	6	7	8	9	10	11	12
	●	●	●	●	●	●	●	●	●	●	●	●

アカモズ

スズメ目モズ科

学　名：*Lanius cristatus superciliosus*
英　名：Brown shrike　漢字名：赤百舌

生息環境：開けた林、草地
渡り区分：旅鳥
全長：19cm（<ムクドリ）
鳴声：ギチギチギチ
食性：甲殻類、昆虫、両生類
特記事項等：国：EN
特徴：亜種アカモズ（*superciliosus*）は、頭から体上面は明るい赤褐色、過眼線は黒色で太く、白色の眉斑は明瞭。額や喉は白く、腹はうすい褐色である。「モズ」とほぼ同じ大きさである。亜種シマアカモズ（*lucionensis*）は体上面が灰色をしている。
生息状況等：日本では北海道や本州東部に夏鳥として飛来する。九州では旅鳥として稀に観察され、宮崎県では延岡市、日南市、五ヶ瀬町、高鍋町で観察された記録がある。動物食で、獲物を枝に突き刺す「はやにえ」を行う。（F）

観察時期	1	2	3	4	5	6	7	8	9	10	11	12
	※				▲				※			

モズ科

セアカモズ　スズメ目モズ科

学　名：*Lanius collurio*
英　名：Red-backed Shrike　漢字名：背赤百舌

生息環境：開けた林、草地
渡り区分：迷鳥
全長：17cm（<ムクドリ）
鳴声：ギチギチギ
食性：甲殻類、昆虫、両生類
特徴：雄は頭から後頸は青灰色で背はうすい赤褐色。過眼線は黒い。翼は黒褐色である。体下面は白っぽく、胸はうすい褐色。雌は体上面がやや褐色味をおびる。雌は体上面が褐色で、過眼線も褐色である。
生息状況等：日本では迷鳥として稀に飛来し、宮崎県では2002年に高鍋町で観察された記録がある。動物食で、獲物を枝に突き刺す「はやにえ」を行う。モウコアカモズ（オリイモズ）やアカモズ等とも似ており識別が難しい。（F）

2002年4月 雄 高鍋町（永友清太）

観察時期	1	2	3	4	5	6	7	8	9	10	11	12
	※	※	※	※								※

モウコアカモズ　スズメ目モズ科

学　名：*Lanius isabellinus*
英　名：Daurian Shrike　漢字名：蒙古赤百舌

生息環境：開けた林、草地
渡り区分：迷鳥
全長：17cm（<ムクドリ）
鳴声：ギチギチギ
食性：甲殻類、昆虫、両生類
特徴：頭は褐色で背は灰褐色である。翼は黒色で白い小さな斑がある眉斑は白く過眼線は黒い。雌は体上面が少し灰色に見える。静止時に見える初列風切の先端枚数（EPT）は6枚。
生息状況等：日本では迷鳥として稀に飛来し、宮崎県では2005年に新富町と都城市に飛来した記録がある。動物食で、獲物を枝に突き刺す「はやにえ」を行う。別名「オリイモズ」。（F）

2005年3月 雄
都城市（I）

2005年1月 雌
新富町（N）

観察時期	1	2	3	4	5	6	7	8	9	10	11	12
	※	※	※									

タカサゴモズ スズメ目モズ科

学　名：*Lanius schach*
英　名：Long-tailed shrike　漢字名：高砂百舌

生息環境：開けた林、草地
渡り区分：迷鳥
全長：24cm（=ムクドリ）
鳴声：ギチギチ　ギー
食性：甲殻類、昆虫、両生類
特徴：頭から背は灰色で、過眼線は黒く非常に太く額部まで太い。頬や胸は白く、胸から下腹にかけては橙褐色である。初列風切羽には白い斑が見える。尾は長めで黒い。体は「モズ」よりも大きい。
生息状況等：中国東南部で繁殖し、日本迷鳥として飛来する大型のモズ。宮崎県では2003年の冬に宮崎市の江田川沿いで観察された記録がある。動物食で、獲物を枝に突き刺す「はやにえ」を行う。（F）

2003年1月 成鳥 宮崎市（I）

観察時期	1	2	3	4	5	6	7	8	9	10	11	12
	※	※	※									

オオカラモズ スズメ目モズ科

学　名：*Lanius sphenocercus*
英　名：Chinese Great- Grey Shrike
漢字名：大唐百舌

生息環境：開けた林、草地
渡り区分：迷鳥
全長：31cm（<ハト）
鳴声：キィキィキィ
食性：甲殻類、昆虫、爬虫類、両生類
特徴：全体に白色っぽい大型のモズ。額から頭、背は灰色で過眼線は黒い。眉斑と額は白い。初列風切および次列風切の基部と先端部に白色の部分がある。体下面は白く、尾は長くて黒い。
生息状況等：モンゴルや中国北東部等で繁殖し、冬季には朝鮮半島などに移動する。日本では冬を中心に稀に飛来する。宮崎県では2003年に都城市、串間市、2013年に木城町に記録がある。動物食で、獲物を枝に突き刺す「はやにえ」を行う。オオモズに比べると体が大きく、尾も長い。羽の白斑も大きい。（F）

2014年1月 成鳥 木城町（F）

観察時期	1	2	3	4	5	6	7	8	9	10	11	12
	▲	▲	▲									▲

モズ科

カケス　スズメ目カラス科

学　名：*Garrulus glandarius*
英　名：Eurasian Jay　漢字名：橿鳥、懸巣

2012年6月 成鳥 西米良村（F）

生息環境：低山の針葉樹や常緑広葉樹林
渡り区分：留鳥
全長：33cm（=ハト）
鳴声：ジェーッ、ジェーッ。ゲェーッ、ゲェーッ
食性：昆虫類やクモ類、ナラ、カシの実のほか、野鳥の卵やヒナなど
特記事項等：方言；ゲジンボ、キャージンボ、バカシドリ、バカシ、ミヤマガラス
特徴：雌雄同色。頭頂は白地に黒色縦斑で、体は淡いぶどう色をおびた暗褐色に、喉、腰、下腹と翼の一部が白色、翼と目の周り、尾羽が黒色で雨覆いが青地に白と黒のまだら模様。飛ぶと腰の白さとコバルト色が目立つ。森に侵入者があるとしわがれた大きな声で鳴く。他の鳥の鳴き声や物音がうまい。森の中をゆっくり羽ばたき、ふわふわと直線的に飛び回る。ドングリなどを樹皮の隙間や地中に隠す貯食の習性がある。
生息状況等：1年中同所にいるが、冬は少し山を下りる。繁殖は加江田渓谷など低山の針葉樹や常緑広葉樹の林で行う。（N）

観察時期	1	2	3	4	5	6	7	8	9	10	11	12
	●	●	●	●	●	●	●	●	●	●	●	●

ホシガラス　スズメ目カラス科

学　名：*Nucifraga caryocatactes*
英　名：Spotted Nutcracker
漢字名：星烏、星鴉

2010年7月
成鳥
五ヶ瀬町（I）

生息環境：亜高山から高山の主に針葉樹林帯
渡り区分：留鳥
全長：34.5cm（>ハト）
鳴声：ガーッガーッ、ガーガーガー
食性：木の実や昆虫類、登山者の残飯等
特記事項等：県；VU-r
特徴：雌雄同色。体全体は淡い焦茶色に白い斑が各羽にあり、黒褐色の地に大きさ目の白い斑が並ぶ顔や胸は、星を散りばめたように見える。下尾筒は白い。嘴は太くて先が鋭い。嘴で針葉樹の種子をもぎ取り、一定の場所へ運んで食べる。貯食性があり餌を樹皮の隙間や地中に隠す。人をあまり恐れない。
生息状況等：県内では高千穂町、五ヶ瀬町、椎葉村、諸塚村などの亜高山帯で見られ、特に祖母・傾山系、大崩山などに記録が多い。（N）

観察時期	1	2	3	4	5	6	7	8	9	10	11	12
	●	●	●	●	●	●	●	●	●	●	●	●

コクマルガラス

スズメ目カラス科

学　名：*Corvus dauuricus*
英　名：Daurian Jackdaw　漢字名：黒丸鴉

生息環境：農耕地や草原、川原など
渡り区分：冬鳥
全長：33cm（≒ハト）
鳴声：キャー、キャー
食性：草木の実やイモ類、昆虫類、ミミズ類、カエルなど
特徴：雌雄同色。全身は黒い羽毛で覆われ、側頭部に灰色の羽毛が混じる。頸部から腹部の羽毛が白い淡色型と、全身の羽毛が黒い暗色型がいる。県内では暗色型が多い。嘴は細く短い。開けた農耕地でミヤマガラスの群れに1～10数羽が混じって生活していることが多い。群れの中でひと際小さく鳴き声が違うので識別できる。

2007年11月 黒色型
新富町（F）

2007年11月 淡色型
新富町（F）

生息状況等：県内では都城盆地や茶臼原台地など農耕地が続く開けた所でよく見掛ける。（N）

観察時期	1	2	3	4	5	6	7	8	9	10	11	12
	●	●	●							●	●	●

ミヤマガラス

スズメ目カラス科

学　名：*Corvus frugilegus*
英　名：Rook　漢字名：深山鴉、深山烏

生息環境：農耕地や草原、川原など
渡り区分：冬鳥
全長：47cm（<カラス）
鳴声：グワー、グワー、カカカッ
食性：草木の実やイモ類、昆虫類、ミミズ類、カエルなど
特記事項等：国；狩猟鳥、方言；チョウセンガラス、ワタリガラス、センバガラス
特徴：雌雄同色。全身は黒い羽毛で覆われ、ハシボソガラスより少し小さい。嘴は細く、成鳥では基部の皮膚が剥き出しになり白く見える。10月頃越冬のため飛来し、主に農耕地に生息し大規模な群れになる。

2013年1月 成鳥 宮崎市佐土原町（F）

生息状況等：都城、国富、西都などの開けた農耕地でよく見かけ、付近の電線に数十羽から数百羽が鈴なりに止まっている光景は不気味である。（N）

観察時期	1	2	3	4	5	6	7	8	9	10	11	12
	●	●	●	●						●	●	●

観察時期：●ほぼ毎年観察される　▲数年に一度観察される　※ごく稀な観察記録がある

ハシボソガラス

スズメ目カラス科

学　名：*Corvus corone*
英　名：Carrion Crow
漢字名：嘴細鴉、嘴細烏

2004年4月
成鳥
宮崎市（N）

生息環境：河川敷や海岸、農耕地など開けた所、市街地など

渡り区分：留鳥

全長：50cm（指標鳥）

鳴声：ガーァガーァ

食性：草木の実やイモ類、昆虫類、鳥類、哺乳類、ミミズ類、カエル、残飯や腐肉など

特記事項等：国；狩猟鳥

特徴：雌雄同色。全身の羽毛は光沢のある黒色で、脚と嘴も黒色である。嘴はハシブトガラスよりは細く、少し下に湾曲している。額はあまり出っ張っていない。濁った声で、お辞儀するように頭を上下に振りながら鳴く。

生息状況等：県内いたる所に生息し、郊外の住宅地や村落、畑地など開けた所で地上を歩きながら採食する。非繁殖期は群で生活し、一定の塒をもち、早朝分散し、夕方帰って来る。（N）

観察時期	1	2	3	4	5	6	7	8	9	10	11	12
	●	●	●	●	●	●	●	●	●	●	●	●

ハシブトガラス

スズメ目カラス科

学　名：*Corvus macrorhynchos*
英　名：Large-billed Crow
漢字名：嘴太鴉、嘴太烏

2014年5月
成鳥
門川町（N）

生息環境：河川敷や海岸、農耕地から山間部など、近年は都市部などに進出

渡り区分：留鳥

全長：56cm（>カラス）

鳴声：カアーカアー

食性：草木の実やイモ類、昆虫類、鳥類、哺乳類、ミミズ類、カエル、残飯や腐肉。

特記事項等：国；狩猟鳥

特徴：雌雄同色。全身が光沢のある黒色をしており、ハシボソガラスに似るがやや大きい。嘴は太く上嘴が大きく湾曲している。額は出っ張っている。市街地のビル街に適応し、よくゴミ箱をあさり、ゴミを散乱させる。澄んだ声で鳴くが、濁った声も出す。飛翔中も鳴く。

生息状況等：県内いたる所に生息するが、ハシボソガラスよりはやや森林を好む。非繁殖期は一定の塒をもち、群で生活し早朝分散し、夕方帰って来る。（N）

観察時期	1	2	3	4	5	6	7	8	9	10	11	12
	●	●	●	●	●	●	●	●	●	●	●	●

キクイタダキ

スズメ目キクイタダキ科

学　名：*Regulus regulus*
英　名：Goldcrest　漢字名：菊戴

生息環境：山地の針葉樹林、冬に針葉樹の多い公園や里山など

渡り区分：冬鳥

全長：10cm（<スズメ）

鳴声：チュチュチュチュ……チイチチチューチ

食性：樹上で昆虫類やクモ類など、冬は木の実も

特記事項等：方言：マツムシリ　マツメジロ　ハナカンメ

特徴：雌雄ほぼ同色。頭頂の縁は黒色で中央が黄色、雄の頭頂中央部の内側には赤い斑があるが、雌にはない。体上面は全体にオリーブ色で、目の周りは白っぽく、嘴と足は黒褐色で翼の雨覆に黒と白の模様がある。小枝から小枝へと頻繁に動き回りながら、昆虫などを補食する。ほとんど樹上生活でカラ類と混群をつくることもある。

2013年1月 冬羽 宮崎市（F）

生息状況等：県内には冬鳥として平地の針葉樹の混じった林に渡来する。2012年の冬には海岸付近の松林や里山の雑木林に多くの個体が飛来した。（N）

観察時期	1	2	3	4	5	6	7	8	9	10	11	12
	●	●	●	▲						●	●	●

ツリスガラ

スズメ目ツリスガラ科

学　名：*Remiz pendulinus*
英　名：Eurasian Penduline Tit
漢字名：吊巣雀

1987年2月 雄 串間市（N）　2007年3月 雌 新富町（I）

生息環境：水辺に近い河口、川岸、海岸のヨシ原など

渡り区分：冬鳥

全長：11cm（<スズメ）

鳴声：チーチー

食性：アシの茎や葉のカイガラムシやアブラムシなどの昆虫類やクモ類など、稀に草の実も

特徴：雄の頭部は灰色で顔は白く、過眼線が目立つ。背中は赤褐色である。雌は頭部や過眼線がやや褐色がかっている。細い声で鳴きながらアシ原の中をあちこち移動して採食する。移動は鳴きながら高い位置を飛ぶ。

生息状況等：県内を流れる各河川の川岸や河口、海岸などのアシ原で生活する。(N)

観察時期	1	2	3	4	5	6	7	8	9	10	11	12
	●	●	●	●						●	●	●

観察時期：●ほぼ毎年観察される　▲数年に一度観察される　※ごく稀な観察記録がある

コガラ　スズメ目シジュウカラ科

学　名：*Poecile montanus*
英　名：Willow Tit　漢字名：小雀

生息環境：山地の森林など
渡り区分：留鳥
全長：13cm（<スズメ）
鳴声：ツピー、ツピー、ピピー、ピピー
食性：昆虫類やクモ類、木の実など
特徴：雌雄同色。頭頂部と咽頭部の羽毛は黒く、頭にベレー帽を被ったように見える。側頭部から胸部にかけては淡褐色、背面や翼、尾羽は褐色である。繁殖期にはペアで縄張りを作る。枯れ木に嘴で溝を掘って餌をほじくり出す。非繁殖期は小群をつくり、シジュウカラ類と混群をつくることもある。あまり季節移動はしない。

2003年1月　成鳥　椎葉村（I）

生息状況等：県内では標高の高い広葉樹林など限られた森林で見られる。　（N）

観察時期	1	2	3	4	5	6	7	8	9	10	11	12
	●	●	●	●	●	●	●	●	●	●	●	●

ヤマガラ　スズメ目シジュウカラ科

学　名：*Poecile varius*
英　名：Varied Tit　漢字名：山雀

生息環境：平地から山地の林など
渡り区分：留鳥
全長：14cm（<スズメ）
鳴声：ニィーニィー、ツーツーピーン
食性：昆虫類、クモ類など。冬は木の実など。貯食性
特記事項等：神社の夜店などで御神籤の引き鳥として親しまれていた。
特徴：雌雄同色。頭部は黒く、額から頬、後頸部にかけては赤褐色で、尾羽や初列風切、次列風切は黒褐色。嘴は黒く、足は青みがかった灰色をしている。木の実も食べるが堅い実は両足にはさみ、嘴で割って食べる。樹皮の隙間などに木の実を蓄える習性がある。シジュウカラの仲間やメジロなどと混群を作る。

2012年9月
成鳥
宮崎市高岡町
（F）

生息状況等：県内にはいたる所に生息する。　（N）

観察時期	1	2	3	4	5	6	7	8	9	10	11	12
	●	●	●	●	●	●	●	●	●	●	●	●

ヒガラ

スズメ目シジュウカラ科

学　名：*Periparus ater*
英　名：Coal Tit　漢字名：日雀

生息環境：平地から山地の針葉樹林など
渡り区分：留鳥
全長：11cm（<スズメ）
鳴声：ツッツッチー、ツピンツピン
食性：昆虫類、クモ類。冬は木の実も。
特徴：雌雄同色。頭頂は黒い羽毛で被われ、羽毛が伸びた短い冠羽があり後頭は白い。頬から後頸にかけて白く、喉から胸部は黒い。翼は灰黒色で２本ずつの白い翼帯がある。嘴や足は黒い。
生息状況等：非繁殖期は小群で生活したり、シジュウカラの仲間やメジロなどと混群を作る。冬には平地まで下りてくるが、特に針葉樹林を好んで生息する。細い枝先や葉先で活発に動き回り採食し、あまり地上には降りない。　(N)

2008年2月 成鳥 椎葉村 (I)

観察時期	1	2	3	4	5	6	7	8	9	10	11	12
	●	●	●	●	●	●	●	●	●	●	●	●

キバラガラ

スズメ目シジュウカラ科

学　名：*Periparus venustulus*
英　名：Yellow-bellied Tit　漢字名：黄腹雀

生息環境：平地から山地の林など
渡り区分：迷鳥
全長：10cm（<スズメ）
鳴声：ズーゥ、ズーゥ　キュルキュルルキュルル
食性：昆虫、木の実など
特徴：全長は 10cmで雄の頭部と背は黒色で目の下から頬にかけて白く、腹側は黄色い。嘴は黒色で、足は黒灰色である。雌は雄の黒い部分が全体に淡く、やや黄色味を帯びている。
生息状況等：県内では2012年11月に阿波岐ヶ原森林公園で初確認された。その冬に宮崎市内で12個体が確認されている。林内でシジュウカラ、エナガ、ヤマガラなどと混群をつくって行動する。　(F)

2013年2月 雄
宮崎市 (I)

2012年11月 雌
宮崎市 (F)

観察時期	1	2	3	4	5	6	7	8	9	10	11	12
	※	※	※								※	※

観察時期：●ほぼ毎年観察される　▲数年に一度観察される　※ごく稀な観察記録がある

シジュウカラ

スズメ目シジュウカラ科

学　名：*Parus minor*
英　名：Japanese Tit　漢字名：四十雀

2006年11月 成鳥 宮崎市（I）

生息環境：市街地の公園や庭などを含む平地から山地の林、湿原など

渡り区分：留鳥

全長：14.5cm（=スズメ）

鳴声：ツピツピツピツピ、チージュクジュク、ツツピー、ツツピー

食性：昆虫類、クモ類など。冬は木の実なども。

特徴：背面は灰青色で、下面は淡褐色である。頭頂は黒く、頬および後頸には白い斑紋が入る。喉から下尾筒にかけて黒い縦線が入りネクタイをしているように見え、雄のそれは雌より濃く太い。尾羽は少し長い。営巣は天然の樹洞だけでなく、石垣の隙間や郵便受け、庭の置物、巣箱なども利用する。

生息状況等：平地や山地の広葉樹林に多く、ごく普通に見られる。非繁殖期には宮崎神宮や平和台公園などの平地の林で、メジロやエナガと混群をつくる。市街地の公園や住宅地にも来る。（N）

観察時期	1	2	3	4	5	6	7	8	9	10	11	12
	●	●	●	●	●	●	●	●	●	●	●	●

ヒメコウテンシ

スズメ目ヒバリ科

学　名：*Calandrella brachydactyla*
英　名：Greater Short-toed Lark　漢字名：姫告天子

2006年5月 成鳥 新富町（I）

生息環境：草地や農耕地、海岸など

渡り区分：旅鳥・稀

全長：14cm（<スズメ）

鳴声：ジュジュジュジュ

食性：歩きながら植物の種子、昆虫類、クモ類など。

特徴：雌雄同色。背中や翼の上面はやや濃い褐色で、胸の両脇に黒褐色の斑がある。眉斑は淡色。体の下面は淡い褐色。ヒバリのような冠羽はない。足を縮めて田んぼにいる昆虫類などを太くてやや長い嘴で採食する。

生息状況等：県内には農耕地に渡来し、一ツ瀬川河口や宮崎市江佐原の農耕地で観察例があり、春の記録が多いが、秋から越冬している可能性もある。（N）

観察時期	1	2	3	4	5	6	7	8	9	10	11	12
			▲	▲	▲				※			

シジュウカラ科／ヒバリ科

ヒバリ

スズメ目ヒバリ科

学　名：*Alauda arvensis*
英　名：Eurasian Skylark
漢字名：雲雀

2004年5月 成鳥 宮崎市佐土原町（F）

生息環境：草原や河原、農耕地など

渡り区分：留鳥

全長：17cm（>スズメ）

鳴声：ピーチュクピーチュル、ピーチーチーチュルチュル

食性：歩きながら植物の種子、昆虫類、クモ類など。

特記事項等：方言；ヒバイ

特徴：雌雄同色。全身ほぼ淡灰褐色で胸には黒褐色の縦斑があり、腹と下尾筒は白い。後頭の羽はやや長く冠羽となっており、雄はよく逆立てるが雌はそれほどでもない。尾羽の外側は白い。初列風切は長く突出する。嘴は黄褐色で、先端が黒く、足は肉色である。春には空高く舞い上がり、長時間さえずって縄張り宣言する。本庄川河原ではキンポウゲの群生した中でよく繁殖する。外敵の気配を感じると擬傷行動で敵を巣から遠ざける。非繁殖期は小群で行動する。

生息状況等：平地から山地の草原や田畑などで普通に見られる。（N）

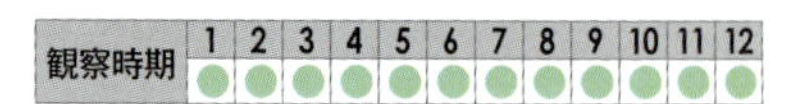

観察時期	1	2	3	4	5	6	7	8	9	10	11	12
	●	●	●	●	●	●	●	●	●	●	●	●

column

シカによる山地崩壊

宮崎県内の山地では、シカの食害が広がっており、植生が失われる異常事態を迎えている。傾斜の急な山地では土砂の崩落が進むなど、その影響は深刻である。山地を生活の場とする野鳥の生息環境は急速に悪化している。（井上伸之）

斜面崩落
2009年11月
西都市東米良
（I）

谷筋の斜面崩落
2008年2月
椎葉村大河内
（I）

観察時期：●ほぼ毎年観察される　▲数年に一度観察される　※ごく稀な観察記録がある

ショウドウツバメ

スズメ目ツバメ科

学　名：*Riparia riparia*
英　名：Sand Martin　漢字名：小洞燕

生息環境：海岸や川辺の草原、農耕地等
渡り区分：旅鳥
全長：13cm（<スズメ）
鳴声：ジジュ、ジュジュジュ……
食性：主に飛翔昆虫を食べる。

特徴：背面は暗褐色で光沢はない。喉と腹面は白く、胸部に暗褐色の横帯がある。尾羽は短く燕尾にはなっていない。幼鳥は体上面の羽縁が淡褐色で鱗状に見える。渡りの時は大きな群れをつくり、夜間はアシ原などで休む。
生息状況等：県内では春秋に通過するのが見られる。（N）

観察時期	1	2	3	4	5	6	7	8	9	10	11	12
									●	●	●	

ツバメ

スズメ目ツバメ科

学　名：*Hirundo rustica*
英　名：Barn Swallow　漢字名：燕、赤腹燕

生息環境：河川敷や溜池のアシ原、市街地、農耕地など。群れで民家内や軒下などで越冬就塒する。
渡り区分：留鳥・旅鳥
全長：17cm（>スズメ）
鳴声：チョチチュワチュチチュチ…ピリリリ
食性：主に飛翔昆虫類。水面上を飛行しながら水を飲む
特記事項等：方言；ツバクロ
特徴：雌雄同色。背面は光沢のある藍黒色で、喉と額は赤い。腹部は白く、胸に黒い横帯がある。尾は長く二股に深く切れ込みこの尾の形を燕尾という。翼は大きく、飛行に適した細長い体型である。脚は短く歩行には不向きで、巣材の泥を集めるとき以外は地面に降りることはめったにない。亜種アカハラツバメ（*H.r.saturata*）は亜種ツバメ（*H.r.gutturalis*）に比べ腹部の一部や下面全体が赤味を帯びている。ユーラシア大陸で繁殖する亜種だと言われる。

2005年3月 成鳥
宮崎市（I）

1997年8月
亜種アカハラツバメ
宮崎市（N）

生息状況等：亜種ツバメは県内では一年中見られるが、夏の個体と冬の個体は同一ではなく、渡りの時期に入れ替わっている可能性が高い。越冬は集団で行い多い所では1000羽を超える。亜種アカハラツバメは渡り時期や越冬期に見られ、初秋から冬にかけてツバメを捕獲すると赤味の強い個体が稀にみつかる。（N）

観察時期	1	2	3	4	5	6	7	8	9	10	11	12
	●	●	●	●	●	●	●	●	●	●	●	●

コシアカツバメ

スズメ目ツバメ科

学　名：*Hirundo daurica*
英　名：Red-rumped Swallow
漢字名：腰赤燕

生息環境：河川敷や溜池のアシ原、市街地、農耕地など
渡り区分：夏鳥・越冬
全長：18.5cm（>スズメ）
鳴声：チュイチジュジュジュ
食性：主に飛翔昆虫類
特記事項等：県：NT-g
特徴：雌雄同色。背面は光沢のある紺色で目の後方から後頸は赤茶色。喉から腹まではごく淡いバフ色をおびた白色で黒褐色の縦斑がある。最外側尾羽が非常に長く燕尾型である。腰から上尾筒、下尾筒にかけては赤褐色で飛翔時に目立つ。２本の長い尾を平行に保ち、滑空を多くしてゆっくりと飛ぶ。

2005年10月 成鳥 延岡市北浦町（I）

生息状況等：県内ではもともと生息数は少なく、ビルや人家の軒下などにとっくり型の巣をつくって繁殖する。最近ではスズメに巣を占領され10年ほど前に比べると生息数は激減している。ツバメの越冬時で稀に越冬している。（N）

観察時期	1	2	3	4	5	6	7	8	9	10	11	12
				●	●	●	●	●	●	●	●	

イワツバメ

スズメ目ツバメ科

学　名：*Delichon dasypus*
英　名：Asian House Martin
漢字名：岩燕

生息環境：平地から山地
渡り区分：留鳥
全長：15cm（>スズメ）
鳴声：ピリピリッジュリピリジュリ……
食性：主に飛翔昆虫類
特徴：雌雄同色。背面は光沢のある黒褐色で、下面は汚白色である。腰は白い。嘴は黒く、趾には白い羽毛が生えている。尾羽の切りこみが浅くＶ字状である。
生息状況等：県内では平地から高山の開けた所や、林の上空を群れで飛び回っているところをよく見る。冬は越冬ツバメに混じって川面を飛んでいることもよくある。本庄川や大淀川の橋梁下や暖かい工場などの軒下で越冬する。（N）

2012年2月 成鳥 延岡市北川町（N）

2002年7月 椎葉村（I）

観察時期	1	2	3	4	5	6	7	8	9	10	11	12
	●	●	●	●	●	●	●	●	●	●	●	●

ヒヨドリ　スズメ目ヒヨドリ科

学　名：*Hypsipetes amaurotis*
英　名：Brown-eared Bulbul　漢字名：鵯

2012年10月 宮崎市（F）

生息環境：低山の林、里山や都市部の公園など
渡り区分：留鳥
全長：27.5cm（>ムクドリ）
鳴声：ピーヨ、ピーィピーィ
食性：果物、野菜（ブロッコリー、キャベツなど）、草木の実、昆虫類やクモ類など。
特記事項等：国；狩猟鳥、方言；ヒヨ、ヒッス
特徴：雌雄同色。体全体が灰褐色。頭頂と頸は青灰色味がある。耳羽は茶色く、胸から腹は灰色で白斑があり、翼と尾羽は褐色。尾は長めで、嘴は黒く先がとがっている。頭頂部の羽毛はやや長く冠羽となっている。繁殖期以外は群れで生活し、秋と春には大群となって移動する。波状飛行をするので識別は容易である。
生息状況等：県内では様々な環境で一年中見られる。庭や畑の作物によく集まり、個体数増加に伴い、作物被害が増え1996年から狩猟鳥に再指定された。（N）

観察時期	1	2	3	4	5	6	7	8	9	10	11	12
	●	●	●	●	●	●	●	●	●	●	●	●

ウグイス　スズメ目ウグイス科

学　名：*Cettia diphone*
英　名：Japanese Bush Warbler　漢字名：鶯

2014年1月 成鳥 宮崎市（N）

生息環境：平地から山地の林で笹の多い林内や藪内など
渡り区分：留鳥
全長：14～15.5
鳴声：C；チャ　チャ、S；ホーホケキョ
食性：昆虫類、クモ類など。秋冬は草木の実など。
特記事項等：「チャッチャッ」という地鳴きから、一人前に囀れないという意味で「デッチ」の方言がある。日本三鳴鳥
特徴：雌雄同色。全身茶褐色で、下面はやや淡い。淡褐色のやや不明瞭な眉斑がある。尾羽はやや長く、足も長い。雄は雌より大きく、足と嘴も長い。非繁殖期は1羽で生活し、繁殖期には雄は縄張り内に6～7羽の雌と一緒に生活する。
生息状況等：冬になると北方や山地のものは暖地や平地に移動し、市街地の公園や庭の生け垣、ヤブなどでもよく見られる。現在では飼養禁止であるが、未だに密猟や不法飼養が後を絶たない。（N）

観察時期	1	2	3	4	5	6	7	8	9	10	11	12
	●	●	●	●	●	●	●	●	●	●	●	●

ヤブサメ　スズメ目ウグイス科

学　名：*Urosphena squameiceps*
英　名：Asian Stubtail　漢字名：藪鮫・藪雨

生息環境：平地から山地の下草の多い森林や藪など
渡り区分：夏鳥・一部越冬
全長：10.5cm（>スズメ）
鳴声：C；チャッチャッ、S；シシシシ…（尻上がりに大きくなる）
食性：昆虫類、クモ類など
特記事項等：方言；ヤボシタドリ、コワイコワイ
特徴：雌雄同色。上面は茶褐色で、下面は汚白色。胸と脇腹は淡褐色味がある。茶色っぽい汚白色で明瞭な眉斑と黒褐色の過眼線がある。尾羽は短い。囀りは虫

2014年2月 成鳥 宮崎市（F）

の鳴き声を思わせるように鳴く。
生息状況等：県内には夏鳥として４月ころ渡来し、繁殖期以外は１羽で生活する。シカの食害による下草の減少で生息数が減っている。冬でも稀に確認され一部は越冬している可能性が高い。　(N)

観察時期	1	2	3	4	5	6	7	8	9	10	11	12
	●	●	●	●	●	●	●	●	●	●	●	●

エナガ　スズメ目エナガ科

学　名：*Aegithalos caudatus*
英　名：Long-tailed Tit　漢字名：柄長

生息環境：平地から山地の林、木の多い市街地の公園など
渡り区分：留鳥
全長：13.5cm（<スズメ）
鳴声：ツィーツィー、ジュリリジュリリ
食性：昆虫類やクモ類。樹液や草木の実。
特徴：雌雄同形同色。頭頂と顔、下面は白い。黒い眉斑は後頸から背中まで続き太く黒い模様になる。翼と尾も黒い。背は中央が灰黒色で両側は赤紫色。体のわりに尾が長い。首が短く丸い体に長い尾羽がついた体型をしている。非繁殖期はメジロ、コゲラ、カラ類などと混群をつくる。雑木林の中を鳴き交わしながら、

2009年4月 成鳥 宮崎市（F）

一定のコースを定期的に巡回する。繁殖期に番い以外の個体がヘルパーとして抱卵や育雛に参加することがある。
生息状況等：平地や丘陵、山地の林で１年中普通に見られる。九州地域のものは亜種キュウシュウエナガ（*kiusiuensis*）に分類される。　(N)

観察時期	1	2	3	4	5	6	7	8	9	10	11	12
	●	●	●	●	●	●	●	●	●	●	●	●

　観察時期：●ほぼ毎年観察される　▲数年に一度観察される　※ごく稀な観察記録がある

チフチャフ　スズメ目ムシクイ科

学　名：*Phylloscopus collybita*
英　名：Common Chiffchaff

生息環境：平地の林や灌木のあるアシ原など
渡り区分：旅鳥・稀
全長：11㎝（<スズメ）
鳴声：C；ピィーッ、ヒーッ
　　　S；チフチャフ、チフチャフ
食性：昆虫類、クモ類など
特徴：上面は緑がかった灰褐色で下面は淡褐色。翼は暗褐色で羽縁は淡褐色。眉斑は淡褐色で不明瞭。黒っぽい過眼線がある。体型は丸味を帯び、初列風切はあまり突出しない。枝渡りだけではなく地上にも降りる。
生息状況等：県内には稀な冬鳥として、水辺の灌木林やアシ藪などに渡来する。2009年３月に都城市萩原川で記録がある。
(N)

観察時期	1	2	3	4	5	6	7	8	9	10	11	12
			※									

ムジセッカ　スズメ目ムシクイ科

学　名：*Phylloscopus fuscatus*
英　名：Dusky Warbler　漢字名：無地雪加

生息環境：林縁の藪、アシ原、草地など
渡り区分：冬鳥・稀
全長：11㎝（<スズメ）
鳴声：C；チョッ、チョッ
　　　S；ツィツィチョチョチョ……
食性：昆虫類、クモ類など
特徴：雌雄同色。上面は灰褐色で、下面は淡褐色、もしくは汚白色で、脇腹と下尾筒は淡黄褐色。眉斑は明瞭で、眼の前方で細く淡褐色、後方は褐色味が強く、やや広がりぼやっとしている。ウグイスによく似るが、地鳴きが「タッタッ」と違うので、鳴き声で存在が分かる。枝渡りだけではなく地上にも降りる。
生息状況等：県内には稀な冬鳥として、水辺の灌木林やアシ藪などに渡来する。2009年から毎年都城市で記録が出ている。他に2013年１月には串間市でも記録が出た。
(N)

2009年2月 都城市 (I)

観察時期	1	2	3	4	5	6	7	8	9	10	11	12
	▲	▲	▲	▲							▲	▲

キマユムシクイ

スズメ目ムシクイ科

学　名：*Phylloscopus inornatus*
英　名：Yellow-browed Warbler
漢字名：黄眉虫喰

生息環境：林や灌木林の林縁の藪、草地など

渡り区分：冬鳥・稀

全長：10㎝（<スズメ）

鳴声：C；チィー、チィーまたはチーィー、チーィー、

食性：昆虫類（幼虫やアブラムシ）、クモ類など

特徴：雌雄同色。体上面はやや暗黄緑色で下面は少し黄色味のある白色。頭央線は淡黄色で細く不鮮明。眉斑は淡黄褐色で細く、明瞭である。大雨覆と中雨覆の先端は黄白色で、静止すると２本の翼帯となる。

生息状況等：県内には稀な冬鳥として林縁の藪や草地、低木林などに渡来する。これまで1999年を皮切りに、2001、2002、2004、2008年と散発的に高原町、都城市、宮崎市に出現している。（N）

観察時期	1	2	3	4	5	6	7	8	9	10	11	12
	※	※	※	▲	▲							※

オオムシクイ

スズメ目ムシクイ科

学　名：*Phylloscopus examinandus*
英　名：Kamchatka Leaf Warbler
漢字名：大虫喰・大虫食

生息環境：樹木の多い公園、林

渡り区分：旅鳥・稀

全長：10～13㎝（<スズメ）

鳴声：ジッ、ジジロジジロジジロ（一本調子）

食性：昆虫類、クモ類など

特記事項等：旧コメボソムシクイ

特徴：雌雄同色。体上面はやや緑色味の薄い灰褐色。翼はやや黄緑色っぽい。眉斑は黄白色。下面は黄色味が薄く淡褐色である。やや尾が短い。枝で静止するときは体を水平気味に保つことが多い。囀りはメボソムシクイより一本調子である。

生息状況等：県内では稀な旅鳥。2005年５月に日向市の海岸で記録がある。移動は遅く、春は５月中旬から６月上旬、秋は８月中旬から10月上旬に通過する。（N）

観察時期	1	2	3	4	5	6	7	8	9	10	11	12
					▲							

ウグイス

メボソムシクイ
スズメ目ムシクイ科

学　名：*Phylloscopus xanthodryas*
英　名：Japanese Leaf Warbler
漢字名：目細虫喰・目細虫食

生息環境：針葉樹と広葉樹が混生した森林、平地林や公園の林など
渡り区分：夏鳥
全長：13cm（<スズメ）
鳴声：C；リュッ、リュッまたはジッ、ジッ、
S；ジュッ、チョリチョリ チョリチョリ……（尻上がりにおおきくなる）
食性：昆虫類、クモ類など
特記事項等：県；DD-2
特徴：雌雄同色。体上面が緑色がかった灰褐色。翼はやや黄緑色っぽい。眉斑は黄白色で目先は黒褐色で、嘴は黒褐色。下面は汚白色で、腹の中央は淡黄色。囀りはオオムシクイより尻上がりに大きくなる。樹枝上を活発に動き回る。

2013年11月 門川町（F）

生息状況等：県内には夏鳥として渡来し、山地から高山の針葉樹林などで生活する。初夏に親父山、障子岳、古祖母付近の高所で記録があり、繁殖の可能性が大きい。
（N）

観察時期	1	2	3	4	5	6	7	8	9	10	11	12
				●	●	●	●		●	●	●	

エゾムシクイ
スズメ目ムシクイ科

学　名：*Phylloscopus borealoides*
英　名：Sakhalin Leaf Warbler
漢字名：蝦夷虫喰

生息環境：亜高山帯のブナ林や広葉樹と針葉樹の混合林など
渡り区分：旅鳥
全長：12cm（<スズメ）
鳴声：C；ピッ、ピッ
S；ヒーツーキー
食性：昆虫類、クモ類など
特徴：雌雄同色。頭から背面はやや緑がかった暗褐色で、褐色味が強くでる。喉は白っぽく、胸から下尾筒は汚白色。眉斑は細く黄白色で目より後方はやや太くなる。
生息状況等：県内では旅鳥として、春秋の移動中に平地の林や公園で記録される。
（N）

観察時期	1	2	3	4	5	6	7	8	9	10	11	12
				●	●				●	●		

センダイムシクイ

スズメ目ムシクイ科

学　名：*Phylloscopus coronatus*
英　名：Eastern Crowned Leaf Warbler
漢字名：仙台虫喰・仙台虫食

2007年4月 新富町（I）

生息環境：平地から山地の落葉広葉樹林など

渡り区分：夏鳥

全長：13cm（<スズメ）

鳴声：C；ツィ、ツィまたはフィッ、フィッ
S；チィヨ、チィヨ、チィヨ、ビィーッ

食性：昆虫類、クモ類など

特記事項等：鳴声を「焼酎1杯グィーッ」「疲れたビー」などの聞きなし。

特徴：雌雄同色。体上面が緑色味の強いオリーブ色。眉斑は白っぽく明瞭で、目より前方は黄色味がある。淡白色の頭央線と黒褐色の頭側線は不明瞭である。喉から腹は白っぽく、胸から腹中央は淡黄色で下尾筒は黄色味が強い。大雨覆の先端は淡黄色で、静止時には翼帯となる。林内や灌木の枝上で活発に動き回る。

生息状況等：県内には夏鳥として渡来し、平地から山地の林に生息する。渡りの時期には市街地の公園などでも見られる。夏祖母・傾山系等での記録があり、繁殖の可能性が大きい。（N）

観察時期	1	2	3	4	5	6	7	8	9	10	11	12
				●	●	●	●		●	●	●	

イイジマムシクイ

スズメ目ムシクイ科

学　名：*Phylloscopus ijimae*
英　名：Ijima's Leaf Warbler
漢字名：飯島虫喰

生息環境：落葉広葉樹林、照葉樹林、混交林など

渡り区分：旅鳥・稀

全長：12cm（<スズメ）

鳴声：C；フィー、フィー
S；チュルチュルチュル

食性：昆虫類、クモ類、木の実など

特記事項等：国；天然記念物・VU

特徴：雌雄同色。上面は緑褐色、下面は淡黄色。頭央線と頭側線はない。眉斑は細く淡黄白色。尾羽や翼は黒褐色で、羽縁は緑褐色。大雨覆の先端は黄白色で、静止時には翼帯となる。

生息状況等：県内では非常に稀な旅鳥で、1998年4月11日に宮崎市市民の森で3羽が記録されたことがある。（N）

観察時期	1	2	3	4	5	6	7	8	9	10	11	12
				※								

 観察時期：●ほぼ毎年観察される　▲数年に一度観察される　※ごく稀な観察記録がある

メジロ　スズメ目メジロ科

学　名：*Zosterops japonicus*
英　名：Japanese White-eye　漢字名：目白

生息環境：山地の樹林や竹林、緑地のある市街地の公園、住宅地、河川のアシ原など

渡り区分：留鳥

全長：11.5cm（<スズメ）

鳴声：C；チィー
S；チーチュルチロルルチュルチー

食性：樹上で昆虫類、クモ類、木の実、果実、花蜜など

特記事項等：方言：チュックヮリ、ハナスキ、ハナシ、ハナスヒ、メシロ。飼養禁止。

特徴：雌雄ほぼ同色。体上面が黄緑色。喉は黄色で、胸から腹は白く、脇腹は淡褐色。雄は腹中央と下尾筒が黄色く、雌は淡色。目の周りに白い輪がある。

2014年2月 成鳥 日南市北郷町（N）

生息状況等：繁殖期は山地で番いか小群で生活し、非繁殖期は群れで過ごし、カラ類の群れに混じって行動することが多い。冬には住宅地で餌台や実のなる庭木に現れるが、年による個体数の変動が大きい。（N）

観察時期	1	2	3	4	5	6	7	8	9	10	11	12
	●	●	●	●	●	●	●	●	●	●	●	●

シマセンニュウ　スズメ目センニュウ科

学　名：*Locustella ochotensis*
英　名：Middendorff's Grasshopper Warbler
漢字名：島仙入

生息環境：海岸部の草原や湿原、牧草地など

渡り区分：旅鳥・稀

全長：17cm（>スズメ）

鳴声：C；チュッ、チュッまたはチッ、チッ
S；チュッ、チュルルル、チュカチュカチュカ

食性：昆虫類、クモ類など

特徴：雌雄同色。頭から背面は緑褐色で、喉から下面は白っぽく、胸と体側面は淡褐色。眉斑は淡黄色。尾羽は凸尾で短く、黒い横縞があり先端は白い。

生息状況等：県内では稀な旅鳥として通過する。海岸近くや河川のアシ原や藪の中を移動していると思われるが、県内での記録は少ない。（N）

観察時期	1	2	3	4	5	6	7	8	9	10	11	12
										※	※	

ウチヤマセンニュウ

スズメ目センニュウ科

学　名：*Locustella pleskei*
英　名：Styan's Grasshopper Warbler
漢字名：内山仙入

2013年5月 成鳥雄 門川町（N）

生息環境：小島の竹林や、丈が低い照葉樹林など

渡り区分：夏鳥

全長：15.5㎝（>スズメ）

鳴声：C；チュッ、チュッまたはチョッ、チョッ
S；チチリリリチュィチュィチュィ

食性：昆虫類、クモ類、多足類など

特記事項等：国；EN、県；EN-r

特徴：雌雄同色。頭から背面は薄褐色で、腹から下尾筒は汚白色。喉から胸は白っぽい。尾羽は凸尾で長め、先端に小さく白い斑紋が入る。足と嘴も長めで足はしっかりしている。眉斑は黄白色。これまでシマセンニュウの亜種とされていたが、1999年からは別種となった。島の林縁部の低木やノシランなどにお椀型の巣を懸け繁殖する。

生息状況等：県内の島嶼や岩礁に少数が夏鳥として渡来するが、繁殖が確認されているのは門川町枇榔島だけである。（N）

観察時期	1	2	3	4	5	6	7	8	9	10	11	12
				●	●	●	●					

エゾセンニュウ

スズメ目センニュウ科

学　名：*Locustella fasciolata*
英　名：Gray's Grasshopper Warbler
漢字名：蝦夷仙入

生息環境：平地にある湿地林や河畔林、低木が生えた草原などで暗い場所を好む。

渡り区分：旅鳥

全長：18㎝（>スズメ）

鳴声：C；グッ、グッ
S・トッピ、トッピンカケタカ

食性：昆虫類、クモ類など

特徴：雌雄同色。頭から背面は濃褐色でやや赤味を帯びる。下面は汚白色。顔から喉にかけては灰褐色。眉斑は白く明瞭である。尾は長く凸尾である。

生息状況等：県内では旅鳥として、春秋の移動の時に平地や海岸近くの農耕地、河川敷などで見られる。（N）

観察時期	1	2	3	4	5	6	7	8	9	10	11	12
				※					※	※		

観察時期：●ほぼ毎年観察される　▲数年に一度観察される　※ごく稀な観察記録がある

column

国指定枇榔島鳥獣保護区枇榔島特別保護地区

枇榔島と小枇榔（左）

宮崎県東臼杵郡門川町枇榔島は、周囲1.5kmほどの小さな無人島ですが、九州のガラパゴスと自負できる島であり、特に天然記念物で絶滅危惧Ⅱ類のカンムリウミスズメは、世界に生息する数の３分の１にあたる3,000羽以上が周辺海域に生息しています。また同じく国指定の天然記念物で準絶滅危惧のカラスバトも地上営巣という形態で繁殖し、地上に粗末な巣を作り１個の卵を産み、雌雄交替で子育てをします。絶滅危惧ⅠB類のウチヤマセンニュウも地上に近い低い位置で営巣します。このことは天敵となる哺乳類や爬虫類が枇榔島には生息せず、唯一哺乳類は絶滅危惧ⅠB類のオヒキコウモリだけが生息しています。枇榔島がこれらの重要な動物の繁殖地となっていることを受けて平成22（2010）年11月に国指定の枇榔島鳥獣保護区枇榔島特別保護地区に指定され20年間、国の保護管理下に置かれることになりました。

枇榔島は宮崎県の北部に位置し、北緯32°28′、東経131°44′にあります。門川町尾末漁港から約６㎞東の沖合にあります。最も近い陸地まで約３㎞の距離があり、枇榔島は北上する黒潮に洗われ、島の周囲は海食崖が発達し、柱状節理の絶壁が多く海上から切り立っています。枇榔島の標高は約75ｍで島の上部は、モクタチバナ、タブノキ、ヤブニッケイ、ヤブツバキ等からなる常緑広葉樹に覆われています。しかし大きな台風が来る度に倒木や塩害により樹幹部が落葉し、樹林内は日当たりがよくなり低木類や下草が繁茂する状態と森林の状態を繰り返します。また、林縁部に生えるヒゲスゲやハチジョウススキ、メダケの藪も塩害で立ち枯れます。

当該鳥獣保護区は、枇榔島と周囲約200ｍの小枇榔からなる無人島とその周辺海域で、面積は482haでその内特別保護地区は無人島の陸地の部分で約４haです。勿論動植物は一切採集できなくなりました。特別保護地区の枇榔島では、カンムリウミスズメやカラスバト、ウチヤマセンニュウのほかにハヤブサ、ミサゴ、アナドリ、クロサギなど宮崎県指定の希少鳥類の生息や繁殖も確認され、合わせて13目28科57種／亜種が記録されています。基本特別保護地区への立ち入りは、門川町の許可が必要です。

（中村　豊）

オオヨシキリ スズメ目ヨシキリ科

学　名：*Acrocephalus orientalis*
英　名：Oriental Reed Warbler
漢字名：大葭切、大葦切

生息環境：アシ原、灌木の点在する草地や川原など

渡り区分：夏鳥

全長：18.5cm（>スズメ）

鳴声：C；ゲッ、ゲッ
S；ギョギョシギョギョシ、ケケシケケシ

食性：昆虫類（バッタ、ハエ、アリなど）、クモ類など

特徴：雌雄同色。上面はオリーブ褐色、下面は汚白色である。眉斑は汚白色で不明瞭である。嘴はやや長めで、口内はオレンジ色をしており、嘴毛が目立つ。尾は少し長めである。雌の確保や縄張りを確立するまで、アシや杭の上でオレンジ色の口中までさらけ出し盛んに囀る。昼夜関係なく囀る個体もいる。繁殖は一夫多妻で行う。

2010年5月
成鳥雄
新富町（F）

生息状況等：県内では４月ころに夏鳥として、入り江や河原、池沼、湿地などのアシ原に渡ってくる。（N）

観察時期	1	2	3	4	5	6	7	8	9	10	11	12
				●	●	●	●	●	●	●		

コヨシキリ スズメ目ヨシキリ科

学　名：*Acrocephalus bistrigiceps bistrigiceps*
英　名：Black-browed Reed Warbler
漢字名：小葭切、小葦切

生息環境：平地から山地の草原、アシ原など

渡り区分：旅鳥

全長：14cm（<スズメ）

鳴声：C；ギュッ、ギュッ
S；ピピピ、ギョシ、キョリリピリリリ……

食性：昆虫類、クモ類など

特徴：雌雄同色。頭から背面は淡褐色で、腹面は白く、脇腹は淡褐色。眉斑は白く明瞭で、頭側線は黒褐色である。過眼線は黒くはっきりする個体と、ぼやける個体がいる。

生息状況等：県内には旅鳥として平地の湿原、川原に渡来し、地上に降りることなく、草の茂みで行動する。大淀川、五ヶ瀬川、大瀬川などの河川に生えるアシ原で記録がある。（N）

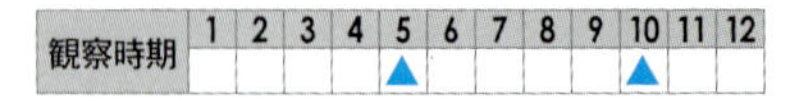

観察時期	1	2	3	4	5	6	7	8	9	10	11	12
					▲					▲		

セッカ

スズメ目セッカ科

学　名：*Cisticola juncidis*
英　名：Zitting Cisticola　漢字名：雪加

1998年7月 成鳥 宮崎市（N）

生息環境：平地から山地のチガヤ、ススキの生える草原、河原、水田など
渡り区分：留鳥
全長：12.5㎝（<スズメ）
鳴声：上昇しながらヒッヒッヒッヒッ…、下降しながらチャッチャッ、チャッチャッ
食性：昆虫類やクモ類など
特徴：雌雄同色。夏羽は体上面が黄褐色で、黒い縦斑がある。下面は白っぽく、喉は黄白色で、脇腹は褐色味を帯びる。顔面の眉斑と頬は淡色。冬羽では胸から腹に黄色味があり、尾羽は黄褐色の凸尾で先は黒い帯となり先端は白い。非繁殖期は単独で生活する。繁殖は一夫多妻で行い、雄は縄張り上空を深い波状飛行しながら鳴いて飛び回るが、草地から飛び出し、少し飛びながら囀り、すぐに草むらに入り込んでしまうこともある。
生息状況等：周年を通して平地の川原、草原、農耕地などで生活している。（N）

観察時期	1	2	3	4	5	6	7	8	9	10	11	12
	●	●	●	●	●	●	●	●	●	●	●	●

キレンジャク

スズメ目レンジャク科

学　名：*Bombycilla garrulus*
英　名：Bohemian Waxwing
漢字名：黄連雀

1995年2月
宮崎市
（N）

生息環境：市街地や山地の林
渡り区分：冬鳥
全長：19.5㎝（>スズメ）
鳴声：チリチリチリ、チーチー
食性：ネズミモチ、イボタノキ、ニシキギ、ヤドリギ、ノイバラ、ヤツデなど果実類
特徴：雌雄ほぼ同色。全体的にベージュ色をし、過眼線と喉は黒色。顔の前面は赤褐色味があり、頭には冠羽がある。翼は黒く、次列、3列風切の羽先には蝋のような感触の赤い羽毛がある。初列風切先端は黄色。尾羽は短めで黒く先端は黄色。初列風切内弁先端の白線が雄では太く、雌では狭い。通常少数の個体がヒレンジャクの群れに混じって行動する。
生息状況等：県内では冬鳥として低山の林、市街地の公園や宅地に渡来するが、渡来数が少ない上に年変化が大きく、ほとんど渡って来ない年もある。渡来は不規則で、年が明けてからの記録が多い。（N）

観察時期	1	2	3	4	5	6	7	8	9	10	11	12
	●	●	●	●	▲							

ヒレンジャク

スズメ目レンジャク科

学　名：*Bombycilla japonica*
英　名：Japanese Waxwing　漢字名：緋連雀

生息環境：市街地や山地の林
渡り区分：冬鳥
全長：17.5㎝（>スズメ）
鳴声：チリチリチリ、ヒーヒー
食性：ネズミモチ、イボタノキ、ニシキギ、ヤドリギ、ノイバラ、ヤツデなど果実類
特記事項等：方言；ベンガラ、ベンジャク、ベンガノコ、チンダイドリ
特徴：雌雄ほぼ同色。全体的にやわらかい灰褐色で、過眼線と喉は黒色。顔の前面は赤褐色味があり、頭には冠羽がある。翼は黒く、次列、３列風切の羽先には蝋のような感触の赤い羽毛がある。腹中央は黄色っぽく、下尾筒は赤い。尾は短めで先端部は赤い。初列風切内弁先端の白線が雄では太く、雌では狭い。10羽以上の群れで行動し、街路樹の木の実を食べ尽くすまで、車や人の通行の間隙を縫って電線と街路樹の間を行ったり来たりしている。人家の庭木や屋根、アンテナなどにも止まる。

2014年3月
成鳥
高鍋町（F）

生息状況等：渡来数の年変化が大きく不規則で、ほとんど渡って来ない年もある。年明けの渡来記録が多い。（N）

観察時期	1	2	3	4	5	6	7	8	9	10	11	12
	●	●	●	●	●							●

ゴジュウカラ

スズメ目ゴジュウカラ科

学　名：*Sitta europaea*
英　名：Eurasian Nuthatch　漢字名：五十雀

生息環境：平地から山地の落葉広葉樹林
渡り区分：留鳥
全長：13.5㎝（<スズメ）
鳴声：フィフィフィフィフィ……
食性：昆虫類、クモ類など。
特徴：雌雄ほぼ同色。体上面は暗青灰色。黒い過眼線があり、眉斑は白い。顔と喉から腹は白く、脇腹は淡い橙色で下尾筒は茶色っぽい。雄の方が脇腹と下尾筒の色が濃い。尾羽は短い。嘴は黒色で、足は肉褐色。
生息状況等：周年落葉広葉樹林の大木のある林を好んで生活する。非繁殖期は１～２羽で行動する。木の幹に垂直にとまり、幹を回りながら梢の方へ移動するが、頭部を下にして幹を回りながら降りることもできる。カラ類と混群をつくる。九州地域のものはキュウシュウゴジュウカラ（*roseilia*）に分類される。（N）

2014年5月
成鳥
宮崎市高岡町
（N）

観察時期	1	2	3	4	5	6	7	8	9	10	11	12
	●	●	●	●	●	●	●	●	●	●	●	●

観察時期：●ほぼ毎年観察される　▲数年に一度観察される　※ごく稀な観察記録がある

キバシリ　スズメ目キバシリ科

学　名：*Certhia familiaris*
英　名：Eurasian Treecreeper　漢字名：木走

生息環境：低山から亜高山帯の針葉樹林や照葉樹林など
渡り区分：留鳥
全長：13.5cm（<スズメ）
鳴声：C；ツーツリリリリッ、シリリッ
　　S；ピーピョピョ、ツリリ……
食性：樹皮に潜む昆虫類やクモ類など
特記事項等：県；DD-2
特徴：雌雄同色。頭から体上面は褐色地に灰白色の縦斑があり、体下面は白く、脇腹と下尾筒に淡い褐色味がある。眉斑は白く過眼線は褐色。尾羽は褐色。嘴は細長く下に湾曲している。
生息状況等：低山から亜高山の針葉樹や照葉樹林内に1年中生息する。非繁殖期は1～2羽で生活する。幹に尾をつけて体を支え、頭を上に這うような姿勢で幹をらせん状に上下する。警戒すると体を幹につけて静止する。（N）

2007年3月
成鳥
綾町（N）

観察時期	1	2	3	4	5	6	7	8	9	10	11	12
	●	●	●	●	●	●	●	●	●	●	●	●

ミソサザイ　スズメ目ミソサザイ科

学　名：*Troglodytes troglodytes*
英　名：Eurasian Wren　漢字名：三十三才・鷦鷯

生息環境：平地から山地の渓流や沢沿いの林など
渡り区分：留鳥
全長：10.5cm（<スズメ）
鳴声：C；ギィ、ギィ、S；チャッチャッ、チュピチュピチュピスピチュピ……
食性：昆虫類（水生昆虫も）やクモ類など
特記事項等：方言；ミソッチョ、ミソデッチ、ミソッチュ、ユカンシタシトト
特徴：雌雄同色。全身は茶褐色で、体上面と翼に黒褐色の横斑があり、体下面には黒色と汚白色の波状横斑がある。翼には白斑が点々とある。体型は丸みを帯びており、尾は短い。短い尾羽を上に立てた姿勢をよくとる。非繁殖期はほとんど単独で生活する。早春には出っ張った岩や倒木の上で、声量のある美しい声で囀る。
生息状況等：県内では、山地の渓流や沢沿いの岩や倒木などの多い、暗い林床や藪の多い林などに1年中生息する。山間部の渓流沿いに記録が多いが、高千穂町では住宅地でも見られる。（N）

1990年5月
成鳥
椎葉村（I）

観察時期	1	2	3	4	5	6	7	8	9	10	11	12
	●	●	●	●	●	●	●	●	●	●	●	●

ギンムクドリ　スズメ目ムクドリ科

学　名：*Spodiopsar sericeus*
英　名：Red-billed Starling　漢字名：銀椋鳥

2006年3月 雌 宮崎市佐土原町（F）

生息環境：農耕地、草地、林縁、住宅地など

渡り区分：冬鳥・稀

全長：24㎝（=ムクドリ）

鳴声：C；キュルリー、キョッ、キョッ

食性：木の実など

特徴：雄の後頸・背・体下面は青味のある灰褐色。翼と尾は黒く、初列風切基部に大きな白斑がある。腰と下尾筒は灰白色。虹彩は暗褐色。嘴の基部は赤く、先は黒い。足は橙褐色。雌は全体に褐色味が強い。

生息状況等：県内には稀な冬鳥として少数が渡来する。2003年から記録があり、数年ごとに高鍋町、新富町、宮崎市佐土原町などで記録がある。（N）

観察時期	1	2	3	4	5	6	7	8	9	10	11	12
	▲	▲	▲								▲	▲

ムクドリ　スズメ目ムクドリ科

学　名：*Spodiopsar cineraceus*
英　名：White-cheeked Starling　漢字名：椋鳥

2004年4月 成鳥 宮崎市（N）

生息環境：農耕地、草地、林縁、市街地や住宅地など

渡り区分：留鳥

全長：24㎝（指標種）

鳴声：C；キュルキュル、ギィーッ、チッチッ、バーバー、

食性：植物の種子や果物、昆虫類の幼虫、ミミズ類など。

特記事項等：国；狩猟用

特徴：雄は頭部が黒く、目先、額、耳羽には白い部分がある。背、胸、下腹は灰褐色で、腰は白い。尾は短く、足と嘴は黄色い。雌は全体的に淡色で、嘴は褐色味を帯びる。周年群れで行動する。非繁殖期には夕暮れが迫ると群れが集まり、集団塒を形成する。宮崎市街地の街路樹には数百羽以上の塒を形成している。

生息状況等：1987年以前は旧宮崎市内では冬鳥であったが、現在では県内で勢力を伸ばし椎葉村など山間部の一部を除いて生息している。（N）

観察時期	1	2	3	4	5	6	7	8	9	10	11	12
	●	●	●	●	●	●	●	●	●	●	●	●

ムクドリ科

観察時期：●ほぼ毎年観察される　▲数年に一度観察される　※ごく稀な観察記録がある

コムクドリ

スズメ目ムクドリ科

学　名：*Agropsar philippensis*
英　名：Chestnut-cheeked Starling
漢字名：小椋鳥

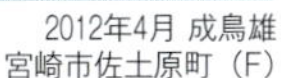

2012年4月 成鳥雄
宮崎市佐土原町（F）

2012年4月 成鳥雌
宮崎市佐土原町（F）

生息環境：平地から山地の明るく開けた林、人里など

渡り区分：旅鳥

全長：19cm（>スズメ）

鳴声：C；キュル、キュル、S；ピューキュルリッキュルキュルギィー

食性：樹上で昆虫類やクモ類、木の実等

特記事項等：方言；バメキ、ムクグイ、ムッツキ、ドメキ

特徴：雄は頭部から喉にかけて淡いクリーム色で、頬から耳羽後方にかけて赤茶色。体上面は黒く、紫色の金属光沢がある。上尾筒は淡黄色で尾羽は黒い。体下面は淡いクリーム色で脇は青黒色。雌は頭部から胸が灰褐色で、頬に茶色の斑はない。ムクドリとは違い地上よりも樹上で行動する。稀にムクドリの群れに混じることがある。

生息状況等：県内では春と秋の渡りの時期に見られ、時には数十羽の群れを見ることがある。（N）

観察時期	1	2	3	4	5	6	7	8	9	10	11	12
				●	●			●	●	●	▲	

カラムクドリ

スズメ目ムクドリ科

学　名：*Sturnia sinensis*
英　名：White-shouldered Starling　漢字名：唐椋鳥

2013年1月 雌
都城市
（鈴木直孝）

生息環境：農耕地、草地、林縁、住宅地など

渡り区分：冬鳥・稀

全長：20cm（<ムクドリ）

鳴声：C；キュル、キュルリー、ギッ

食性：植物の種子や果物、昆虫類の幼虫、ミミズ類など。

特徴：雄成鳥は、頭部、背、腰、下面は灰褐色。翼は黒く雨覆は白く翼を閉じると大きな白斑に見える。成鳥雌ではこの白斑が小さい。尾は黒く羽先外側に汚白色斑がある。

生息状況等：県内には稀な冬鳥として単独か少数で渡来し、地上よりも樹上で生活する。1991年から数年ごとに新富町、三股町などで記録がある。（N）

観察時期	1	2	3	4	5	6	7	8	9	10	11	12
	▲	▲	▲	▲					▲	▲	▲	▲

ホシムクドリ スズメ目ムクドリ科

学　名：*Sturnus vulgaris*
英　名：Common Starling　漢字名：星椋鳥

2014年3月 宮崎市（N）

生息環境：農耕地、市街地や開けた林など

渡り区分：冬鳥・稀

全長：21cm（<ムクドリ）

鳴声：C；キュル、キュル、ギィーッ、

食性：植物の種子や果物、昆虫類の幼虫、ミミズ類など。

特徴：雌雄同色。冬羽は全体が弱い光沢のある黒色で、白や黄白色の小斑が散らばっている。翼の各羽外縁はバフ色である。足は赤黒く、嘴は黒色である。夏羽は体上面と胸から腹部は緑や紫の金属光沢のある黒色で、嘴は黄色くなる。ムクドリの群れと行動を共にすることが多いが単独の群れでも行動する。夕方にはムクドリの塒を利用するため、塒近くの電線に集まる。

生息状況等：県内には稀な冬鳥として1988年からほぼ毎年、都城市、宮崎市佐土原町、えびの市、延岡市、新富町、高鍋町などの何処かで記録がある。（N）

観察時期	1	2	3	4	5	6	7	8	9	10	11	12
	●	●	●	▲							●	●

カワガラス スズメ目カワガラス科

学　名：*Cinclus pallasii*
英　名：Brown Dipper　漢字名：河鳥

2004年1月 成鳥 椎葉村（I）

生息環境：平地から亜高山帯の河川上流から中流の岩石の多い沢など

渡り区分：留鳥

全長：22cm（<ムクドリ）

鳴声：C；ビッ、ビッ
　S；チチィージョイジョイ

食性：水生昆虫類や甲殻類、小魚など。

特記事項等：方言；カワドリ、クロガラス

特徴：雌雄同色。全身が濃い茶色。幼鳥は喉から腹にかけて白く細かい鱗模様がある。嘴と足は濃い鉛色で水かきは無い。瞼は白色。非繁殖期は単独で生活する。川面すれすれを川筋に沿って鳴きながら、速い羽ばたきで直線的に飛ぶ。水中では水底を歩いたり、翼で飛ぶように泳ぎまわって採餌する。

生息状況等：県内では一年中河川の上・中流域、山間の渓流など石の多い水辺で生活する。（N）

観察時期	1	2	3	4	5	6	7	8	9	10	11	12
	●	●	●	●	●	●	●	●	●	●	●	●

観察時期：●ほぼ毎年観察される　▲数年に一度観察される　※ごく稀な観察記録がある

マミジロ　スズメ目ヒタキ科

学　名：*Zoothera sibirica*
英　名：Siberian Thrush　漢字名：眉白

生息環境：平地から山地の落葉広葉樹林や混交林など
渡り区分：旅鳥
全長：23.5cm（＜ムクドリ）
鳴声：C・キョッ、キョッまたはツィーッ、S；キョロツリィーッ、キョロチィリーッ
食性：昆虫類、陸棲の貝類、ミミズ、果実など
特徴：雄は全身が黒く、白い眉斑がより明瞭に見える。下尾筒の羽縁がわずかに白い。雌は上面が緑褐色で、下面は淡褐色。眉斑と頬線、喉は黄白色。胸から下尾筒は白っぽく、淡褐色の羽縁は鱗模様になっている。非繁殖期は単独で生活する。地上を跳ね歩きながら落ち葉を足や嘴でかき分けて採餌する。
生息状況等：県内では稀な旅鳥として通過する。御池野鳥の森や延岡市行縢山で記録されている。（N）

1987年5月 成鳥雄 高原町（中原聡）

観察時期	1	2	3	4	5	6	7	8	9	10	11	12
				▲	▲				▲	▲		

トラツグミ　スズメ目ヒタキ科

学　名：*Zoothera dauma*
英　名：Scaly Thrush　漢字名：虎鶫

生息環境：丘陵地や低山の広葉樹林など
渡り区分：留鳥
全長：30cm（＜ハト）
鳴声：C；ガッ、ガッ、S；ヒー、ヒー、ツー、警戒音・ギョロルルル……
食性：ミミズ類や昆虫類の幼虫、陸産貝類、クモ類など。冬は木の実も。
特記事項等：県；NT-g、方言；オニツグメ、ヤブキジ、オンツッメ、オンツクシ
特徴：雌雄同色。頭部から腰、翼などの体上面は、黄褐色で各羽に黒い羽縁があり、豹柄模様に見える。体下面は白っぽく各羽に黒い羽縁があり、全身斑模様の保護色となっている。脚は肉色である。非繁殖期は単独で生活し、藪のある暗い林を好む。寂しい鳴声から鵺の声として気味悪がられる。危険を感じると近くの木に止まり長時間じっとしている。
生息状況等：県内では平地から山地の林で生活し、冬は里や市街地の公園や社寺林などにも下りて来る。（N）

2011年2月 成鳥 宮崎市（F）

観察時期	1	2	3	4	5	6	7	8	9	10	11	12
	●	●	●	●	●	●	●	●	●	●	●	●

カラアカハラ　スズメ目ヒタキ科

学　名：*Turdus hortulorum*
英　名：Grey-backed Thrush　漢字名：唐赤腹

2011年1月 成鳥雌 宮崎市（F）

生息環境：平地の明るい林や草地など
渡り区分：迷鳥
全長：23cm（<ムクドリ）
鳴声：C；ヴィーッまたはシリリーッ
S；キョロヒーキョロリ
食性：土中の昆虫類の幼虫やミミズ類、クモ類、カキ、ピラカンサなど
特徴：雄は頭頂から背中、尾までの体上面と翼は濃い青灰色。胸と脇腹は橙色で、腹からの体下面は白色。雌は頭部からの体上面が灰褐色で、胸、脇上部に黒斑がある。
生息状況等：行動は大形ツグミ類とほぼ同じだが、警戒心は非常に強く、すぐに薮などに隠れてしまう。（N）

観察時期	1	2	3	4	5	6	7	8	9	10	11	12
	※	※	※	※								

クロツグミ　スズメ目ヒタキ科

学　名：*Turdus cardis*
英　名：Japanese Thrush　漢字名：黒鶫

2008年4月 成鳥雄
高鍋町（F）

2008年3月 成鳥雌
宮崎市（I）

生息環境：平地から低山の落葉広葉樹林など
渡り区分：夏鳥
全長：21.5cm（<ムクドリ）
鳴声：C；ヴィー、S；キョローンキョローン、キョコキョコ
食性：昆虫類やクモ類、ミミズなど。
特記事項等：県；DD-2
特徴：雄は全身が黒く、眉斑はない。腹部は白地に大きめの縦斑が目立つ。嘴はオレンジ色で、アイリングは黄色。雌は体上面がオリーブ褐色で、胸から下尾筒は白地に淡褐色の羽縁が鱗模様になって見える。非繁殖期は単独で行動し、地上を跳ね歩きながら落ち葉を足や嘴でかき分けて採餌する。
生息状況等：県内には４月ころ夏鳥として山地の比較的明るい林に渡来する。秋の移動時期には小群になり市街地に近い林でも観察される。（N）

観察時期	1	2	3	4	5	6	7	8	9	10	11	12
	▲	▲	▲	●	●	●	●			●	●	▲

観察時期：●ほぼ毎年観察される　▲数年に一度観察される　※ごく稀な観察記録がある

マミチャジナイ

スズメ目ヒタキ科

学　名：*Turdus obscurus*
英　名：Eyebrowed Thrush　漢字名：眉茶鶫

生息環境：平地から山地の雑木林や社寺林、市街地の公園など
渡り区分：冬鳥
全長：21.5㎝（<ムクドリ）
鳴声：C；ヅィー（アカハラよりやや強い）
食性：昆虫類や多足類、陸棲の貝類、果実（イチイ、クサギ、ナナカマド、ハゼノキ、ミズキなど）など。
特徴：雌雄ほぼ同色。背面や翼はオリーブ褐色で顔には白色の明瞭な眉斑がある。下面は腹中央と下尾筒が白く、胸から脇腹は橙色。頭部が雄では暗灰褐色、雌ではオリーブ褐色で喉に白っぽい黒褐色の細い縦斑がある。地上を跳ね歩きながら、落ち葉をかき分けて採餌する。飛び立つ時にツィーと鳴く。

1987年4月
延岡市
（稲田菊雄）

生息状況等：県内では冬鳥として平地から山地の林に渡来し、比較的明るい所で見られる。宮崎神宮では４月ごろ、アカハラと一緒に群れることがある。　(N)

観察時期	1	2	3	4	5	6	7	8	9	10	11	12
	●	●	●	●	●					●	●	●

シロハラ

スズメ目ヒタキ科

学　名：*Turdus pallidus*
英　名：Pale Thrush　漢字名：白腹

生息環境：平地から山地の雑木林や社寺林、樹木の多い市街地公園や緑地帯など
渡り区分：冬鳥
全長：24㎝（=ムクドリ）
鳴声：C；シリリーッ、S；キョロン、キョロン、警戒音：ギョキョキョ
食性：コオロギやゴミムシ、ミミズ、クモ類、カキ、クロガネモチなど
特記事項等：方言；クヮッカ、クヮッチュ、ツクシロ、クソホタリ
特徴：雌雄ほぼ同色。雄の頭部は灰褐色で上面はオリーブ褐色をしており、尾は黒褐色で外側尾羽の先端に白斑があり飛翔時に目立つ。雌は頭部の灰色味が淡くなる。腹部はくすんだ白色。林の茂みの中に潜むことが多いが、年が明けると道路端や庭などの開けた場所にも出て来る。地上から飛び立って木に止まるとき、尾羽の先端の白斑がはっきりと見える。

2004年4月　成長　宮崎市（N）

生息状況等：県内には冬鳥として平地から山地の林や市街地の公園林などに渡来する。部分白化した個体が、2007年には高千穂町で、2013年には宮崎神宮の駐車場で観察された。　(N)

観察時期	1	2	3	4	5	6	7	8	9	10	11	12
	●	●	●	●	●					●	●	●

アカハラ　スズメ目ヒタキ科

学　名：*Turdus chrysolaus*
英　名：Brown-headed Thrush　漢字名：赤腹

2012年11月
西都市（F）

生息環境：平地から山地の比較的明るい林など
渡り区分：旅鳥・越冬
全長：23.5㎝（＜ムクドリ）
鳴声：C；ツリーッ
　　　S；キョロン、キョロン、ツリーッ
食性：コオロギやゴミムシ、ミミズ、クモ類、カキ、クロガネモチなど
特記事項等：方言；クヮッカ、クヮッチュ、ツクシト、ベンツグ
特徴：雌雄ほぼ同色。頭部と上面が暗オリーブ褐色で、顔と喉は黒っぽく、胸から脇腹は橙色で腹中央から下尾筒は白色。雌は全体に淡色で喉は白色をしている。上嘴は黒く、下嘴は黄色味を帯びたオレンジ色。数歩跳ね歩いては立ち止まりの動作を繰り返す。渡去前は盛んに囀り始める。
生息状況等：県内では旅鳥として渡来する。春秋の移動時には市街地の公園や社寺林などで見られ、特に春の移動時にはよく目につく。（N）

観察時期	1	2	3	4	5	6	7	8	9	10	11	12
	▲	▲	▲	●	●					●	●	▲

ツグミ　スズメ目ヒタキ科

学　名：*Turdus naumanni*
英　名：Naumann's Thrush　漢字名：鶫

2009年1月　亜種ツグミ
新富町（I）

2013年2月　亜種ハチジョウツグミ　宮崎市（F）

生息環境：平地から山地にかけての森林、草原、農耕地など
渡り区分：冬鳥
全長：24㎝（＝ムクドリ）
鳴声：C；キィーキッキッ、キョッ、キョッ、チリーッ、クワッ、S；クィクィクィキョコキーツィッチョクィー（渡去前にぐぜるように鳴く）
食性：土中にいる昆虫類の幼虫やミミズ類、クモ類、カキ、ピラカンサなど
特記事項等：方言；クヮッカ、クヮッチュ、ツクシト、クソツグ、カッチョ、ヒンコクヮ、ツグン
特徴：雌雄ほぼ同色であるが個体変異が多い。亜種ツグミ（*T. n. eunomus*）は体上面はほぼ褐色で翼は茶褐色。白色の目立つ眉斑と胸には黒い斑紋が多く鱗状に見える。亜種ハチジョウツグミ（*T. n. naumanni*）は上面が緑褐色や灰褐色、黒褐色で下面は赤褐色や赤みを帯びたオレンジ色。胸部から腹部は羽縁が淡褐色。尾羽は赤褐色や赤みを帯びたオレンジ色、中央尾羽は黒い。チョコチョコ歩いては、胸を張って立ち止まる動作を繰り返す。
生息状況等：県内には冬鳥として渡来し、当初は山林で生活し、初冬になると平地の開けた林や公園、庭に現れ、春先には田や畑、河川敷で見られる。亜種ハチジョウツグミは渡来数が少ない。（N）

観察時期	1	2	3	4	5	6	7	8	9	10	11	12
	●	●	●	●	●					●	●	●

観察時期：●ほぼ毎年観察される　▲数年に一度観察される　※ごく稀な観察記録がある

コマドリ

スズメ目ヒタキ科

学　名：*Luscinia akahige*
英　名：Japanese Robin　漢字名：駒鳥

生息環境：亜高山帯の渓谷や斜面にあるササなどの下草が生い茂った針葉樹林や混交林など
渡り区分：夏鳥
全長：14cm（<スズメ）
鳴声：C；ツン、ツンまたはクッ、クッ
S；ヒン、カラララ……
食性：昆虫類やクモ類、ミミズなど。
特記事項等：県；VU-r、日本三鳴鳥
特徴：雄は体上面が茶褐色で、顔から喉、頸と尾羽は赤橙色をしており、胸には黒帯があり、下胸から腹部にかけては黒灰色である。雌は全体に雄より淡色で、胸の黒帯はない。嘴の色彩は黒い。後肢の色彩は薄橙色。囀る時以外は地上での生活が多い。
生息状況等：県内には夏鳥として渡来し、山地の主にササ類の多い林や針葉樹林を好んで生息する。近年、ニホンジカによる食害で下草のスズタケや下層植物が無くなり、祖母・傾山系、大崩山などで鳴き声が聞かれなくなり繁殖が危ぶまれている。（N）

観察時期	1	2	3	4	5	6	7	8	9	10	11	12
		※		●	●	●	●	▲	▲	▲	▲	

オガワコマドリ

スズメ目ヒタキ科

学　名：*Luscinia svecica*
英　名：Bluethroat　漢字名：小川駒鳥

2013年4月　雄　えびの市（宮内宗徳）

生息環境：河川敷や湖沼縁の草地やアシ原
渡り区分：迷鳥
全長：15cm（>スズメ）
鳴声：C；クラッまたはグッ
食性：地上にいる昆虫類、クモ類など
特徴：額から尾にかけての上面はオリーブ褐色で腰が澄色がかる。腹部は灰色。雄の喉は青く、喉から腹部との境にかけて黒、白、茶褐色の横帯がある。白い眉斑が目立つ。雌の喉は灰色で胸部の横帯はない。
生息状況等：2013年4月27日から5月7日まで、えびの市の河川敷アシ原で県内初記録として見つかっている。（N）

観察時期	1	2	3	4	5	6	7	8	9	10	11	12
				※	※							

ノゴマ

スズメ目ヒタキ科

学　名：*Luscinia calliope*
英　名：Siberian Rubythroat　漢字名：野駒

2009年3月 成鳥雄 都城市（中原聡）

生息環境：平地から亜高山帯にかけての草原や灌木林など

渡り区分：旅鳥

全長：15.5cm（>スズメ）

鳴声：C；グッグッ、ヒューヒューヒュー、S；キョロキリ、ヒョゴリ、キーキョロチリー

食性：地表にいる昆虫類、クモ類、ミミズなど。

特徴：上面が緑褐色、胸部から腹部にかけての下面が汚白色。体側面は褐色みを帯びる。眉斑と顎線は白く明瞭。嘴は黒く後肢は薄いオレンジ色。雄の喉は赤い斑紋があり目立つ。雌の喉は赤い斑紋が無く白いか狭い面積で出る。

生息状況等：県内には旅鳥として、池の周囲や河川敷のアシ原、沿岸部の草原、市街地の公園や住宅地などに神出鬼没的に現われ、ほぼ毎年県内の何処かで記録される。（N）

観察時期	1	2	3	4	5	6	7	8	9	10	11	12
			●	●	●					●	●	

コルリ

スズメ目ヒタキ科

学　名：*Luscinia cyane*
英　名：Siberian Blue Robin　漢字名：小瑠璃

2004年5月 成鳥雄 宮崎市高岡町（落合修一）

生息環境：低山地から亜高山帯のササなどの下草が生い茂った落葉広葉樹林や混交林など

渡り区分：夏鳥

全長：14cm（<スズメ）

鳴声：C；チッ、チッまたはツッ、ツッ、S；ヒッヒッヒッ…チーチョベチーチョベチーチョベチョベチョベ（必ずツツツ…やヒッヒッ…などの前奏が入る）

食性：主に地表にいる昆虫類、クモ類、ミミズなど。

特徴：雄は上面が暗青色で、下面が白い。体側面は青みがかり、腹部が白い。眼先から胸部体側にかけて黒い筋模様がある。雌は上面と胸部が緑褐色で腹部は白い。幼鳥雄は多くの個体で肩羽や腰、尾羽が青みがかる。単独か番いで生活し、林床や地表近くで行動し、明るく目立つ所へは出てこない。

生息状況等：県内には数少ない夏鳥として渡来する。移動時期には市街地の公園林や海岸林などで記録される。2000年ころ諸塚村内の住宅地付近で繁殖したとの情報があったが確認はされていない。（N）

観察時期	1	2	3	4	5	6	7	8	9	10	11	12
				●	●					▲		

観察時期：●ほぼ毎年観察される　▲数年に一度観察される　※ごく稀な観察記録がある

ルリビタキ

スズメ目ヒタキ科

学　名：*Tarsiger cyanurus*
英　名：Red-flanked Bluetail
漢字名：瑠璃鶲

2012年3月
成鳥雄
宮崎市（F）

2013年3月 成鳥雌
宮崎市（F）

生息環境：平地から山地の明るい林や市街地の樹木の多い公園など
渡り区分：冬鳥・一部繁殖
全長：14cm（<スズメ）
鳴声：C；ヒッ、ヒッ、クッ、クッ
S；ヒョロヒュルルリッ
食性：昆虫類、節足動物、ミミズ、果実や木の実など
特記事項等：国；繁殖地南限、県；VU-r、方言；ナタウチ、バカシドリ、ナタウシネ
特徴：雄は眉斑と喉を除いた頭部から尾までの上面は瑠璃色で、脇腹はオレンジ色である。胸から腹部は白色。雌は脇腹のオレンジ色と尾の瑠璃色が雄に似るが、ほかは全体的にオリーブ褐色。冬でも縄張りを持ち単独で過ごす。
生息状況等：県内には10月ごろ、日本の四国以北から大半が冬鳥として渡来し、平地から山地の林縁部や市民の森、西都原公園、御池野鳥の森などで見られる。2002年に高千穂町の祖母・傾山系で繁殖が確認された。最近個体数が減少している。（N）

観察時期	1	2	3	4	5	6	7	8	9	10	11	12
	●	●	●	●	▲	▲	▲	▲	▲	●	●	●

ジョウビタキ

スズメ目ヒタキ科

学　名：*Phoenicurus auroreus*
英　名：Daurian Redstart
漢字名：常鶲、尉鶲

2014年3月 成鳥雄
宮崎市（N）

2014年3月 成鳥雌
宮崎市（N）

生息環境：平地からの低山の明るく開けた林や市街地の公園、住宅地など
渡り区分：冬鳥
全長：14cm（<スズメ）
鳴声：C；ヒッ、ヒッ、カッ、カッ、
食性：昆虫類やクモ類など。冬はピラカンサなどの木の実。
特記事項等：方言；ヒンカタ、ヒンコチ、モンツキ、ヒナタヒンカツ、モンカッチ
特徴：雄は顔から喉と上面は黒く、次列風切基部に白斑がある。頭頂から後頸までが灰白色で、胸から腹、尾にかけては雌雄とも橙色。雌は全体に灰褐色で、翼の白斑は細く小さい。雌雄とも冬の間中単独で生活し、縄張りを主張。ほぼ3年くらい同じ個体が同じ場所に渡来する。
生息状況等：市街地から低山の花壇や植栽地の多い公園、農耕地、川原、草地、疎林などいたるところで生活する。（N）

観察時期	1	2	3	4	5	6	7	8	9	10	11	12
	●	●	●	●						●	●	●

ノビタキ

スズメ目ヒタキ科

学　名：*Saxicola torquatus*
英　名：African Stonechat
漢字名：野鶲

2006年4月 雄 新富町（I）

1993年4月 雌 日向市（I）

生息環境：平地から山地の草原や河川敷、農耕地など
渡り区分：旅鳥
全長：13cm（<スズメ）
鳴声：C；ジャッ、ジャッまたはヒー、ヒー
S；ヒーヒョロヒリヒー
食性：移動しながら、主に昆虫類やクモ類など
特徴：雄の夏羽は喉と頭部、上面は黒い。腰は白く翼に白斑がある。胸は錆色で下面は白い。雌は上面が黄褐色で下面は淡い澄黄色。翼の白斑は雄より小さい。春の渡りは夏羽か換羽途中の中間羽である。秋は冬羽の全体が淡い橙色になる。
生息状況等：県内では旅鳥として、春秋の移動時に平地や海岸近くの農耕地、河川敷などでよく見られる。春の渡りでは本庄川や清武川河川敷、佐土原町二ツ立の農耕地で、雄の夏羽がよく観察され、秋の渡りでは地味な冬羽で記録される。

（N）

観察時期	1	2	3	4	5	6	7	8	9	10	11	12
		※	●	●					●	●	●	

サバクヒタキ

スズメ目ヒタキ科

学　名：*Oenanthe deserti*
英　名：Desert Wheatear
漢字名：砂漠鶲

生息環境：埋立地や草原、農耕地など
渡り区分：迷鳥
全長：15cm（>スズメ）
鳴声：C；ジュリリリ
食性：昆虫類やクモ類など
特徴：頭上から背中は赤みを帯びた淡褐色。尾羽は基部から半分が白く、先は黒いが閉じると見えない。雄の喉と耳羽は黒い。雌は頭部全体が灰褐色で、体色は雄よりも淡い。乾燥した場所を好み、草丈の低い所を跳ね歩きながら採食する。樹上に止まると尾羽をよく上下に振る。地上近くを直線的に飛ぶ。
生息状況等：県内では迷鳥として1990年４月に延岡市沖田川河口で雄の記録がある。

（N）

観察時期	1	2	3	4	5	6	7	8	9	10	11	12
				※								

観察時期：●ほぼ毎年観察される　▲数年に一度観察される　※ごく稀な観察記録がある

イソヒヨドリ

スズメ目ヒタキ科

学　名：*Monticola solitarius*
英　名：Blue Rock Thrush　漢字名：磯鵯

生息環境：海岸の岩場、岸壁、河川、山地のダム、市街地のビルなど
渡り区分：留鳥
全長：25.5cm（>ムクドリ）
鳴声：C；ヒー、ヒーまたはチン、チン、S；ホイピーチョリヒーヨリーツチィッ
食性：地上で甲殻類や昆虫類、トカゲやいろいろな小動物など
特徴：雄は頭から喉および背部が暗青色、胸腹部はレンガ色で、翼は黒色である。雌は全身がやや暗青色を帯びた茶褐色で、黒褐色の羽縁があり、鱗模様になっている。若鳥は雌タイプで雌雄の区別がしづらい。
生息状況等：海岸の岩場、岸壁、河川、山地のダム、市街地のビルなどで生活。昆虫類や甲殻類、トカゲ、フナムシなどいろいろなものを採食する。市街地のパン屋にパンくずを貰いに通う個体もいた。羽ばたき飛行で直線的に飛び、見晴らしの好いビルや岩場で美しい声で囀る。（N）

1987年5月 雄（左）、若鳥（右） 日南市 (N)

観察時期	1	2	3	4	5	6	7	8	9	10	11	12
	●	●	●	●	●	●	●	●	●	●	●	●

エゾビタキ

スズメ目ヒタキ科

学　名：*Muscicapa griseisticta*
英　名：Grey-spotted Flycatcher
漢字名：蝦夷鶲

生息環境：平地から山地のやや開けた明るい林など
渡り区分：旅鳥
全長：14.5cm（=スズメ）
鳴声：C；ツィ、ツィ
食性：昆虫類など。飛翔昆虫を空中捕食する。秋はミズキの実も食べる。
特徴：雌雄同色。体上面は褐色味の強い灰褐色で、下面は白く、胸と脇に灰褐色の明瞭な縦斑がある。アイリングは汚白色で、顔には白い頬線と暗褐色の顎線がある。見通しのよい枝に止まり、頻繁にフライングキャッチを行い、ハエやハチなどの飛翔昆虫類を捕食する。
生息状況等：県内には旅鳥として渡来する。春より秋の方が目に付きやすく小群で行動する。（N）

2012年10月 成鳥 都城市 (F)

観察時期	1	2	3	4	5	6	7	8	9	10	11	12
								▲	●	●	▲	

ヒタキ科

サメビタキ　スズメ目ヒタキ科

学　名：*Muscicapa sibirica*
英　名：Dark-sided Flycatcher　漢字名：鮫鶲

生息環境：市街地の公園や山地の明るい林や林縁など
渡り区分：旅鳥
全長：14cm（<スズメ）
鳴声：C；ツィ、ツィ、チー
　　　S；ツィチリリ……
食性：昆虫類、節足動物など。時々空中捕食もする。秋はミズキの実も食べる。
特徴：雌雄同色で、背面は暗灰褐色で、腹面は白い。腹面には薄褐色の縦縞があるが、エゾビタキほど明瞭ではない。尾は背面よりやや暗色で、翼は黒褐色。眼の周囲はやや汚れた白色。足は黒褐色。

2005年10月
都城市（I）

生息状況等：県内では旅鳥として、数羽から10数羽の群れで見られる。個体数は多くない。（N）

観察時期	1	2	3	4	5	6	7	8	9	10	11	12
									●	●		

コサメビタキ　スズメ目ヒタキ科

学　名：*Muscicapa dauurica*
英　名：Asian Brown Flycatcher
漢字名：小鮫鶲

生息環境：平地から山地の明るい林や林縁など
渡り区分：夏鳥
全長：13cm（<スズメ）
鳴声：C；ツィ、ツィ
　　　S；ツィーチリリチョピリリ
食性：昆虫類、節足動物など。時々空中捕食もする。
特記事項等：県；NT-r
特徴：雌雄同色。上面は灰褐色で、下面は白い。体側面は褐色味を帯びる。嘴は黒くやや長い。眼の周囲は不明瞭な白いアイリングがあり、眼先も白い。幼鳥は上面や翼に淡褐色や淡灰色の斑紋がある。空中捕食した飛翔昆虫の翅などの未消化物を口からペリットとして吐き出す。

2014年5月　日向市（N）

生息状況等：県内には４月半ばころ夏鳥として、市街地の公園から山地の林に渡来し、林縁や明るい林を好んで繁殖するが、繁殖個体数は激減している。（N）

観察時期	1	2	3	4	5	6	7	8	9	10	11	12
	※			●	●				●	●	▲	

観察時期：●ほぼ毎年観察される　▲数年に一度観察される　※ごく稀な観察記録がある

マミジロキビタキ

スズメ目ヒタキ科

学　名：*Ficedula zanthopygia*
英　名：Yellow-rumped Flycatcher
漢字名：眉白黄鶲

生息環境：平地から山地の林など
渡り区分：旅鳥・稀
全長：14㎝（<スズメ）
鳴声：C；ティッ、ティッ、チィリリリ……、S；（キビタキに似ている）
食性：昆虫類、節足動物など。時々空中捕食もする

特徴：雄は頭部から背面にかけて黒く、腰と腹部は黄色。眉斑と翼の斑は白色で目立つ。雌は上面が褐色で腹部は黄色がかった白色。翼に白斑がある。林内を動き回って昆虫類やクモを採食し、時々飛翔昆虫を空中捕食する。
生息状況等：数少ない旅鳥として平地から山地の林に単独で渡来することが多い。県内では1982年に御池野鳥の森で雌、2006年に延岡市愛宕山で雄の記録がある。
（N）

観察時期	1	2	3	4	5	6	7	8	9	10	11	12
					※							

キビタキ

スズメ目ヒタキ科

学　名：*Ficedula narcissina*
英　名：Narcissus Flycatcher　漢字名：黄鶲

生息環境：平地から山地の林など
渡り区分：夏鳥
全長：13.5㎝（<スズメ）
鳴声：C；ピッ、ピッまたはティリリリ……、S；ピッコロロ、ピョイチィーツクツク
食性：昆虫類、節足動物など。時々空中捕食や地上採食もする
特記事項等：県；NT-g
特徴：雄は頭部から背面にかけて黒く、眉斑、腹部と腰は黄色。翼に白く大きな斑がある。喉は、鮮やかな橙黄色である。雌は上面は褐色で、腹部は褐色がかった白色。幼鳥は雌タイプとなり、野外で性別判断は、ほぼ不可能。非繁殖期は単独で行動する。飛翔昆虫をフライングキャッチするが、あまり活発には動かない。
生息状況等：夏鳥として平地から山地の樹林に渡来し、繁殖する。春秋の渡りの時には宮崎神宮の森など人家周辺の森や公園で見ることができる。（N）

1999年4月 成鳥雄
宮崎市（N）

2010年10月 雌
西都市（I）

観察時期	1	2	3	4	5	6	7	8	9	10	11	12
				●	●	●	●		●	●	●	

ムギマキ　スズメ目ヒタキ科

学　名：*Ficedula mugimaki*
英　名：Mugimaki Flycatcher　漢字名：麦蒔

生息環境：平地から山地の林など
渡り区分：旅鳥·稀
全長：13cm（<スズメ）
鳴声：C；ティッ、ティッ、S；ピピピ
食性：昆虫類、節足動物など。時々空中捕食もする
特徴：雄は上面が黒く、眼の後方に白斑があり目立つ。喉から腹はオレンジ色で、下腹以下の下面は白色である。雌は上面はオリーブ褐色で、眉斑は不明瞭である。喉から腹は雄より淡いオレンジ色である。木の幹や朽木で昆虫類の幼虫を食べる。
生息状況等：数少ない旅鳥として平地から山地の林に単独で渡来することが多い。延岡市、高千穂町、椎葉村、都城市、高原町、小林市などで記録がある。　(N)

1987年4月
成鳥雄
延岡市
（稲田菊雄）

観察時期	1	2	3	4	5	6	7	8	9	10	11	12
	※	※	※	※	※	※				▲	▲	※

オジロビタキ　スズメ目ヒタキ科

学　名：*Ficedula albicilla*
英　名：Taiga Flycatcher　漢字名：尾白鶲

生息環境：平地から山地の落葉広葉樹のある明るい林など
渡り区分：冬鳥・稀
全長：12cm（<スズメ）
鳴声：C；ジジッ、ジジッまたはティ、ティ
食性：昆虫類やクモ、木の実など。
特徴：雄の上面は灰褐色をしており、尾羽は黒褐色で外側が白い。喉は橙色。胸は灰白色で腹から尾筒にかけてはやや汚れた白色。雌は上面が淡い灰褐色で、喉は淡色である。飛翔昆虫を空中捕食したり、地上で木の実も採食する。枝や石に止まる時は尾羽を上下によく振る。
生息状況等：県内には稀な冬鳥として落葉広葉樹のある明るい林などへ渡来する。記録は1996年と2013年に高原町御池と御池キャンプ場、2000年に都城市母智丘で確認されている。　(N)

2012年12月 川南町 (I)

観察時期	1	2	3	4	5	6	7	8	9	10	11	12
	▲	▲	▲									▲

観察時期：●ほぼ毎年観察される　▲数年に一度観察される　※ごく稀な観察記録がある

オオルリ　スズメ目ヒタキ科

学　名：*Cyanoptila cyanomelana*
英　名：Blue-and-White Flycatcher
漢字名：大瑠璃

2013年4月 成鳥雄
門川町（N）

1994年5月 成鳥雌
高原町（N）

生息環境：低山帯から亜高山帯の渓流沿いでよく茂った森林
渡り区分：夏鳥
全長：16.5cm（>スズメ）
鳴声：C；ヒー、ヒーまたはティリリ、S；ヒーリーリーチチン、ジジッ（最後がにごる）
食性：樹上で昆虫類やクモなど。空中で飛翔昆虫も捕食する。
特記事項等：県；NT-g、日本三鳴鳥
特徴：雄の背面は光沢のある鮮やかな青色で、尾の基部には左右に白斑がある。喉、顔は黒で腹は白い。雌は全体的に地味な暗褐色をしている。また、雄が美しい色彩になるには2～3年かかる。見張り場の枝先から、ハエやガなどの飛翔昆虫をフライングキャッチする。
生息状況等：県内には4月頃渡来。春秋の渡りの時期には市街地の公園などでも見られる。密猟により生息数が減少。(N)

観察時期	1	2	3	4	5	6	7	8	9	10	11	12
			▲	●	●	●	●	●	●	●		

カヤクグリ　スズメ目イワヒバリ科

学　名：*Prunella rubida*
英　名：Japanese Accentor　漢字名：茅潜、萱潜

1997年2月
成鳥
三股町
（鈴木直孝）

生息環境：丘陵や低山地、沢にある藪地などの標高の低い場所
渡り区分：冬鳥・稀
全長：14cm（<スズメ）
鳴声：C；ツリリリ、S；チリチリチリ
食性：樹上や地上で昆虫類やクモ、草木の種子など。
特徴：頭部は暗褐色。体上面は赤褐色で暗褐色の縦縞が、下面は灰褐色で側面から下尾筒にかけて褐色の縦縞がある。翼は黒褐色で、羽縁は褐色。虹彩は赤褐色。嘴は細く黒い。後肢は薄い橙色。単独か小さな群れをつくり行動する。
生息状況等：県内では、滅多に見ることのできない冬鳥で、高千穂町や椎葉村、五ヶ瀬町、日之影町、延岡市北方町、小林市、都城市、三股町などで確認の記録がある。(N)

観察時期	1	2	3	4	5	6	7	8	9	10	11	12
	●	●	●	●							●	●

ニュウナイスズメ

スズメ目スズメ科

学　名：*Passer rutilans*
英　名：Russet Sparrow　漢字名：入内雀

2010年3月
成鳥雄（上）
成鳥雌（下）
綾町（N）

生息環境：平地から山地の明るく開けた林や農耕地、草原など

渡り区分：冬鳥

全長：14㎝（<スズメ）

鳴声：C；チュッ、ツィー、ピョッ
S；ツィーツリピョピリリリ

食性：主に穀類や雑草の実、昆虫類。

特記事項等：国；狩猟鳥、方言；イッコクスズメ

特徴：雄はスズメ似であるが頬に黒斑がなく、頭部と背面はスズメよりもあざやかな栗色をしている。雌は薄茶色で、太い黄土色の眉斑が目立つ。

生息状況等：県内には冬鳥として農耕地などの開けた場所に渡来し、単独種の大群で行動するが、渡来数が少ない時はスズメの群れに混じる。渡来数には年変動があり、多い年は数百羽の群れをつくり電線にずらりと並んで止まる。（N）

観察時期	1	2	3	4	5	6	7	8	9	10	11	12
	●	●	●	●						●	●	●

スズメ

スズメ目スズメ科

学　名：*Passer montanus*
英　名：Eurasian Tree Sparrow　漢字名：雀

2014年1月
成鳥　宮崎市
佐土原町（I）

生息環境：市街地から山地の集落など

渡り区分：留鳥

全長：14.5㎝（指標種）

鳴声：C；チュン、チュン、チュッ、チィー、S；チュン、チュッチュン

食性：イネ科植物の種子や昆虫類。サクラの花の蜜、パン・菓子屑や生ゴミなど。

特記事項等：国；狩猟鳥

特徴：成鳥は頭部が赤茶色、背中は褐色で縦に黒斑が、翼に２本の細い白帯がある。頬から後頸、腹にかけては白色。耳羽および目先から喉は黒い。くちばしの色は黒色であるが、幼鳥の時は淡黄色。８～10月は群れで生活し、竹林や街路樹に集団塒を作る。集団の構成は主に若鳥である。若鳥は何十キロも移動し分散する。成鳥は縄張り内に残るものが多い。

生息状況等：県内全域で見られ、市街地から山地の集落など人の生活している周辺で生活している。（N）

観察時期	1	2	3	4	5	6	7	8	9	10	11	12
	●	●	●	●	●	●	●	●	●	●	●	●

イワミセキレイ

スズメ目セキレイ科

学　名：*Dendronanthus indicus*
英　名：Forest Wagtail　漢字名：岩見鶺鴒

2013年12月 高原町（F）

生息環境：常緑広葉樹林や松林、農耕地
渡り区分：冬鳥・稀
全長：16㎝（>スズメ）
鳴声：C；ギィーッ、ギーツク
食性：昆虫類やクモ類、カタツムリなど。
特徴：雌雄同色。頭から上尾筒までの上面は緑灰色で、喉から下尾筒までの下面はくすんだ白色である。眉斑は黄白色で、胸に黒いT字形の斑がある。尾羽を左右に振るため「横振りセキレイ」の別名がある。非繁殖期は単独で行動し、林の中で生活する傾向が強い。
生息状況等：県内には稀な冬鳥として渡来する。記録は1969～72年まで宮崎神宮に現れ、その後85、86、2011、13年と都城市、日南市、宮崎市、国富町で確認され、2007～08年と13～14年は御池に現われた。近年、悪質な写真マニアにより餌付けがなされ問題になっている。（N）

観察時期	1	2	3	4	5	6	7	8	9	10	11	12
	▲	▲	▲	▲						▲	▲	▲

ツメナガセキレイ

スズメ目セキレイ科

学　名：*Motacilla flava*
英　名：Yellow Wagtail　漢字名：爪長鶺鴒

2006年9月 亜種マミジロツメナガセキレイ 宮崎市佐土原町（I）

2012年3月 亜種ツメナガセキレイ 宮崎市佐土原町（F）

生息環境：草原や農耕地、裸地など
渡り区分：旅鳥
全長：16.5㎝（>スズメ）
鳴声：C；ビジ、ビジまたはジッジッ
食性：昆虫類やクモ類など。
特徴：雌雄同色。上面は黄緑色味のある灰色。目先は黒い。尾羽は黒褐色で外側は白い。亜種ツメナガセキレイ（*M. f. taivana*）：頭は緑黄褐色で喉から腹面は鮮やかな黄色。眉斑は太く黄色。亜種キタツメナガセキレイ（*M. f. macronyx*）：頭は灰黒色で眉斑のない個体が多い。雨覆と三列風切の羽縁は黄色味がある。亜種マミジロツメナガセキレイ（*M. f. simillima*）：頭と頬は青灰色。喉と眉斑は白。大、中雨覆と三列風切の外弁は白い。非繁殖期は小群で行動し、尾羽を上下に振りながら農耕地や草地を歩き回り採餌する。時折空中採餌も行う。地鳴きを地上でよくするが、飛び立つ時にも鳴く。
生息状況等：亜種ツメナガセキレイと亜種マミジロツメナガセキレイは県内に旅鳥として少数が渡来し、亜種キタツメナガセキレイは1996年４月に延岡市大瀬川で記録された。（N）

観察時期	1	2	3	4	5	6	7	8	9	10	11	12
	●	●	●	●					●	●	●	●

キガシラセキレイ

スズメ目セキレイ科

学　名：*Motacilla citreola*
英　名：Citrine Wagtail　漢字名：黄頭鶺鴒

生息環境：草原、河原、海岸、農耕地などに
渡り区分：迷鳥
全長：17㎝（>スズメ）
鳴声：C；ビジュッ、ビジッ
食性：昆虫類やクモ類など。
特徴：雄は頭部から頸部、体下面が黄色で、下尾筒は白い。後頸に黒い帯模様があり、背は灰色。翼は黒く、大・中雨覆、三列風切の羽縁は白い。尾羽は黒く外側は白い。雌は頭頂から後頸にかけて灰色、額から胸部は黄色く、黄色い眉斑がある。尾羽を上下に振りながら農耕地を歩き回り採餌する。飛翔は浅い波状飛行になる。木の枝や電線によく止まり、そこから空中採餌することもある。
生息状況等：県内には稀な迷鳥として渡来する。記録は1996年４月に延岡市大瀬川と2006年５月に高鍋町である。　(N)

観察時期	1	2	3	4	5	6	7	8	9	10	11	12
				※	※							

キセキレイ

スズメ目セキレイ科

学　名：*Motacilla cinerea*
英　名：Grey Wagtail
漢字名：黄鶺鴒

2013年12月 雌 日南市（N）

生息環境：渓流などの水辺や市街地の水辺など
渡り区分：留鳥
全長：20㎝（<ムクドリ）
鳴声：C；チチン、チンチン
　　S；チチチチ、チューチーチュチュチュンチーチチュチュ
食性：動物食で、昆虫類やクモ類、飛翔昆虫など
特記事項等：方言；イシタタッ、タロウなど
特徴：頭から肩、背にかけてが灰色。腰、上尾筒は黄色。眉斑と顎線は白色で、喉は黒い。胸から体下面は黄色。常に尾羽を上下に振りながら水辺を歩き回り採餌する。一年中縄張りをもち、自分が映った車のサイドミラーに向かって攻撃する。
生息状況等：非繁殖期は単独で、水辺を中心に生活する。　(N)

観察時期	1	2	3	4	5	6	7	8	9	10	11	12
	●	●	●	●	●	●	●	●	●	●	●	●

ハクセキレイ スズメ目セキレイ科

学　名：*Motacilla alba*
英　名：White Wagtail　漢字名：白鶺鴒

2006年12月 亜種ハクセキレイ 成鳥 宮崎市（F）

生息環境：水辺、農耕地や市街地など
渡り区分：留鳥
全長：21㎝（<ムクドリ）
鳴声：C；チチン、チチン
S；ツツッ、ツツッ、ヅイヅイ
食性：水中や岩陰、土中などに潜む昆虫類やクモ類、ミミズ類、パン屑など
特記事項等：方言；イシタタッ、イシタタキタロウ、ムギマキ、ムギマキドリ
特徴：亜種ハクセキレイ（*M. a lugens*）：雌雄ほぼ同色。頭から肩、背にかけてが黒色または灰色、腹部は白色だが胸部が黒くなる。顔は白く、黒い過眼線が入る。亜種タイワンハクセキレイ（*M. a. ocularis*）：ハクセキレイと酷似するが、胸部の黒色が嘴の下までつながる。亜種ホオジロハクセキレイ（*M. a. leucopsis*）：過眼線が無く、顔のほぼ全体が白い。頭頂から背と胸は黒い。雌は背が灰色がかる。セグロセキレイやキセキレイとは、概ね棲み分けて生息している。都市部などの乾燥した環境でも、尾羽を上下に振りながら歩き回って採餌する。
生息状況等：亜種ハクセキレイは周年見られ、非繁殖期は単独で生活するが、餌の多い所には数羽が集まる。冬は小戸橋などの橋梁下に1000羽以上の大きな塒をつくる。亜種タイワンハクセキレイと亜種ホオジロハクセキレイは稀な旅鳥として県内に渡来し、前者は2006, 2009年に新富町と都城市で、後者は1988、1996、2003、2005年に延岡市、宮崎市、都城市で記録がある。（N）

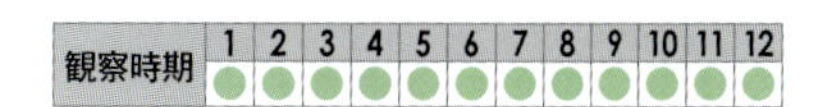

観察時期	1	2	3	4	5	6	7	8	9	10	11	12
	●	●	●	●	●	●	●	●	●	●	●	●

ハクセキレイとイソシギ

セグロセキレイ
スズメ目セキレイ科

学　名：*Motacilla grandis*
英　名：Japanese Wagtail　漢字名：背黒鶺鴒

2004年2月 成鳥 都城市（N）

生息環境：平地から山地の水辺や水辺付近の農耕地、市街地など

渡り区分：留鳥

全長：21㎝（<ムクドリ）

鳴声：C；ジジ、ジジ（濁る）
S；チチージョイジュイ

食性：水生昆虫類など

特記事項等：日本の固有種として扱われることが多い。方言；イシタタッ、イシタタキタロウ

特徴：雌雄ほぼ同色。頭から肩、胸、背にかけては濃い黒色で、額と眉斑、腹部から下尾筒は白色。眼から頬の黒色は肩、背につながる。雌は背中が雄に比べると灰色味がかっている。幼鳥は頭から背中まで灰色である。縄張り意識が強く、同種のハクセキレイやキセキレイと生活圏が競合するが、概ね棲み分けている。夜は近隣の森などに小群で塒をつくる。

生息状況等：一年中水辺の環境に依存して生活し、単独または番いで縄張り分散する。（N）

観察時期	1	2	3	4	5	6	7	8	9	10	11	12
	●	●	●	●	●	●	●	●	●	●	●	●

マミジロタヒバリ
スズメ目セキレイ科

学　名：*Anthus richardi*
英　名：Richard's Pipit　漢字名：眉白田雲雀

2005年12月 冬羽 新富町（I）

生息環境：牧草地、農耕地、川原など

渡り区分：冬鳥

全長：18㎝（>スズメ）

鳴声：C；ジュン、ジュン、ビュン、ビュン、チュン、チュン

食性：昆虫類など

特徴：雌雄同色。頭からの上面は濃褐色で、淡黒褐色の軸斑がある。眉斑と顎線は淡褐色。喉から下尾筒までの体下面は白っぽく、胸の縦斑はタヒバリほど多くない。体はタヒバリより大きくて足が長く、後趾の爪は直線的で特に長い。

生息状況等：飛びながらビュン、ビュンなどと強く鳴き、2声ずつ発することが多い。農耕地・草地で活発に地上を動き回り、尾羽を上下に振りながら主食の昆虫類を採食する。驚くと胸を張った姿勢で立ち止まったり、電線や木の枝に止まる。飛翔は波状飛行を行う。（N）

観察時期	1	2	3	4	5	6	7	8	9	10	11	12
	●	●	●	●					●	●	●	●

コマミジロタヒバリ

スズメ目セキレイ科

学　名：*Anthus godlewskii*
英　名：Blyth's Pipit　漢字名：小眉白田雲雀

生息環境：農耕地、草地、埋立地など
渡り区分：迷鳥
全長：17cm（>スズメ）
鳴声：C；チュン、チュン、チュッ、チュツ
食性：昆虫類やクモ類、植物の種子など
特徴：全身バフ色で、上面と胸から脇腹に淡黒褐色の縦斑があり、眉斑と顎線は淡色である。嘴と足は肉色。マミジロタヒバリに似るが、小振りでふ蹠が短い。地上を動き回り、尾羽を上下に振りながら昆虫類を採食する。 鳴き声はマミジロタヒバリに似るが、ジュッ、ジュッとかなり短めに2声ずつ発する。飛翔時は比較的浅い波状をえがいて直線的に飛ぶ。

2003年2月 新富町（鈴木直孝）

生息状況等：県内には稀な迷鳥として、暖地への渡りの途中に記録される。2003年２月に宮崎市や新富町で記録された。

(N)

観察時期	1	2	3	4	5	6	7	8	9	10	11	12
		※	※									※

ビンズイ

スズメ目セキレイ科

学　名：*Anthus hodgsoni*
英　名：Olive-backed Pipit　漢字名：便追・木鷚

生息環境：低地の松林など
渡り区分：冬鳥
全長：15.5cm（>スズメ）
鳴声：C；ヅイーッ、S；ツイツイチョイチョイ、ヅイヅイヅイ
食性：昆虫類やクモ類、植物の種子など
特徴：雌雄同色。頭頂から背中にかけて緑褐色。体下面は白色で脇や胸は黄色みを帯びる。頭や胸などに黒褐色の縦斑がある。暗褐色の細い過眼線があり、耳羽後方に汚白色斑がある。冬羽は中雨覆先端や脇、胸などの黄色味が強い。地上で歩きながら採食し、尾をゆっくり上下に振る。地上で活動するが、驚くとすぐ木の枝に飛び上がり、横枝を歩く。 飛びながらヅィーとやや濁ったかすれ声で鳴く。

2013年3月 夏羽 宮崎市（F）

生息状況等：県内には冬鳥として林床の整備されたゴルフ場の松林などを好んで渡来し、小群で生活する。　(N)

観察時期	1	2	3	4	5	6	7	8	9	10	11	12
	●	●	●	●	●					●	●	●

セキレイ科

ムネアカタヒバリ

スズメ目セキレイ科

学　名：*Anthus cervinus*
英　名：Red-throated Pipit　漢字名：胸赤田雲雀

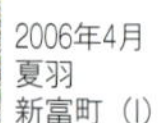

2006年4月
夏羽
新富町（I）

2010年2月
冬羽
宮崎市（I）

生息環境：農耕地、草原、川原や海岸など
渡り区分：旅鳥
全長：15㎝（>スズメ）
鳴声：C；チィーッ（澄んだ声）
食性：昆虫類やクモ類、植物の種子など
特徴：雌雄同色。頬がやや赤みを帯びた褐色で、頭部と胸が淡い褐色である。背は灰褐色で黒褐色の縦斑がある。メジロのように「チィーチィー」と地鳴きをする。一般的な習性はタヒバリに似る。
生息状況等：タヒバリの群れに1～2羽が混じって、渡来する。沖水川や一ツ瀬川中洲などで記録がある。（N）

観察時期	1	2	3	4	5	6	7	8	9	10	11	12
	▲	▲	●	●					▲	▲	▲	▲

タヒバリ

スズメ目セキレイ科

学　名：*Anthus rubescens*
英　名：Buff-bellied Pipit　漢字名：田雲雀

2012年11月 冬羽 新富町（F）

生息環境：農耕地、川原、海岸など
渡り区分：冬鳥
全長：16㎝（>スズメ）
鳴声：C；ピピッまたはビウィッ
食性：昆虫類やクモ類、植物の種子など
特記事項等：方言；タチンチン、アゼヒバリ
特徴：雌雄同色。頭部から背中までの上面が灰褐色で、翼と尾は黒褐色。喉から体下面は汚白色で胸から脇腹は黒褐色の縦斑がある。目上から後方の線とアイリングは淡色で、目の後方に白斑はない。農耕地、草原、川原、海岸など、開けて草丈の低い場所でゆっくり尾羽を上下に振りながら歩き回り採食する。昼間はバラけて行動するが、夕方には山地の林に小群で塒をつくる。飛び立つ時によく鳴く。何かに驚いても高い所にはあまり止まらない。長い尾羽をいつも上下に振る動作が特徴。
生息状況等：冬鳥として渡来し、群れで生活する。（N）

観察時期	1	2	3	4	5	6	7	8	9	10	11	12
	●	●	●	●	●					●	●	●

観察時期：●ほぼ毎年観察される　▲数年に一度観察される　※ごく稀な観察記録がある

アトリ　スズメ目アトリ科

学　名：*Fringilla montifringilla*
英　名：Brambling　漢字名：花鶏

生息環境：山麓の森林や農耕地
渡り区分：冬鳥
全長：16cm（>スズメ）
鳴声：C；チィー、チーィー、キョッ、キョッ、S；ビィーン（単調）
食性：草木の種子など
特徴：頭部は褐色で黒が混じる。背面は黒っぽく鱗状の褐色羽縁が目立つ。頬から頸側は灰色で黒が混じる。胸部の羽毛は橙褐色で目立つ。喉元から胸、脇にかけては目立つ橙色。雌は雄より全体的に淡色。渡来直後は山麓の森林や農耕地に生息し、冬場は平地の農耕地に現れ、穀類や草の種子を食べながら移動する。渡去直前、数百羽から数千羽の大群を作ることがある。

1999年2月 雄 夏羽 宮崎市（N）

生息状況等：県内では秋に渡来して早春に渡去する。渡来する個体数の年変化は大きい。　(N)

観察時期	1	2	3	4	5	6	7	8	9	10	11	12
	●	●	●	●						●	●	●

カワラヒワ　スズメ目アトリ科

学　名：*Chloris sinica*
英　名：Oriental Greenfinch　漢字名：河原鶸

生息環境：平地から山地の林、農耕地、川原、都市部や市街地の公園など
渡り区分：留鳥
全長：14.5cm（=スズメ）
鳴声：C；キリキリコロコロ、キリッ、キリッ、S；キリキリコロコロビィーン
食性：植物の種子や昆虫類など
特記事項等：方言；ウマンクソメジロ
特徴：雌雄同色。全体的に暗い黄褐色で、初列風切と次列風切に鮮やかな黄色が帯状に出る。雌は少し褐色味が強い。尾は少し短くはっきりした凹尾で両側は黄色。嘴は太く淡いピンク色である。亜種オオカワラヒワ（*C. s. kawarahiba*）は、亜種カワラヒワ（*C. s. minor*）に比べひとまわり大きい。全体に体色が薄く、頭部から肩にかけて灰色がかかる。特に三列風切外弁の白が幅広いのが特徴。農耕地や川原などでカワラヒワの群れに混じるか、単独小群をつくって生活する。

2012年4月 亜種カワラヒワ 門川町（F）

2014年2月 亜種オオカワラヒワ 串間市（F）

生息状況等：周年生息し初秋から冬にかけては河原や農耕地で群れる。繁殖は山林だけでなく市街地の街路樹や公園などでも行う。亜種オオカワラヒワは県内では主に冬鳥として渡来する。　(N)

観察時期	1	2	3	4	5	6	7	8	9	10	11	12
	●	●	●	●	●	●	●	●	●	●	●	●

マヒワ　スズメ目アトリ科

学　名：*Carduelis spinus*
英　名：Eurasian Siskin　漢字名：真鶸

2011年2月 雄(左) 雌(右) 宮崎市 (F)

生息環境：平地から山地にかけての林、草原、川原、市街地の公園など

渡り区分：冬鳥

全長：12.5cm（<スズメ）

鳴声：C；ジュイーン
S；ツィーンジュククツビィーッ

食性：植物の種子、灌木（ダケカンバ、ハンノキなど）の小さな種子、芽など

特徴：雄は喉と額から後頭が黒く、顔から胸にかけて鮮やかな黄色で、後頸から背中は黄緑色、腹部は白く黒褐色の縦縞がある。雌は上面が緑褐色で黒褐色の縦縞がある。非繁殖期は群れで行動し一定の区域を移動しながら採食し生活している。群れで行動中はにぎやかに鳴く。

生息状況等：冬鳥として渡来し渡来直後は山地の森林で生活するが、初春には市街地の公園にもあらわれる。(N)

観察時期	1	2	3	4	5	6	7	8	9	10	11	12
	●	●	●	●						●	●	●

ハギマシコ　スズメ目アトリ科

学　名：*Leucosticte arctoa*
英　名：Asian Rosy Finch　漢字名：萩猿子

2005年3月 雄 諸塚村 (I)

生息環境：平地から山地の岩場、農耕地、草地など

渡り区分：冬鳥・稀

全長：16cm（>スズメ）

鳴声：C；ジュッ、ジュッ、ピーピー

食性：草の種子など

特徴：冬羽は嘴の色彩がオレンジがかった黄色で先端が黒い。雄は頭部から腹面にかけて黒く、胸部や腹面には白や赤紫色の細かい斑紋がある。後頭から側頸にかけて明褐色。胴体背面や肩羽は褐色で、軸斑は黒褐色。雌は褐色味が強く、腹面に灰色がかった赤紫色の斑紋が狭くある。非繁殖期は群れで行動し、広い範囲を一日中動きまわっている。林道の法面や岩場の地上で、主に草の種子を食べる。たまに木にとまって休むこともある。

生息状況等：平地から山地の岩場、草原、農耕地などに飛来する。1988年には霧島中岳で150羽の大群が出た記録がある。(N)

観察時期	1	2	3	4	5	6	7	8	9	10	11	12
	▲	▲	▲									▲

ベニマシコ　スズメ目アトリ科

学　名：*Uragus sibiricus*
英　名：Long-tailed Rosefinch　漢字名：紅猿子

2013年2月 雄 宮崎市高岡町（F）

生息環境：丘陵や山麓の林縁や草原、河原など
渡り区分：冬鳥
全長：15cm（>スズメ）
鳴声：C；フィッ、フィッ、ピッポポッ
　　　S；チュルチュルチィ、フィッフィッ
食性：イネ科やタデ科の草の実や芽、昆虫類など
特徴：雄は全体的に紅赤色を帯び、目先の色は濃い。頬から喉、額の上から後頭部にかけて白い。背羽に黒褐色の斑があり、縦縞に見える。雌は全体的に明るい胡桃色である。嘴は丸みを帯びて短く、肌色。マシコ（猿子）は赤っぽいの意味。非繁殖期は小群で行動することが多く、広い所には出ず林縁や草藪で採食しながら移動する。同じ所に長居はしない。
生息状況等：高千穂町、延岡市、都農町、宮崎市高岡町、都城市などと記録は多く、いずれも数羽の小群である。（N）

観察時期	1	2	3	4	5	6	7	8	9	10	11	12
	●	●	●								●	●

オオマシコ　スズメ目アトリ科

学　名：*Carpodacus roseus*
英　名：Pallas's Rosefinch　漢字名：大猿子

2013年2月 雄
高千穂町（I）

2012年12月 雌
五ヶ瀬町（F）

生息環境：平地から山地の林、林縁の草地、農耕地など
渡り区分：冬鳥
全長：17cm（>スズメ）
鳴声：C；チーッ
食性：草の種子（特にハギ）など
特徴：雄は頭部と背中、胸から腹にかけて鮮やかな紅色で、額と喉に銀白色の部分が、背と肩羽に黒い縦斑がある。雌は全体に淡褐色で、上背面と胸腹部はわずかに淡い紅色、喉から胸のあたりまで細い褐色の縦斑がある。V字型の尾は他のマシコ類に比べるとやや短い。非繁殖期は小群で行動することが多く、毎年同じ地域に渡来する傾向が強い。ハギ類の種子を好み、道路脇や林縁などを採食しながら移動し、同じ所に長居せず、一定の地域内を動き回る。林内でも生活する。
生息状況等：1999年から記録はあるが、いずれも六峰街道のみである。（N）

観察時期	1	2	3	4	5	6	7	8	9	10	11	12
	▲	▲	▲									▲

イスカ　スズメ目アトリ科

学　名：*Loxia curvirostra*
英　名：Common Crossbill　漢字名：交喙

1991年3月 雄 延岡市北方町（稲田菊雄）

生息環境：平地（海岸林など）から山地の常緑針葉樹林など
渡り区分：冬鳥
全長：17cm（>スズメ）
鳴声：C；ピョッ、ピョピョッ、ピョピョッ、S；チュッチュイチュピューピーピーッ
食性：針葉樹（特にマツ）の種子や芽、昆虫類など
特徴：雄は全身暗赤色で翼と尾羽は暗褐色。目先から過眼線、耳羽、頬を囲むように黒褐色味の線がのびる。雌は額から背がオリーブ緑色で、体下面は黄色っぽい白色。羽は黒灰色である。頭の割に大きく黒い嘴は、上嘴は下に曲がり、下嘴は上向きで上下が先端で交差している。孵化間もないヒナは普通の嘴をしているが、1～2週間経つと先が交差してくる。主に樹上で採餌するが、水飲みに地上に降りる。一定の場所に長居はしない。左右互い違いになった嘴で針葉樹の種子や芽などを採食する。
生息状況等：非繁殖期は、数羽から10数羽の群れで行動する。えびの高原や六峰街道などでの記録が多い。　(N)

観察時期	1	2	3	4	5	6	7	8	9	10	11	12
		▲	▲							※	▲	

ウソ　スズメ目アトリ科

学　名：*Pyrrhula pyrrhula*
英　名：Eurasian Bullfinch　漢字名：鷽

2013年1月 亜種ウソ雄 宮崎市高岡町（F）

生息環境：平地から山地の林
渡り区分：冬鳥
全長：15.5cm（>スズメ）
鳴声：C；ヒー、ヒーまたはフィー、フィー、S；ヒー、ヒーヒョホッホッ
食性：木の芽や花、蕾、果実など
特記事項等：雄のウソは130円切手デザインのモデル
特徴：頭部と翼は黒く、背中は青灰色で飛ぶと翼の白い線が目立つ。嘴は太く短く黒い。雄の頬と喉は目立つ淡桃色であるが、雌にはない。背中や腹部全体が灰褐色である。亜種ウソ(*P.p.griseiventris*)：腹が薄いグレーであるが、赤味のある個体もいる。大雨覆先

アトリ科

観察時期：●ほぼ毎年観察される　▲数年に一度観察される　※ごく稀な観察記録がある

シメ　スズメ目アトリ科

学　名：*Coccothraustes coccothraustes*
英　名：Hawfinch　漢字名：鴲、蠟嘴

生息環境：平地から山地の落葉広葉樹林や雑木林、農耕地、市街地の公園、住宅地など
渡り区分：冬鳥
全長：18㎝（>スズメ）
鳴声：C；チッ、ツイリリーッツー、S；ツツツ、チューピッピッツィリリ
食性：硬い種子（ムクノキ、エノキ、カエデなど）、草の種子など
特徴：雄は頭の上部と耳羽が茶褐色で、頸の後ろは灰色。嘴は円錐で太く大きく肌色。風切羽は青黒色、背中は暗褐色、尾も暗褐色で先端に白斑がある。目から嘴の周りや喉にかけて黒色で、胸以下の体下面は淡い茶褐色。雌は雄より全体的に色が淡い。冬はほとんど単独で生活するが、渡りのときは群れをつくる。渡去

2013年2月 夏羽 宮崎市（F）

2012年1月 冬羽 宮崎市（F）

は遅い。地上でも落ち葉の下から草木の種子を探して食べる。渡去前にはソメイヨシノの赤黒く熟した実を食べる。
生息状況等：低山地や平地の明るい林、市街地の公園や社寺林など木のある所で見られる。（N）

観察時期	1	2	3	4	5	6	7	8	9	10	11	12
	●	●	●	●	●					●	●	●

2012年12月 雌 延岡市北方町（F）

端の白色がはっきりしない。亜種アカウソ（*P. p. rosacea*）：腹がほんのり赤く、尾羽の一番外側に白色の軸斑がある。大雨覆先端の白色がはっきりしない。亜種ベニバラウソ（*P. p. cassinii*）：腹がバラ色で赤味が強く、尾羽の一番外側に白色の軸班がある。大雨覆先端が白く、明瞭な白帯となる。春に木の芽やサクラ、ウメ、モモなどの花や蕾などを食べ、害鳥扱いされる。口笛を吹くように鳴くのでこの名前がついたと言われる。
生息状況等：冬鳥として県内の山地に数羽から数十羽の小群で渡来し秋から春にかけて滞在するが、あまり個体数は多くなく渡来数にも年変動がある。年によっては平和台公園や宮崎神宮、延岡市城山公園などの平地の林にも現れる。（N）

観察時期	1	2	3	4	5	6	7	8	9	10	11	12
	●	●	●	●							●	●

コイカル

スズメ目アトリ科

学　名：*Eophona migratoria*
英　名：Chinese Grosbeak　漢字名：小斑鳩、小鶍

2002年1月 雄 都城市（鈴木直孝）

生息環境：平地から山地の落葉広葉樹林など

渡り区分：冬鳥

全長：19cm（>スズメ）

鳴声：C；キョッ、キョッ
　　　S；チーチーチョリー、キリチョー

食性：硬い木の実や草の種子など

特徴：太く黄色い嘴を持ちイカルと似ているが一回り小さい。雄は額から顔、喉、風切羽の一部が光沢のある濃い紺色で、体の上面は灰褐色、下腹から下尾筒は白い。初列風切羽の先端は白い。雌は頭部が黒くなく暗灰褐色で、他は雄と羽色は似ている。イカルと同様に上下に揺れるような波形の飛翔をする。樹上採食するが、地上で草の実も食べる。

生息状況等：市街地の公園林で見かけることもある。イカルの群れに混じることもあるが、小群で生活する。古い記録は多いが1997年以降はあまりない。　(N)

観察時期	1	2	3	4	5	6	7	8	9	10	11	12
	▲	▲	▲	▲						▲	▲	▲

イカル

スズメ目アトリ科

学　名：*Eophona personata*
英　名：Japanese Grosbeak　漢字名：鶍、斑鳩

1998年12月 成鳥 宮崎市清武町(N)

生息環境：平地から山地の森林、市街地の公園、農耕地、草地など

渡り区分：留鳥

全長：23cm（<ムクドリ）

鳴声：C；キョッ、キョッ
　　　S；キーコキー、キキココキー

食性：木の実（ムクノキなど）や草木の種子など、稀に昆虫類も

特徴：雌雄同色。黄色くて太い嘴を持ち、額から頭頂、顔前部、風切羽の一部と尾羽が光沢のある濃い紺色。体の上面と腹は灰褐色で下腹から下尾筒は白い。初列風切羽に白斑がある。主に樹上で生活するが、非繁殖期には地上で採食する。硬い実より少し柔らかい実を好む。繁殖期は番いで生活し、巣の周囲の狭い範囲に縄張りを持つ。鳴き声を「お菊二十四」などと聞きなす。波状に飛行する。

生息状況等：周年観察されるが冬は個体数が多くなる。10～20羽の群れで行動するが1998年と2003年には300羽以上の大群の記録もある。　(N)

観察時期	1	2	3	4	5	6	7	8	9	10	11	12
	●	●	●	●	●	●	●	●	●	●	●	●

観察時期：●ほぼ毎年観察される　▲数年に一度観察される　※ごく稀な観察記録がある

ユキホオジロ

スズメ目ツメナガホオジロ科

学　名：*Plectrophenax nivalis*
英　名：Snow Bunting　漢字名：雪頬白

生息環境：海岸の砂丘、農耕地、荒地など
渡り区分：迷鳥
全長：16cm（>スズメ）
鳴声：C；ピウィッ、ピッ、チッ
食性：草の種子など
特徴：雄の夏羽は背中の一部と初列風切先端、小翼羽、尾羽の一部が黒い他は全身が白い。冬羽は黒かった部分が褐色味をおびる他、額から後頸、耳羽が褐色になる。雌は雄と比べて全体に褐色味が強い。非繁殖期は小群をつくって行動するが、渡りの時期には大群になることも。
生息状況等：本県では迷鳥として2001年11月にえびの市韓国岳で記録がある。（N）

2001年11月 えびの市（小城義文）

観察時期	1	2	3	4	5	6	7	8	9	10	11	12
											※	

ホオジロ

スズメ目ホオジロ科

学　名：*Emberiza cioides*
英　名：Meadow Bunting　漢字名：頬白

生息環境：平地や丘陵地の森林周辺、農耕地、草原、荒地、果樹園、河原など
渡り区分：留鳥
全長：16.5cm（>スズメ）
鳴声：C；ツツッ、ツツッまたはチー（2声続ける）、S；ツィチヨチヨツリィー、チョツピッチリチッ
食性：昆虫類やクモ類、植物の種子など
特徴：雄の顔は喉・頬・眉斑が白く目立ち、頭・過眼線・顎線は黒色で、白と黒のはっきりした縞模様である。尾は長く、外側から左右2枚ずつ白い。嘴は太く短い円錐形である。雌ははっきりせず褐色味を帯びている。特に顔の黒色部分は薄い。繁殖期には縄張りを持ち、高い梢のてっぺんでよく囀る。餌はガの幼虫やゴミムシ、ウンカなどの昆虫類を多く食べ非繁殖期はヒエやエノコログサなどの雑草の実を好んで採る。
生息状況等：周年明るい林や草原、川原、荒れ地に生息。冬は南下個体がいるため多く目につく。（N）

2012年3月 雄
宮崎市
佐土原町（F）

観察時期	1	2	3	4	5	6	7	8	9	10	11	12
	●	●	●	●	●	●	●	●	●	●	●	●

ホオアカ スズメ目ホオジロ科

学　名：*Emberiza fucata*
英　名：Chestnut-eared Bunting　漢字名：頬赤

2004年6月
夏羽
高千穂町（N）

生息環境：平地から山地の草原や河川敷、農耕地など

渡り区分：留鳥

全長：16cm（>スズメ）

鳴声：C；チッ、チッ
S；チェチィツチリンジュ

食性：昆虫類やクモ類、草の種子など

特記事項等：県；OT-1、方言；ツンツン、チンチン、チッチ、ストトン、シトト

特徴：雌雄ほぼ同色。頬が赤褐色で胸には黒と褐色の2本の横帯があり、喉は白い。上面は薄茶色に黒い縦斑があり、腹は赤茶色を帯びた汚白色。体側面には褐色の縦縞がある。後頭から後頸部にかけては灰色。尾は外側から左右2枚ずつ白い。冬は平地から山地の草原や河川敷、農耕地で単独か小群で生活する。非繁殖期は主に草の種子等を食べる。あまり高い所には出てこない。

生息状況等：高千穂町五ヶ所高原やえびの市矢岳高原などで繁殖する。特にえびの市では国内繁殖南限域となる。　(N)

観察時期	1	2	3	4	5	6	7	8	9	10	11	12
	●	●	●	●	●	●	●	●	●	●	●	●

コホオアカ スズメ目ホオジロ科

学　名：*Emberiza pusilla*
英　名：Little Bunting　漢字名：小頬赤

2003年3月 成鳥冬羽 宮崎市（I）

生息環境：平地の草地、農耕地、アシ原、林縁など

渡り区分：冬鳥・稀

全長：13cm（<スズメ）

鳴声：C；ヅッ、ヅッ

食性：草の実、昆虫類など

特徴：雌雄同色。上面は淡褐色で、黒褐色の縦斑があり、胸から腹は汚白色で胸と脇腹に黒褐色の縦斑がある。頭央線と耳羽は赤茶色で、眉斑の後方は淡色。顎線と耳羽を囲む線は黒褐色である。尾は外側から左右2枚ずつ白い。ホオアカより眉斑が目立つ。平地の開けた地上を跳ね歩きながら、主に草木の種子を採食する。雑木林内でも活動する。

生息状況等：宮崎県には冬鳥として少数が渡来する。春の渡りは群れのことが多いが、秋の渡りでは単独か小群で行動する。1971年に延岡市で、2003，2011年に宮崎市で記録がある。　(N)

観察時期	1	2	3	4	5	6	7	8	9	10	11	12
	▲	▲	▲	▲								▲

観察時期：●ほぼ毎年観察される　▲数年に一度観察される　※ごく稀な観察記録がある

カシラダカ　スズメ目ホオジロ科

学　名：*Emberiza rustica*
英　名：Rustic Bunting　漢字名：頭高

2014年2月 冬羽 高鍋町（F）

生息環境：平地から山地の疎林や林縁、草地、農耕地、アシ原など
渡り区分：冬鳥
全長：15cm（>スズメ）
鳴声：C；チッ、チッまたはフチッ、フチッ、S；ピョヒョロリキュルルヒッ
食性：草木の種子など
特徴：後頭部に短い冠羽がある。雄の冬羽は耳羽を囲む線が黒褐色で、頭と頬には黒味がある。尾は外側から左右２枚ずつ白い。上嘴の上面は黒い。雄の冬羽と雌は、夏羽に比べ頭部と体の上面が淡褐色になる。群で行動することが多く、近くに木や灌木林のある開けた場所を好む。地上で草木の種子を採食する。危険を感じると近くの木に飛び上がって避難する。
生息状況等：平地から山地の疎林、林縁、灌木のある草地、アシ原などに渡来する。（N）

観察時期	1	2	3	4	5	6	7	8	9	10	11	12
	●	●	●	●						▲	●	●

ミヤマホオジロ　スズメ目ホオジロ科

学　名：*Emberiza elegans*
英　名：Yellow-throated Bunting
漢字名：深山頬白

2014年1月 雄 日南市南郷町（I）

2013年12月 雌 宮崎市（F）

生息環境：平地から丘陵にかけての開けた森林や林縁、草地など
渡り区分：冬鳥
全長：15.5cm（>スズメ）
鳴声：C；チッ、チッ
食性：昆虫類やクモ類、草の種子など
特徴：雌雄ともに頭頂の羽毛が伸びて冠羽をなし、雄の冠羽がより発達する。頭頂、顔、胸は黒く、眉斑と喉は黄色。背面は茶褐色で腹部は白い。尾羽は褐色で外側の左右２枚ずつ白い。雌は喉から胸部は淡褐色、腹部は汚白色。群で行動することが多い。林縁や林内の少し開けた場所や林道などの地上を跳ね歩きながら採食する。草地や農耕地などの中央部に出て採餌することはない。
生息状況等：平地から山地の林、草地、農耕地などの林縁部や藪を好んで生活している。（N）

観察時期	1	2	3	4	5	6	7	8	9	10	11	12
	●	●	●	●						▲	●	●

シマアオジ　スズメ目ホオジロ科

学　名：*Emberiza aureola*
英　名：Yellow-breasted Bunting　漢字名：島青鵐

生息環境：平地の草原、湿原、牧草地など
渡り区分：旅鳥・稀
全長：15cm（>スズメ）
鳴声：C；チン、チン、ツッ、ツッ
S；ヒーヒョヒョヒーヒー
食性：昆虫類やクモ類、草の種子など
特記事項等：国；CR
特徴：雄は背面が赤褐色、腹面が黄色で、顔は黒い。胸に茶褐色で首輪状の横帯がある。体側面には茶褐色の縦縞がある。雌は背面および顔は褐色で、腹面は淡黄色をしている。尾は外側から左右２枚ずつ白い。ほとんど単独で生活し、草地で主に草の種子を採食する。林内ではあまり生活せず、明るい場所を好む。

2007年5月 雄 新富町（鈴木直孝）

生息状況等：旅鳥として日本を通過する途中で稀に見られ、1984、1990、2006年に宮崎市、日南市、新富町で記録があり、特に宮崎市佐土原町では7羽が出現した。（N）

観察時期	1	2	3	4	5	6	7	8	9	10	11	12
			※	※	※							

ノジコ　スズメ目ホオジロ科

学　名：*Emberiza sulphurata*
英　名：Yellow Bunting　漢字名：野路子、野鵐

生息環境：平地から山地の落葉広葉樹林や針葉樹林など
渡り区分：旅鳥・稀
全長：14cm（<スズメ）
鳴声：C；ヅッ、ヅッ
S；チョンチョイピーピリッピッ
食性：昆虫類やクモ類、草の種子など
特記事項等：国；NT
特徴：頭部や体上面は黄緑色で、体上面には暗褐色、体側面には褐色や灰緑色の縦縞が入る。下面は黄色い。尾羽は黒褐色で外側から左右２枚ずつ白い。静止時には２本の白い翼帯が見える。眼の上下に白いアイリング。小群か単独でいることが多く、地上で主に植物の種子を採食。

2013年4月 雄 宮崎市佐土原町（鈴木直孝）

2014年4月 雌 新富町（I）

生息状況等：稀な冬鳥として数羽程度が渡来、木の茂みや草藪の中で生活。（N）

観察時期	1	2	3	4	5	6	7	8	9	10	11	12
				▲	▲					▲	▲	▲

観察時期：●ほぼ毎年観察される　▲数年に一度観察される　※ごく稀な観察記録がある

アオジ

スズメ目ホオジロ科

学　名：*Emberiza spodocephala*
英　名：Black-faced Bunting　漢字名：青鵐

生息環境：アシ原、市街地の公園、住宅地、開けた森林などの林縁や藪など
渡り区分：冬鳥
全長：16㎝（>スズメ）
鳴声：C；ヂッ、ヂッ、ズッ、ズッ
S；チョッ、ピーチョチィピィ
食性：昆虫類やクモ類、草の種子など
特記事項等：方言；アオシトト、アオバカ、ヤマチンチン、ヤブシットト、オジマヨワカシ、シトト
特徴：亜種アオジ（*E. s. personata*）：雄は頭と顔は灰黄緑色で目先は黒い。上面は淡褐色で黒褐色の縦斑がある。下面は黄色い。夏羽より全体に少し淡色になる。外側の尾羽は左右２枚ずつは白い。雌は全体に淡色。小群を形成することもあるが、単独でいることが多い。用心深く草むらなどに身を潜め、地鳴きだけが聞こえる。地上で採食しながら、林道などにも出てくる。亜種シベリアアオジ（*E. s. spodocephala*）：下面は淡黄色で目の上後方から後頸にかけての上面は灰色がかった緑褐色である。雄の成鳥夏羽は頭部と胸部が暗灰色の羽毛である。

2009年4月 亜種アオジ成鳥雄 宮崎市佐土原町（F）

2009年4月
亜種アオジ
雌
宮崎市
（F）

生息状況等：亜種アオジ：冬鳥として渡来し、薄暗い開けた森林や林縁、藪の中で生活する。亜種シベリアアオジ：旅鳥として日本を通過する途中で見られる。1996年に都城市とえびの市でそれぞれ記録がある。（N）

観察時期	1	2	3	4	5	6	7	8	9	10	11	12
	●	●	●	●	●					▲	●	●

ホオジロ

クロジ
スズメ目ホオジロ科

学　名：*Emberiza variabilis*
英　名：Grey Bunting　漢字名：黒鵐

2005年3月 雌 宮崎市（N）

生息環境：平地から山地の森林の林床部など
渡り区分：冬鳥
全長：17㎝（>スズメ）
鳴声：C；ヅッ、ヅッ
S；フィーチョイチョイ
食性：昆虫類やクモ類、草の種子など
特徴：雄は全体に灰黒色で雌は灰褐色。背、肩、雨覆には黒色の縦斑がある。下腹部から下尾筒は白っぽい。冬羽は全体に淡くなる。尾羽の外側は白くない。平地から山地の森林の林床部など、常に暗い所を好み、地上で採食する。単独または小群で生活することが多い。
生息状況等：渡来数の年変動が大きく姿を見ることは少ない。（N）

観察時期	1	2	3	4	5	6	7	8	9	10	11	12
	●	●	●	●	●					▲	●	●

シベリアジュリン
スズメ目ホオジロ科

学　名：*Emberiza pallasi*
英　名：Palla's Reed Bunting　漢字名：西比利亜寿林

2003年3月
冬羽雄
宮崎市
佐土原町（I）

生息環境：河川や湖沼周辺の草原や休耕田、アシ原など
渡り区分：冬鳥
全長：14㎝（<スズメ）
鳴声：C；チー、チー、ツー、ツッ、ジュッ、ジュッ
食性：昆虫類やクモ類、草の種子など
特徴：雄の冬羽と雌は、頭部は淡い褐色で、体の上面は淡い茶色で、下面は汚白色である。眉斑は不明瞭で頭上や頬は黒っぽく、淡褐色のアイリングがある。上嘴は暗褐色で下嘴は淡いピンクで、上下のコントラストが強い。足はピンク味が強い。オオジュリンやコジュリンに比べ白っぽく見える。
生息状況等：平地の河川や湖沼周辺に生えるアシ原の中で生活し、アシや枯れ草などの茎に縦に止まり、草の種子やカイガラムシなどの昆虫類を捕食する。小群を形成して生活する。（N）

観察時期	1	2	3	4	5	6	7	8	9	10	11	12
	▲	●	●									

観察時期：●ほぼ毎年観察される　▲数年に一度観察される　※ごく稀な観察記録がある

コジュリン
スズメ目ホオジロ科

学　名：*Emberiza yessoensis*
英　名：Japanese Reed Bunting
漢字名：小寿林

生息環境：河川や湖沼周辺の草原や休耕田、アシ原など
渡り区分：冬鳥・稀
全長：15cm（>スズメ）
鳴声：C；ツッ、ツッ
　　S；ピッチリリッーピチョチッ
食性：昆虫類やクモ類、草の種子など
特記事項等：県；DD-2
特徴：上面は茶褐色で黒褐色の縦斑が明瞭である。頭頂部と耳羽が暗褐色で、眉斑や頬線は汚白色、眉斑と頬線の間は褐色、顎線は黒い。胸部や体側面は淡褐色で、腰は灰褐色、腹部は白い。平地の河川や湖沼周辺に生えるアシ原の中で生活。1羽か小群で行動する。アシ原よりも枯れた草地を好み、主に草の種子を食べる。

2003年2月　宮崎市佐土原町（I）

生息状況等：宮崎県内では1971、1987、1988、1989、1995、2003年に門川町、国富町、高鍋町、西都市、宮崎市、都城市などでそれぞれ記録がある。（N）

観察時期	1	2	3	4	5	6	7	8	9	10	11	12
	▲	▲	▲	※							▲	▲

オオジュリン
スズメ目ホオジロ科

学　名：*Emberiza schoeniclus*
英　名：Common Reed Bunting
漢字名：大寿林

生息環境：河川や湖沼周辺の草原や休耕田、アシ原など
渡り区分：冬鳥
全長：16cm（>スズメ）
鳴声：C；チュリーン、チュリーン、チッ、チッ、S；チョイ、チュイ、ジュリン
食性：昆虫類やクモ類、草の種子など
特徴：雄は喉が黒い斑紋で囲まれ、頭部も一部黒っぽい。雌は頭頂部と頬が褐色、眉斑と頬線は黄褐色。背面には灰褐色と黒の縦縞がある。腹面は灰褐色で、体側面には褐色の縦縞がある。嘴は灰褐色で上下のコントラストが弱い。足は黒褐色。

2005年3月
冬羽雄 新富町（I）

1999年2月 雌 宮崎市（N）

小群を形成して生活する。アシなどの茎に縦に止まり、葉の鞘を剥がし中にいるカイガラムシなどの昆虫類を捕食する。また地上を跳ね歩きながら採食することもある。
生息状況等：平地の河川や湖沼周辺に生えるアシ原の中で生活。（N）

観察時期	1	2	3	4	5	6	7	8	9	10	11	12
	●	●	●								●	●

column

色素異常の野鳥

野鳥を観察していると、見たことがある鳥だけど、配色が違う個体に出会うことがあります。カラスなのに白い、アオジなのに色が変などです。

これらの野鳥は羽衣の色素に何らかの異常をきたした個体です。宮崎県内での事例を５つ写真で紹介します。（井上伸之）

白化個体

ハシブトガラス 2006年12月 高千穂町（稲田菊男）

スズメ 1997年5月 宮崎市清武町（N）

カルガモ 2014年3月 宮崎市（F）

シロハラ 2013年1月 宮崎市（N）

色素異常個体

アオジ 2013年2月 宮崎市（I）

外来種

本来は日本国内には生息しなかった生物種で、人為的に外国から持ち込まれ、野外に定着したものを外来種といいます。宮崎県内でも、多種多様な動植物が野生化し、在来種の生息地を奪うなど大きな環境問題となっています。

鳥類では家庭でペットとして飼われていた鳥がかご抜けし、野外で定着化することが多いようですが、中には動物園などで飼育されていた鳥が野外で見られることもあります。

(井上伸之)

コジュケイ

(キジ目キジ科　*Bambusicola thoracicus*　全長27㎝)

中国や台湾に生息する鳥で、大正時代に狩猟対象種として国内に放鳥されたものが定着し、現在では本州以南の各地で普通に繁殖している。宮崎県内でも人里付近で普通に見られ、「チョットコイ」という特徴のある声で親しまれている。

2012年5月　延岡市（N）

コクチョウ

(カモ目カモ科　*Cygnus atratus*　全長125㎝)

オーストラリアの固有種。宮崎県内では、遊園地で飼われていたものが野生化し、宮崎市の加江田川や清武川などで見られるが多くない。繁殖も確認されている。

2004年5月　宮崎市（I）

コブハクチョウ

(カモ目カモ科　*Cygnus olor*　全長150㎝)

ヨーロッパや中央アジアに分布。公園や遊園地で飼われていたものが野生化し、国内各地で繁殖している。宮崎県内では清武川などで周年見ることができる。個体数は多くない。

2006年5月　宮崎市（I）

ドバト

（カワラバト ハト目ハト科 *Columba livia* 全長33cm）

ヨーロッパから中央アジア、北アフリカに分布。環境適応力が強く、都市部を中心に個体数が多く、糞による建物被害や健康被害などの問題を起こしている。宮崎県内でも極普通に生息している。

2014年1月 国富町（I）

カササギ（スズメ目カラス科 *Pica pica* 全長45cm）

ユーラシア大陸の広域に分布。国内では九州北部に生息する。宮崎県内では1965～1968年に川南町で１羽の観察例があるが、かご抜けした個体の可能性が高い。

ガビチョウ（スズメ目チメドリ科 *Garrulax canorus* 全長23cm）

中国南部から東南アジア北部に分布。国内ではかご抜けから野生化し、徐々に生息域を拡大している。宮崎県内では各地で散発的に観察されており、繁殖している可能性もある。

ソウシチョウ

（スズメ目チメドリ科 *Leiothrix lutea* 全長15cm）

インド北部から中国南部に分布。国内ではかご抜けから野生化し、各地で定着している。宮崎県内では1980年代から野生化個体が見られ、山地のブナ帯では普通の種となった。しかし、近年はシカの食害によりスズダケが消失し、生息環境が悪化したため個体数は減少に転じている。

2005年2月 綾町（F）

ベニスズメ（スズメ目カエデチョウ科 *Amandava amandava* 全長10cm）

北アフリカから東南アジアに分布。国内ではかご抜けから野生化し、河原のヨシ原で繁殖が見られる。宮崎県内では、冬期にヨシ原で観察されることが稀にある。

2003年2月 宮崎市佐土原町（I）

探鳥地
ガイドマップ
祖母山
傾山
大崩山
至大分
高千穂地方 1 p202
高千穂町
天岩戸神社
五ヶ瀬町
高千穂峡
2 行縢山 p203
延岡市
城山公園 3 p204
枇榔島
日向市
4 日向市近郊 p205
木城町
木城えほんの郷
5
川原キャンプ場 p206
西都市
7 西都原公園 p208
綾町
10 綾照葉樹林 p211
ひむか神話街道
一ツ瀬川河口 6 p207
宮崎市
宮崎神宮
8 p209
大淀川・本庄川 p210
9
日向灘
クルソン峡 p215
えびの市
小林市
えびの高原 p215
14
高千穂峰
15
御池 p216
都城市
加江田渓谷 11 p212
12 日南海岸 p213
16 金御岳 p217
日南市
大島
串間市
幸島
13
都井岬周辺 p214

① 高千穂地方 ●高千穂町

バス 宮崎交通延岡営業所から特急バスで約1時間

神話と伝説にまつわる地で探鳥しよう

宮崎県の北西部、九州山脈の屋根地帯にある高千穂は西臼杵郡の中心地で、神話の里を代表する観光地としても有名です。渓谷美と秋の紅葉が美しい高千穂峡、神話と伝説にまつわる天岩戸神社や高千穂神社。夜神楽をはじめとする伝統行事や古代史跡の多いところでもあります。

探鳥

高千穂峡の遊歩道は手軽な探鳥コースとして最適。周辺には祖母山・障子岳・傾山などの原生林があり、登山を兼ねた探鳥が楽しめます。三秀台や四季見原高原、標高1000mを走る六峰街道からは眼下の景色と探鳥を同時に楽しめます。

観察できる野鳥

留鳥…アカヤマドリ、アオゲラ、コゲラ、オオアカゲラ、ウグイス、イカル、ホオジロ、クマタカ、アオバトなど

夏鳥…ブッポウソウ、ホオアカ、カッコウ、ホトトギス、ツツドリ、クロツグミ、ルリビタキ、オオルリ、キビタキなど

冬鳥…シロハラ、クロジ、ミヤマホオジロ、カシラダカ、カヤクグリ、アトリ、マヒワ、オシドリなど

行縢山（むかばきやま） ●延岡市

バス 延岡市内より行縢山登山口行き約30分
車 JR延岡駅から車で約30分

天然林で登山を楽しみながら野鳥を観察

花崗岩の大きな壁が目立つ行縢山（雄岳）は、標高831m。祖母傾国定公園の南端にあたり、延岡市の北西部に位置します。その南側斜面は天然の森で覆われ、行縢の滝や行縢神社などがあります。森の中には「県立むかばき少年自然の家」があって自然体験学習が行なわれています。

探鳥

探鳥には遊歩道コースを利用するとよいでしょう。行縢神社境内では毎年5月に探鳥会が開催されています。うっそうとした森の中に響きわたるアカショウビンの声やオオアカゲラのドラミング、美しいヤイロチョウやサンコウチョウの姿、絶壁の上を舞うクマタカなどが観察できます。

観察できる野鳥

留鳥…クマタカ、フクロウ、アカヤマドリ、アオゲラ、オオアカゲラ、コジュケイ、キジ、アオバト、キセキレイ、ヒヨドリなど

夏鳥…アカショウビン、ヤイロチョウ、オオルリ、サンコウチョウ、キビタキなど

冬鳥…ツグミ、シロハラ、ジョウビタキ、ルリビタキ、クロジ、ミヤマホオジロなど

③ 城山公園 ●延岡市

バス 宮崎交通バスで大瀬橋北詰又は市役所前で下車
電車 JR延岡駅より徒歩約20分

市街地の中で野鳥を観察

延岡市のシンボル城山公園。市街地中心部に位置する延岡城址の天守跡には鐘つき堂で有名な「城山の鐘」があり、三の丸の梅林には若山牧水の歌碑があります。北大手門から入る二の丸跡や見事な石垣が残る本丸跡周辺は、ヤブツバキやサクラの名所として市民の憩いの場となっています。

探鳥

定例の探鳥会が毎月第2日曜日の朝（4月～9月午前7時、10月～3月午前8時）野口記念館裏の市職員駐車場に集合して行なわれています。季節ごとに公園内に訪れる野鳥のほか、眺望のよい公園からは、延岡市街地上空を飛ぶさまざまな野鳥の姿も見られます。

観察できる野鳥

留鳥…ササゴイ、ヒメアマツバメ、イワツバメ、シジュウカラ、ヤマガラ、コゲラ、イカルなど
夏鳥…センダイムシクイ、オオルリ、サンコウチョウなど
冬鳥…シロハラ、ジョウビタキ、ルリビタキ、クロジ、シメなど

日向市近郊 ●日向市・門川町

バス 県内を南北に通じる国道10号線やJR日豊本線が通り、日向市内には路線バスがあるのでどこへ行くにも便利です。

海、川、山　どこでもできる探鳥

日豊海岸国定公園に属し、断崖や岬、小島、砂浜などの変化に富む海岸線。五十鈴川や塩見川の河川域。山深い九州山地へ連なる入郷地区。日向市近辺では海、川、山どこでも探鳥が楽しめます。また門川町の沖合いに浮かぶ枇榔島はカンムリウミスズメの繁殖地として世界的に有名です。

探鳥

柱状岩の続く断崖ではミサゴやハヤブサ。港湾部ではカモメ類。門川湾内の乙島キャンプ場では小鳥類の探鳥が楽しめます。日向市内を流れる塩見川ではカモ類などの水鳥が観察され、小倉ケ浜や伊勢ケ浜ではコアジサシが繁殖しています。美郷町へと通じる入郷地区の林道では森林性の野鳥が見られます。

観察できる野鳥

留鳥…バン、カイツブリ、キセキレイ、ハクセキレイ、ハヤブサ、ヒバリ、カラスバトなど

夏鳥…カンムリウミスズメ、コシアカツバメ、アマツバメ、ウチヤマセンニュウ、コアジサシなど

冬鳥…カンムリカイツブリ、セグロカモメ、ミヤマホオジロなど

⑤ 川原キャンプ場 ●木城町

バス 西都市中心部から約20分宮崎市中心部から約50分

川原橋でブッポウソウを見よう

木城町を流れ日向灘へ注ぐ小丸川。その上流部に緑と清流に囲まれた川原自然公園があります。公園近くの川原橋付近では夏になるとアカショウビンやサンコウチョウの声が身近で聞かれます。樹木が茂り多くの野鳥が生息する公園内ではキャンプやサイクリング、釣り、カヌー遊びなども楽しめます。

探鳥

川原自然公園では毎年7月に探鳥会が開催されています。川原橋ではブッポウソウの美しい姿を真下や水平に見ることができます。また公園内を川沿いに歩くと、カワセミ、ヤマセミ、アカショウビン、サギ類、セキレイ類などの水鳥のほか、キツツキ類やオオルリ、サンコウチョウなども見られます。

観察できる野鳥

留鳥…カワセミ、ヤマセミ、キセキレイ、カワガラス、コゲラ、ヤマガラ、ホオジロなど

夏鳥…ブッポウソウ、オオルリ、サンコウチョウ、アカショウビン、キビタキなど

冬鳥…シロハラ、アオジ、クロジ、ミヤマホオジロ、カシラダカ、ビンズイなど

一ツ瀬川河口 ●宮崎市 ●新富町

バス 宮崎市内から延岡・高鍋方面行き約40分　大渕バス停、徳ケ渕バス停下車　徒歩約20分
電車 JR佐土原駅、日向新富駅からバスで約15分
車 宮崎市中心部から約25分

渡り鳥たちの重要な休息地

一ツ瀬川河口域の中州や干潟とそれらを取り囲む湿地帯や田畑には、春夏の渡りの時期に多くのシギ・チドリ類が立寄り、羽を休めます。冬のカモ類、夏のコアジサシやサギ類など種類も多く、時には、珍鳥にも出会える探鳥地となっています。

探鳥

探鳥には干潮時を選び、太陽光線を避けて、右岸（佐土原町側）から干潟や水面を観察しましょう。満潮時には左右両岸の堤防下にある農耕地や荒地、調整池、水路、葦原などにも目を向けましょう。付近一帯は開かれた場所なので見通しもよく、一年を通じて数多くの野鳥に出会えます。

観察できる野鳥

留鳥…ヒクイナ、カワセミ、ミサゴなど
夏鳥…コアジサシなど
冬鳥…クロツラヘラサギ、ツクシガモ、チュウヒ、ツリスガラ、オオジュリン、タゲリ、カンムリカイツブリ、オオバンなど
旅鳥…セイタカシギ、アジサシ、オグロシギ、ダイシャクシギ、ツメナガセキレイ、コムクドリなど

⑦ 西都原公園 ●西都市

電車 バス JR高鍋駅、日向新富駅から西都市行きバスで約40分
車 西都市中心部から約10分

古墳の丘で野鳥の観察

西都市街の西に広がる西都原古墳群の丘。ここでは古代のロマンに想いをはせながら探鳥を楽しみましょう。点在する古墳の周囲では草原と森林性の野鳥が見られます。春の桜と菜の花畑、秋には一面のコスモス。季節ごとの行事も多く、西都原考古博物館などを見学しながら探鳥しましょう。

探鳥

西都原では毎年3月中旬に探鳥会を開催しています。御陵墓前に集合し、菜の花に囲まれ春の息吹を感じながら古墳群を回ります。お目当てはキジ。毎年、古墳の周囲の芝生に現れて参加者を楽しませてくれます。

観察できる野鳥

留鳥…キジ、イカル、コゲラ、キジバト、シジュウカラ、ホオジロなど
夏鳥…ツバメ、サンコウチョウ、ホトトギスなど
冬鳥…シロハラ、アオジ、ジョウビタキ、ツグミ、カシラダカ、タヒバリなど

宮崎神宮 ●宮崎市

バス 宮崎神宮バス停で下車
電車 JR宮崎神宮駅から西へ徒歩5分
車 宮崎市中心部から約10分

宮崎市街地のなかで野鳥を観察

宮崎市街地の中にこんもりと茂る宮崎神宮の森。一歩足を踏みいれると街の喧騒（けんそう）がうそのようです。約14haの境内にはシイ、カシ、ケヤキなどの常緑広葉樹とマツ、スギなどの針葉樹との混交林が広がり、豊かな緑を誇っています。

探鳥

宮崎神宮では、毎月第１日曜日に定例の探鳥会を開催しています。４～10月は朝７時、11～３月は朝７時半から、同境内のフジ棚前に集合して、緑のオアシスとなっている神宮の森を散策しながら季節の鳥を観察しています。

観察できる野鳥

留鳥…ヒヨドリ、メジロ、コゲラ、カワラヒワ、シジュウカラ、ヤマガラ、キジバト、モズなど
夏鳥…サンコウチョウ、ツバメ、アオバズクなど
冬鳥…ルリビタキ、アオジ、シロハラ、ツグミ、アカハラ、ヤマシギなど

⑨ 大淀川・本庄川 ●宮崎市 ●国富町

バス 河口付近は「南九州短大」「姥ヶ島」、中流は「大淀川学習館前」、本庄川では「国富」バス停が便利
電車 JR南宮崎駅から北へ1km、大淀川下流
車 大淀川両岸に道路があるので移動は便利

宮崎市の中心を流れる大淀川はカモの楽園

大淀川は鹿児島県曽於市末吉町を源とし、長さ107km、九州で4番目に長い川です。日向灘に注ぎ込むまでに、本庄川など100以上の中小河川と合流します。宮崎市は大淀川の下流部になり、市の中心部をゆったりと流れるその河畔には公園も整備され、市民の憩いの場となっています。

探鳥

一年を通して、水辺、河川敷の野鳥を楽しむことができます。特に10月初旬になると、宮崎に冬の訪れを告げるカモたちが飛来します。多くはマガモやヒドリガモ、コガモなどで、約3000羽にもなります。また、夏にはコアジサシのダイビング、春と秋には旅鳥のシギ・チドリを観察できます。

観察できる野鳥

留鳥…コサギ、ダイサギ、アオサギ、イソシギ、ヒバリ、ツバメ、カワセミなど
夏鳥…コアジサシ、ヒバリ、セッカ、オオヨシキリなど
冬鳥…マガモ、ヒドリガモ、コガモ、ヨシガモ、オカヨシガモ　、セグロカモメ、ハクセキレイなど

綾照葉樹林 ●綾町

バス 宮崎交通宮崎営業所から綾町役場まで約1時間。さらにそれから約9km
車 宮崎から県道26号を西進し約50分で綾町役場。そこから県道を約20分で照葉大吊橋に着く。川中キャンプ場にはさらに20分

綾照葉樹林に育まれる鳥を観察しよう

宮崎市の北西部、九州中央山地国定公園の中にあり、特に綾南川沿いの南斜面にはイチイガシやコジイを中心に鬱蒼とした照葉樹林が残っており、天然記念物ニホンカモシカ生息地の南限でもあり、世界的にも珍しいキリノミタケも分布しています。また照葉大吊橋からは深い渓谷のスリルも楽しめます。

探鳥

照葉大吊橋からは景色を眺めながら探鳥　もできますが、大吊橋を渡って遊歩道を一周する2ｋｍは手軽な探鳥コースとして最適。健脚者は、照葉大吊橋から綾南川沿いに九州自然遊歩道を川中キャンプ場までの約3.5ｋｍのコースで探鳥も楽しめ、夏冬それぞれ30種以上が楽しめます。

観察できる野鳥

留鳥…コシジロヤマドリ、アオゲラ、コゲラ、オオアカゲラ、クマタカ、アオバトなど

夏鳥…アカショウビン、カッコウ、ツツドリ、サンコウチョウ、ヤイロチョウ、オオルリ、キビタキ、アオバズクなど

冬鳥…シロハラ、アカハラ、ミヤマホオジロ、カシラダカ、ルリビタキ、ハイタカ、オオタカ、オシドリなど

⑪ 加江田渓谷 ●宮崎市

車 宮崎市中心部から約20分、加江田渓谷入り口に丸野駐車場有り

宮崎市近郊で照葉樹林の鳥を観察

宮崎市の南、国指定の天然記念物双石山の麓に加江田渓谷はあります。加江田渓谷は宮崎自然休養林の一部にもなっており、シイ・カシ・タブを主とする照葉樹におおわれています。また、標高509mの双石山山頂からは、宮崎市街をはじめ日向灘までが一望できます。

探鳥

丸野駐車場から加江田川沿いに、約8kmの遊歩道があります。一年を通して、森の鳥のシジュウカラやヤマガラ、渓流の鳥のカワガラスやキセキレイなどを観察できます。初夏には、夏鳥のオオルリやアカショウビン、サンコウチョウの姿や鳴き声を楽しむことができます。

観察できる野鳥

留鳥…ウグイス、エナガ、カワガラス、ミソサザイ、カケス、キセキレイ、コゲラなど

夏鳥…オオルリ、サンコウチョウ、アカショウビン、サシバ、ホトトギスなど

冬鳥…ルリビタキ、アオジ、ミヤマホオジロなど

日南海岸 ●宮崎市、日南市、串間市

バス 電車 日南海岸を南北に通じる国道220号線やJR日南線が通りどこへ行くにも便利です

海岸線の野鳥を楽しむ

青島から日南市までは波状岩（鬼の洗濯板）の海岸が続き、日南市から串間市にかけては島や岩礁の多い海岸となっています。亜熱帯植物の茂る青島、鵜戸神宮、幸島、都井岬と宮崎の代表的な観光コースとなっています。

探鳥

山も迫っている日南海岸は長く、海辺の鳥ばかりでなく山野の鳥も見られます。広渡川の河口では毎年2月に、カモ類を中心とした観察会があります。青島周辺では渡る途中のシギ、チドリ類、大島は、野鳥の多い島です。

観察できる野鳥

留鳥…カワセミ、イソヒヨドリ、カラスバト、クロサギ、ミサゴなど

夏鳥…アカショウビン、ホトトギス、オオルリなど

冬鳥…ノスリ、チョウゲンボウ、ルリビタキ、アオジ、ミヤマホオジロなど

⑬ 都井岬周辺（都井岬、本城川）

バス電車 JR日南線「串間駅」でバスに乗り換え
【本城川】約20分　【都井岬】約40分
車 宮崎市中心部から車で約2時間30分

野生馬と野鳥の観察できるポイント

宮崎市から南へ約100kmにある都井岬は「岬馬およびその繁殖地」として国の天然記念物に指定され、野生馬と野鳥の観察できるポイントです。また、都井岬の西に位置する本城川河口の干潟では、水鳥たちを観察できます。

探鳥

都井岬には海岸・牧草地・森の環境があるので、海岸ではイソヒヨドリ、牧草地ではチョウゲンボウ、森の中ではシジュウカラなど、様々な野鳥が楽しめます。一方、本城川では一年を通してサギ類を、春秋には干潟で羽を休めるシギやチドリを観察できます。

観察できる野鳥

留鳥…ミサゴ、イソヒヨドリ、シジュウカラ、アオゲラ、アオサギ、ウミウなど
夏鳥…オオルリ、オオヨシキリ、ホトトギスなど
冬鳥…ノスリ、チョウゲンボウなど
旅鳥…チュウシャクシギ、キアシシギ、アカアシシギなど

えびの高原・クルソン峡 ●えびの市

バス 電車【えびの高原】JR小林駅で下車、宮崎交通バス えびの高原行き55分
電車【クルソン峡】JRえびの飯野駅下車、車で30分
車【えびの高原】えびのIC、小林ICより20分【クルソン峡】えびのIC、小林ICより40分

草原と高山の野鳥を観察

えびの高原を含む霧島山系は、国立公園に指定され豊かな自然が保護されています。霧島山系は大小20以上の火山からなり、標高1700mの韓国岳などの高山、えびの高原などの草原、アカマツ林やモミ・ツガ林などの多様な環境があります。

※入山規制については「えびのエコミュージアムセンター」に問合せを。☎0984-33-3002

探鳥

まずは「えびのエコミュージアムセンター」を訪れましょう。野鳥に限らず霧島山系の動植物や散策路が詳しく紹介されています。アカマツ林やモミ・ツガ林に入ると、コガラやヒガラ、季節によってはキビタキやオオルリを見ることができます。クルソン峡ではヤマセミなど水辺の鳥を観察できます。

観察できる野鳥

留鳥…コガラ、ヒガラ、ゴジュウカラ、ミソサザイ、クマタカ、イカル、ウグイス、キバシリなど
夏鳥…オオルリ、キビタキ、カッコウ、ホトトギスなど
冬鳥…キクイタダキ、カシラダカ、ミヤマホオジロなど

⑮ 御池 ●高原町

車 JR高原駅から20分　高原ICから25分、
宮崎市中心部から1時間20分

野鳥の聖域で照葉樹林の鳥を楽しむ

高千穂峰の山ろくにあり、霧島山系最大の火口湖・御池と小池を含む115haが全国に先駆けて1972年に野鳥の森に指定されました。カシ、タブ、イスなどの常緑広葉樹がうっそうと茂り、深い森を作っています。昼なお暗い林内は夏でも涼しい風が吹き抜けます。

探鳥

御池では夏鳥を代表するヤイロチョウ、アカショウビンなどが渡来する5月下旬に探鳥会を開催しています。夏鳥をはじめ、留鳥たちのにぎやかなさえずりが響く森には散策路があり、全国から大勢の人が訪れます。冬場は池にいるカモ類をじっくり観察できます。

観察できる野鳥

留鳥…ゴジュウカラ、アオゲラ、オオアカゲラ、ヤマガラ、コゲラなど

夏鳥…ヤイロチョウ、アカショウビン、オオルリ、キビタキ、サンコウチョウ、ヤブサメなど

冬鳥…オシドリ、マガモ、ミヤマホオジロ、ルリビタキ、アオジ、ジョウビタキなど

金御岳 ●都城市

バス 電車 都城駅下車、宮崎交通バス尾平野行き金御岳登山口下車、徒歩20分
車 都城ICから30分

南へ渡るサシバを観察

都城市の東南部に位置し、標高471m。頂上一帯は公園になっており、霧島連山や鰐塚山系、桜島が遠望でき、眼下に都城盆地を一望できます。展望台にはサシバの館と駐車場も整備されています。野鳥ばかりでなく秋から冬には雲海も見られます。

探鳥

毎年9月下旬から10月中旬にかけて約2万羽のサシバが観察されています。ここは愛知県の伊良湖岬と並び、日本でも屈指の観察地点となっています。渡りのピークとなっている10月10日前後にはサシバ探鳥会を開催、県内はもちろん県外からも大勢の人が訪れています。

観察できる野鳥

留鳥…カケス、シジュウカラ、ヤマガラ、エナガ、メジロ、ヒヨドリ、コゲラ、ホオジロ、コシジロヤマドリなど
夏鳥…アカショウビン、ミゾゴイなど
冬鳥…ジョウビタキ、シロハラ、ルリビタキなど

野鳥の観察

野鳥は自分の家やその周りでもいろいろな種類を観察することができます。これからバードウォッチングを始めようと思う人は、まず、身近な野鳥を観察してみましょう。フィールドノートを準備し、観察したことを記録するようにしましょう。図鑑で名前を調べたり、詳しい人に聞いたりすることを繰り返しているうちに、野鳥観察の楽しさをどんどん感じることができるようになると思います。

バードウォッチングの道具等

1. 双眼鏡

双眼鏡は野鳥を探すのに大変便利な道具で、野鳥観察の必需品ともいえます。倍率は８倍くらいが使いやすいでしょう。

双眼鏡の使い方

① 両目でのぞき、両方の目で視野が円形になるように、右側と左側の間隔を調整します。

② 左目だけで遠くの物を見て、中央部の調節リングを回してピントを合わせます。

③ 次に右目で見て、右目の接眼部にある調節リングを回してピントを合わせます。

③により、左右の視力の差が調節された状態になります。別のものを見るときに中央の調節リングを回してピントを合わせるだけで観察できます。

2. 望遠鏡（スコープ）

より遠くの野鳥を見るときや細かい部分を観察したいときには、倍率の高い望遠鏡を用います。倍率は20倍くらいのものが使いやすいとされています。双眼鏡よりさらに大きく野鳥を見ることができますが、倍率が高くなると見える範囲がとても狭くなり、野鳥を視野の中に入れることが難しくなります。望遠鏡にはストレートタイプと呼ばれる直視型と、アングルタイプと呼ばれる傾斜型があります。直視型は接眼レンズと観る対象が一直線になるため、対象物を視野に入れやすく、動く野鳥も見つけやすいという利点があります。傾斜型は、接眼レンズ取付部に傾斜がついていて、斜め上から望遠鏡を覗くような構造です。高い位置の対象に望遠鏡を向けた時など、下から覗きこまずに見ることができます。また、三脚を高くせずに見たり、身長の違う人が交代で使う場合に、高さの調整をしなくても見やすいなどの長所があります。

3. カメラ

デジタルカメラの普及で野鳥を撮影する人が増えてきました。離れた位置から野鳥を大きく撮影するためには望遠レンズが必要です。最近は望遠鏡（スコープ）にコンパクトカメラを組み合わせた「デジタルスコーピング」という手法を用い高倍率で撮影する撮影者も増えてきました。野鳥の撮影には技術が必要なので熟練者の指導を受けることをお勧めします。また、きれいに撮影したいという思いから近づきすぎ、野鳥に悪い影響を与えたり、他の観察者に迷惑をかけたりすることがないように注意しましょう。

4. 野鳥図鑑

たくさんの図鑑が出版されています。写真が多く初心者でもわかりやすいものから専門的なものまでたくさんの図鑑が出版されています。野鳥の観察に持って行くことができるコンパクトな図鑑もありますので、観察の際に持って行くとその場で名前などを確認することができます。

探鳥会に参加しよう

多くの人が集まって同じ場所でバードウォッチングをする会を「探鳥会」と言います。探鳥会は子どもからお年寄まで、野鳥観察をこれから始めようという人でも、楽しみながら野鳥のことを学ぶことができます。宮崎県内各地で探鳥会は開催されていますが、宮崎神宮の森では、毎月第1日曜日の午前7時から、日本野鳥の会宮崎県支部主催の探鳥会が開催されています。

自然観察の心構え

野鳥観察を始め、自然観察は豊かな自然があってこそできる活動です。自然に親しみ、自然を楽しむために、豊かな自然をいつまでも残していこうとするやさしい気持ちが大切です。野鳥観察および野鳥の撮影を行う場合、野鳥にやさしく、地元の人たちに迷惑をかけず、観察をする他の方々共に楽しめるように心掛けましょう。営巣中の巣や鳥の撮影、迷鳥の撮影、インターネット等を用いた情報の発信などには注意が必要です。

付録

宮崎県内で確認された野生鳥類目録

20150121 中村　豊・井上伸之・福島英樹作成

	コード	目名	科名	種名	亜種名	学名	掲載ページ
I		キジ				Order GALLIFORMES	
[1]			キジ			Family Phasianidae	
1	3			ウズラ		*Coturnix japonica*	14
2	4-4			ヤマドリ	アカヤマドリ	*Syrmaticus soemmerringii soemmerringii*	14
3	4-5				コシジロヤマドリ	*Syrmaticus soemmerringii ijimae*	15
4	5-4			キジ	キュウシュウキジ	*Phasianus colchicus versicolor*	15
II		カモ				Order ANSERIFORMES	
[2]			カモ			Family Anatidae	
5	7			サカツラガン		*Anser cygnoides*	17
6	8-1			ヒシクイ	オオヒシクイ	*Anser fabalis middendorffii*	17
7	8-3				ヒシクイ	*Anser fabalis serrirostris*	17
8	9-1			ハイイロガン	ハイイロガン	*Anser anser rubrirostris*	18
9	10-1			マガン	マガン	*Anser albifrons albifrons*	18
10	16-1			コクガン	コクガン	*Branta bernicla orientalis*	19
11	19-1			コハクチョウ	コハクチョウ	*Cygnus columbianus jankowskyi*	19
12	20			オオハクチョウ		*Cygnus cygnus*	20
13	21			ツクシガモ		*Tadorna tadorna*	20
14	22			アカツクシガモ		*Tadorna ferruginea*	21
15	24			オシドリ		*Aix galericulata*	21
16	26-1			オカヨシガモ	オカヨシガモ	*Anas strepera strepera*	22
17	27			ヨシガモ		*Anas falcata*	22
18	28			ヒドリガモ		*Anas penelope*	23
19	29			アメリカヒドリ		*Anas americana*	23
20	30-1			マガモ	マガモ	*Anas platyrhynchos platyrhynchos*	24
21	32			カルガモ		*Anas zonorhyncha*	24
22	34			ハシビロガモ		*Anas clypeata*	25
23	35			オナガガモ		*Anas acuta*	25
24	36			シマアジ		*Anas querquedula*	26
25	37			トモエガモ		*Anas formosa*	26
26	38-1			コガモ	コガモ	*Anas crecca crecca*	27
27	38-2				アメリカコガモ	*Anas crecca carolinensis*	27
28	42			ホシハジロ		*Aythya ferina*	27
29	43			アカハジロ		*Aythya baeri*	28
30	44			メジロガモ		*Aythya nyroca*	28
31	46			キンクロハジロ		*Aythya fuligula*	29
32	47-1			スズガモ	スズガモ	*Aythya marila marila*	29
33	51			シノリガモ		*Histrionicus histrionicus*	30
34	53-1			ビロードキンクロ	ビロードキンクロ	*Melanitta fusca stejnegeri*	30
35	54			クロガモ		*Melanitta americana*	31
36	57-1			ホオジロガモ	ホオジロガモ	*Bucephala clangula clangula*	31
37	58			ミコアイサ		*Mergellus albellus*	32

	コード	目名	科名	種　名	亜種名	学　　名	掲載ページ
38	59-1			カワアイサ	カワアイサ	*Mergus merganser merganser*	32
39	60			ウミアイサ		*Mergus serrator*	33
40	61			コウライアイサ		*Mergus squamatus*	33
Ⅲ		カイツブリ				Order PODICIPEDIFORMES	
[3]			カイツブリ			Family Podicipedidae	
41	62-1			カイツブリ	カイツブリ	*Tachybaptus ruficollis poggei*	35
42	64-1			カンムリカイツブリ	カンムリカイツブリ	*Podiceps cristatus cristatus*	35
43	65-1			ミミカイツブリ	ミミカイツブリ	*Podiceps auritus auritus*	36
44	66-1			ハジロカイツブリ	ハジロカイツブリ	*Podiceps nigricollis nigricollis*	36
Ⅳ		ネッタイチョウ				Order PHAETHONTIFORMES	
[4]			ネッタイチョウ			Family Phaethontidae	
45	67-1			アカオネッタイチョウ	アカオネッタイチョウ	*Phaethon rubricauda rothschildi*	37
46	68-1			シラオネッタイチョウ	シラオネッタイチョウ	*Phaethon lepturus dorotheae*	37
Ⅴ		ハト				Order COLUMBIFORMES	
[5]			ハト			Family Columbidae	
47	71-1			カラスバト	カラスバト	*Columba janthina janthina*	38
48	74-1			キジバト	キジバト	*Streptopelia orientalis orientalis*	38
49	76-1			ベニバト	ベニバト	*Streptopelia tranquebarica humilis*	40
50	78-1			アオバト	アオバト	*Treron sieboldii sieboldii*	40
Ⅵ		アビ				Order GAVIIFORMES	
[6]			アビ			Family Gaviidae	
51	81			アビ		*Gavia stellata*	41
52	82-1			オオハム	オオハム	*Gavia arctica viridigularis*	41
53	83			シロエリオオハム		*Gavia pacifica*	42
Ⅶ		ミズナギドリ				Order PROCELLARIIFORMES	
[7]			アホウドリ			Family Diomedeidae	
54	86			コアホウドリ		*Phoebastria immutabilis*	42
[8]			ミズナギドリ			Family Procellariidae	
55	96			シロハラミズナギドリ		*Pterodroma hypoleuca*	43
56	98			オオミズナギドリ		*Calonectris leucomelas*	43
57	102			ハシボソミズナギドリ		*Puffinus tenuirostris*	44
58	104			アカアシミズナギドリ		*Puffinus carneipes*	44
59	110			アナドリ		*Bulweria bulwerii*	45
[9]			ウミツバメ			Family Hydrobatidae	
60	113			ヒメクロウミツバメ		*Oceanodroma monorhis*	46
61	114-1			コシジロウミツバメ	コシジロウミツバメ	*Oceanodroma leucorhoa leucorhoa*	46
Ⅷ		コウノトリ				Order CICONIIFORMES	
[10]			コウノトリ			Family Ciconiidae	
62	118			ナベコウ		*Ciconia nigra*	47
63	119			コウノトリ		*Ciconia boyciana*	47
Ⅸ		カツオドリ				Order SULIFORMES	
[11]			グンカンドリ			Family Fregatidae	
64	120-1			オオグンカンドリ	オオグンカンドリ	*Fregata minor minor*	48
65	121-1			コグンカンドリ	コグンカンドリ	*Fregata ariel ariel*	48
[12]			カツオドリ			Family Sulidae	

	コード	目名	科名	種　名	亜種名	学　　名	掲載ページ
66	124-1			カツオドリ	カツオドリ	*Sula leucogaster plotus*	49
[13]			ウ			Family Phalacrocoracidae	
67	125-1			ヒメウ	ヒメウ	*Phalacrocorax pelagicus pelagicus*	49
68	127-1			カワウ	カワウ	*Phalacrocorax carbo hanedae*	50
69	128			ウミウ		*Phalacrocorax capillatus*	50
X		ペリカン				Order PELECANIFORMES	
[14]			サギ			Family Ardeidae	
70	132-1			サンカノゴイ	サンカノゴイ	*Botaurus stellaris stellaris*	51
71	133-1			ヨシゴイ	ヨシゴイ	*Ixobrychus sinensis sinensis*	51
72	137			ミゾゴイ		*Gorsachius goisagi*	52
73	139-1			ゴイサギ	ゴイサギ	*Nycticorax nycticorax nycticorax*	52
74	141-1			ササゴイ	ササゴイ	*Butorides striata amurensis*	53
75	142			アカガシラサギ		*Ardeola bacchus*	53
76	143-1			アマサギ	アマサギ	*Bubulcus ibis coromandus*	54
77	144-1			アオサギ	アオサギ	*Ardea cinerea jouyi*	54
78	145-1			ムラサキサギ	ムラサキサギ	*Ardea purpurea manilensis*	55
79	146-1			ダイサギ	ダイサギ	*Ardea alba alba*	55
80	146-2				チュウダイサギ	*Ardea alba modesta*	55
81	147-1			チュウサギ	チュウサギ	*Egretta intermedia intermedia*	56
82	148-1			コサギ	コサギ	*Egretta garzetta garzetta*	56
83	149-1			クロサギ	クロサギ	*Egretta sacra sacra*	57
84	150			カラシラサギ		*Egretta eulophotes*	57
[15]			トキ			Family Threskiornithidae	
85	151			クロトキ		*Threskiornis melanocephalus*	58
86	153-1			ヘラサギ	ヘラサギ	*Platalea leucorodia leucorodia*	58
87	154			クロツラヘラサギ		*Platalea minor*	59
X I		ツル				Order GRUIFORMES	
[16]			ツル			Family Gruidae	
88	157			マナヅル		*Grus vipio*	59
89	160			ナベヅル		*Grus monacha*	60
[17]			クイナ			Family Rallidae	
90	166-1			クイナ	クイナ	*Rallus aquaticus indicus*	60
91	167-1			シロハラクイナ	シロハラクイナ	*Amaurornis phoenicurus phoenicurus*	61
92	168-1			ヒメクイナ	ヒメクイナ	*Porzana pusilla pusilla*	61
93	170-1			ヒクイナ	ヒクイナ	*Porzana fusca erythrothorax*	62
94	173			ツルクイナ		*Gallicrex cinerea*	62
95	174-1			バン	バン	*Gallinula chloropus chloropus*	63
96	175-1			オオバン	オオバン	*Fulica atra atra*	63
X II		カッコウ				Order CUCULIFORMES	
[18]			カッコウ			Family Cuculidae	
97	184			ジュウイチ		*Hierococcyx hyperythrus*	64
98	185			ホトトギス		*Cuculus poliocephalus*	64
99	186-1			セグロカッコウ	セグロカッコウ	*Cuculus micropterus micropterus*	64
100	187			ツツドリ		*Cuculus optatus*	65
101	188-1			カッコウ	カッコウ	*Cuculus canorus telephonus*	65

	コード	目名	科名	種 名	亜種名	学 名	掲載ページ
XⅢ		ヨタカ				Order CAPRIMULGIFORMES	
[19]			ヨタカ			Family Caprimulgidae	
102	189-1			ヨタカ	ヨタカ	*Caprimulgus indicus jotaka*	66
XⅣ		アマツバメ				Order APODIFORMES	
[20]			アマツバメ			Family Apodidae	
103	191-1			ハリオアマツバメ	ハリオアマツバメ	*Hirundapus caudacutus caudacutus*	66
104	192-2			アマツバメ	アマツバメ	*Apus pacificus kurodae*	67
105	193-1			ヒメアマツバメ	ヒメアマツバメ	*Apus nipalensis kuntzi*	67
XV		チドリ				Order CHARADRIIFORMES	
[21]			チドリ			Family Charadriidae	
106	194			タゲリ		*Vanellus vanellus*	68
107	195			ケリ		*Vanellus cinereus*	68
108	197			ムナグロ		*Pluvialis fulva*	69
109	199			ダイゼン		*Pluvialis squatarola*	69
110	200-1			ハジロコチドリ	ハジロコチドリ	*Charadrius hiaticula tundrae*	70
111	202			イカルチドリ		*Charadrius placidus*	70
112	203-1			コチドリ	コチドリ	*Charadrius dubius curonicus*	71
113	204-2			シロチドリ	シロチドリ	*Charadrius alexandrinus dealbatus*	71
114	205-2			メダイチドリ	メダイチドリ	*Charadrius mongolus stegmanni*	72
115	206			オオメダイチドリ		*Charadrius leschenaultii*	72
116	207			オオチドリ		*Charadrius veredus*	73
[22]			ミヤコドリ			Family Haematopodidae	
117	209-1			ミヤコドリ	ミヤコドリ	*Haematopus ostralegus osculans*	73
[23]			セイタカシギ			Family Recurvirostridae	
118	210-1			セイタカシギ	セイタカシギ	*Himantopus himantopus himantopus*	74
119	211			ソリハシセイタカシギ		*Recurvirostra avosetta*	74
[24]			シギ			Family Scolopacidae	
120	212			ヤマシギ		*Scolopax rusticola*	75
121	215-1			アオシギ	アオシギ	*Gallinago solitaria japonica*	75
122	216			オオジシギ		*Gallinago hardwickii*	76
123	217			ハリオシギ		*Gallinago stenura*	76
124	218			チュウジシギ		*Gallinago megala*	77
125	219-1			タシギ	タシギ	*Gallinago gallinago gallinago*	77
126	221			オオハシシギ		*Limnodromus scolopaceus*	78
127	222			シベリアオオハシシギ		*Limnodromus semipalmatus*	78
128	223-1			オグロシギ	オグロシギ	*Limosa limosa melanuroides*	79
129	225-1			オオソリハシシギ	コシジロオオソリハシシギ	*Limosa lapponica menzbieri*	79
130	225-2				オオソリハシシギ	*Limosa lapponica baueri*	79
131	226			コシャクシギ		*Numenius minutus*	80
132	227-1			チュウシャクシギ	チュウシャクシギ	*Numenius phaeopus variegatus*	80
133	230-1			ダイシャクシギ	ダイシャクシギ	*Numenius arquata orientalis*	81
134	231			ホウロクシギ		*Numenius madagascariensis*	81
135	232			ツルシギ		*Tringa erythropus*	82
136	233-1			アカアシシギ	アカアシシギ	*Tringa totanus ussuriensis*	82
137	234			コアオアシシギ		*Tringa stagnatilis*	83

	コード	目名	科名	種　名	亜種名	学　　名	掲載ページ
138	235			アオアシシギ		*Tringa nebularia*	83
139	236			カラフトアオアシシギ		*Tringa guttifer*	84
140	239			クサシギ		*Tringa ochropus*	84
141	240			タカブシギ		*Tringa glareola*	85
142	241			キアシシギ		*Heteroscelus brevipes*	85
143	243			ソリハシシギ		*Xenus cinereus*	86
144	244			イソシギ		*Actitis hypoleucos*	86
145	246-1			キョウジョシギ	キョウジョシギ	*Arenaria interpres interpres*	87
146	247			オバシギ		*Calidris tenuirostris*	87
147	248-1			コオバシギ	コオバシギ	*Calidris canutus rogersi*	88
148	249			ミユビシギ		*Calidris alba*	88
149	251			トウネン		*Calidris ruficollis*	89
150	252			ヨーロッパトウネン		*Calidris minuta*	89
151	253			オジロトウネン		*Calidris temminckii*	90
152	254			ヒバリシギ		*Calidris subminuta*	90
153	256			ヒメウズラシギ		*Calidris bairdii*	91
154	257			アメリカウズラシギ		*Calidris melanotos*	91
155	258			ウズラシギ		*Calidris acuminata*	92
156	259			サルハマシギ		*Calidris ferruginea*	92
157	261-1			ハマシギ	ハマシギ	*Calidris alpina sakhalina*	93
158	263			ヘラシギ		*Eurynorhynchus pygmeus*	93
159	264-1			キリアイ	キリアイ	*Limicola falcinellus sibirica*	94
160	266			エリマキシギ		*Philomachus pugnax*	94
161	268			アカエリヒレアシシギ		*Phalaropus lobatus*	95
[25]			レンカク			Family Jacanidae	
162	270			レンカク		*Hydrophasianus chirurgus*	95
[26]			タマシギ			Family Rostratulidae	
163	271-1			タマシギ	タマシギ	*Rostratula benghalensis benghalensis*	96
[27]			ツバメチドリ			*Family Glareolidae*	
164	273			ツバメチドリ		Glareola maldivarum	96
[28]			カモメ			Family Laridae	
165	274-1			クロアジサシ	クロアジサシ	*Anous stolidus pileatus*	97
166	286			ユリカモメ		*Larus ridibundus*	97
167	287			ズグロカモメ		*Larus saundersi*	98
168	293			ウミネコ		*Larus crassirostris*	98
169	294-1			カモメ	カモメ	*Larus canus kamtschatschensis*	99
170	295			ワシカモメ		*Larus glaucescens*	99
171	296-1			シロカモメ	シロカモメ	*Larus hyperboreus pallidissimus*	100
172	299-1			セグロカモメ	セグロカモメ	*Larus argentatus vegae*	100
173	301			オオセグロカモメ		*Larus schistisagus*	101
174	302-1			ニシセグロカモメ	ニシセグロカモメ	*Larus fuscus heuglini*	101
175	303-1			ハシブトアジサシ	ハシブトアジサシ	*Gelochelidon nilotica nilotica*	102
176	304			オニアジサシ		*Sterna caspia*	102
177	307-1			コアジサシ	コアジサシ	*Sterna albifrons sinensis*	103
178	311-1			セグロアジサシ	セグロアジサシ	*Sterna fuscata nubilosa*	103

	コード	目名	科名	種　名	亜種名	学　　名	掲載ページ
179	312-1			ベニアジサシ	ベニアジサシ	*Sterna dougallii bangsi*	104
180	313			エリグロアジサシ		*Sterna sumatrana*	104
181	314-1			アジサシ	アカアシアジサシ	*Sterna hirundo minussensis*	105
182	314-2				アジサシ	*Sterna hirundo longipennis*	105
183	315			キョクアジサシ		*Sterna paradisaea*	105
184	316-1			クロハラアジサシ	クロハラアジサシ	*Chlidonias hybrida javanicus*	106
185	317			ハジロクロハラアジサシ		*Chlidonias leucopterus*	106
[29]			トウゾクカモメ			Family Stercorariidae	
186	319			オオトウゾクカモメ		*Stercorarius maccormicki*	107
[30]			ウミスズメ			Family Alcidae	
187	330			ウミスズメ		*Synthliboramphus antiquus*	107
188	331			カンムリウミスズメ		*Synthliboramphus wumizusume*	108
XVI		タカ				Order ACCIPITRIFORMES	
[31]			ミサゴ			Family Pandionidae	
189	339-1			ミサゴ	ミサゴ	*Pandion haliaetus haliaetus*	111
[32]			タカ			Family Accipitridae	
190	340-1			ハチクマ	ハチクマ	*Pernis ptilorhynchus orientalis*	111
191	342-1			トビ	トビ	*Milvus migrans lineatus*	112
192	343-1			オジロワシ	オジロワシ	*Haliaeetus albicilla albicilla*	112
193	345			オオワシ		*Haliaeetus pelagicus*	113
194	346			クロハゲワシ		*Aegypius monachus*	113
195	349-1			チュウヒ	チュウヒ	*Circus spilonotus spilonotus*	114
196	350-1			ハイイロチュウヒ	ハイイロチュウヒ	*Circus cyaneus cyaneus*	114
197	353			アカハラダカ		*Accipiter soloensis*	115
198	354-1			ツミ	ツミ	*Accipiter gularis gularis*	115
199	355-1			ハイタカ	ハイタカ	*Accipiter nisus nisosimilis*	116
200	356-2			オオタカ	オオタカ	*Accipiter gentilis fujiyamae*	116
201	357			サシバ		*Butastur indicus*	117
202	358-1			ノスリ	ノスリ	*Buteo buteo japonicus*	117
203	359			オオノスリ		*Buteo hemilasius*	119
204	361			カラフトワシ		*Aquila clanga*	119
205	362			カタシロワシ		*Aquila heliaca*	120
206	363-1			イヌワシ	イヌワシ	*Aquila chrysaetos japonica*	120
207	364-1			クマタカ	クマタカ	*Nisaetus nipalensis orientalis*	121
XVII		フクロウ				Order STRIGIFORMES	
[33]			フクロウ			Family Strigidae	
208	366-2			オオコノハズク	オオコノハズク	*Otus lempiji semitorques*	122
209	367-1			コノハズク	コノハズク	*Otus sunia japonicus*	122
210	372-4			フクロウ	キュウシュウフクロウ	*Strix uralensis fuscescens*	123
211	374-2			アオバズク	アオバズク	*Ninox scutulata japonica*	123
212	375-1			トラフズク	トラフズク	*Asio otus otus*	124
213	376-1			コミミズク	コミミズク	*Asio flammeus flammeus*	124
XVIII		サイチョウ				Order BUCEROTIFORMES	
[34]			ヤツガシラ			Family Upupidae	
214	377-1			ヤツガシラ	ヤツガシラ	*Upupa epops saturata*	125

	コード	目名	科名	種　名	亜種名	学　名	掲載ページ
XIX		ブッポウソウ				Order CORACIIFORMES	
[35]			カワセミ			Family Alcedinidae	
215	378-1			アカショウビン	アカショウビン	*Halcyon coromanda major*	125
216	380			ヤマショウビン		*Halcyon pileata*	126
217	383-1			カワセミ	カワセミ	*Alcedo atthis bengalensis*	126
218	385-2			ヤマセミ	ヤマセミ	*Megaceryle lugubris lugubris*	127
[36]			ブッポウソウ			Family Coraciidae	
219	387-1			ブッポウソウ	ブッポウソウ	*Eurystomus orientalis calonyx*	127
XX		キツツキ				Order PICIFORMES	
[37]			キツツキ			Family Picidae	
220	388-2			アリスイ	アリスイ	*Jynx torquilla japonica*	128
221	390-6			コゲラ	キュウシュウコゲラ	*Dendrocopos kizuki kizuki*	128
222	392-3			オオアカゲラ	ナミエオオアカゲラ	*Dendrocopos leucotos namiyei*	129
223	397-2			アオゲラ	カゴシマアオゲラ	*Picus awokera horii*	129
XXI		ハヤブサ				Order FALCONIFORMES	
[38]			ハヤブサ			Family Falconidae	
224	401-1			チョウゲンボウ	チョウゲンボウ	*Falco tinnunculus interstinctus*	130
225	402			アカアシチョウゲンボウ		*Falco amurensis*	130
226	403-1			コチョウゲンボウ	コチョウゲンボウ	*Falco columbarius insignis*	131
227	404-1			チゴハヤブサ	チゴハヤブサ	*Falco subbuteo subbuteo*	131
228	407-1			ハヤブサ	ハヤブサ	*Falco peregrinus japonensis*	132
229	407-2				オオハヤブサ	*Falco peregrinus pealei*	132
XXII		スズメ				Order PASSERIFORMES	
[39]			ヤイロチョウ			Family Pittidae	
230	409			ヤイロチョウ		*Pitta nympha*	132
[40]			サンショウクイ			Family Campephagidae	
231	411-1			アサクラサンショウクイ	アサクラサンショウクイ	*Coracina melaschistos intermedia*	133
232	412-1			サンショウクイ	サンショウクイ	*Pericrocotus divaricatus divaricatus*	133
233	412-2				リュウキュウサンショウクイ	*Pericrocotus divaricatus tegimae*	133
[41]			オウチュウ			Family Dicruridae	
234	414-U			オウチュウ		*Dicrurus macrocercus ssp.*	134
235	415-1			ハイイロオウチュウ	ハイイロオウチュウ	*Dicrurus leucophaeus leucogenis*	134
[42]			カササギヒタキ			Family Monarchidae	
236	418-1			サンコウチョウ	サンコウチョウ	*Terpsiphone atrocaudata atrocaudata*	135
[43]			モズ			Family Laniidae	
237	419			チゴモズ		*Lanius tigrinus*	135
238	420-1			モズ	モズ	*Lanius bucephalus bucephalus*	136
239	421-1			アカモズ	シマアカモズ	*Lanius cristatus lucionensis*	136
240	421-2				アカモズ	*Lanius cristatus superciliosus*	136
241	422-1			セアカモズ	セアカモズ	*Lanius collurio pallidifrons*	137
242	423-U			モウコアカモズ	モウコアカモズ	*Lanius isabellinus ssp.*	137
243	424-1			タカサゴモズ	タカサゴモズ	*Lanius schach schach*	138
244	426-1			オオカラモズ	オオカラモズ	*Lanius sphenocercus sphenocercus*	138
[44]			カラス			Family Corvidae	
245	427-2			カケス	カケス	*Garrulus glandarius japonicus*	139

	コード	目名	科名	種　名	亜種名	学　名	掲載ページ
246	431-2			ホシガラス	ホシガラス	*Nucifraga caryocatactes japonica*	139
247	433			コクマルガラス		*Corvus dauuricus*	140
248	434-1			ミヤマガラス	ミヤマガラス	*Corvus frugilegus pastinator*	140
249	435-1			ハシボソガラス	ハシボソガラス	*Corvus corone orientalis*	141
250	436-2			ハシブトガラス	ハシブトガラス	*Corvus macrorhynchos japonensis*	141
[45]			キクイタダキ			Family Regulidae	
251	438-1			キクイタダキ	キクイタダキ	*Regulus regulus japonensis*	142
[46]			ツリスガラ			Family Remizidae	
252	439-1			ツリスガラ	ツリスガラ	*Remiz pendulinus consobrinus*	142
[47]			シジュウカラ			Family Paridae	
253	441-2			コガラ	コガラ	*Poecile montanus restrictus*	143
254	442-1			ヤマガラ	ヤマガラ	*Poecile varius varius*	143
255	443-1			ヒガラ	ヒガラ	*Periparus ater insularis*	144
256	444			キバラガラ		*Periparus venustulus*	144
257	445-1			シジュウカラ	シジュウカラ	*Parus minor minor*	145
[48]			ヒバリ			Family Alaudidae	
258	450-1			ヒメコウテンシ	ヒメコウテンシ	*Calandrella brachydactyla longipennis*	145
259	452-3			ヒバリ	ヒバリ	*Alauda arvensis japonica*	146
[49]			ツバメ			Family Hirundinidae	
260	455-1			ショウドウツバメ	ショウドウツバメ	*Riparia riparia ijimae*	147
261	457-1			ツバメ	アカハラツバメ	*Hirundo rustica saturata*	147
262	457-2				ツバメ	*Hirundo rustica gutturalis*	147
263	459-1			コシアカツバメ	コシアカツバメ	*Hirundo daurica japonica*	148
264	461-1			イワツバメ	イワツバメ	*Delichon dasypus dasypus*	148
[50]			ヒヨドリ			Family Pycnonotidae	
265	463-1			ヒヨドリ	ヒヨドリ	*Hypsipetes amaurotis amaurotis*	149
[51]			ウグイス			Family Cettiidae	
266	464-3			ウグイス	ウグイス	*Cettia diphone cantans*	149
267	465			ヤブサメ		*Urosphena squameiceps*	150
[52]			エナガ			Family Aegithalidae	
268	466-4			エナガ	キュウシュウエナガ	*Aegithalos caudatus kiusiuensis*	150
[53]			ムシクイ			Family Phylloscopidae	
269	468-1			チフチャフ	チフチャフ	*Phylloscopus collybita tristis*	151
270	470-1			ムジセッカ	ムジセッカ	*Phylloscopus fuscatus fuscatus*	151
271	474			キマユムシクイ		*Phylloscopus inornatus*	152
272	476			オオムシクイ		*Phylloscopus examinandus*	152
273	477			メボソムシクイ		*Phylloscopus xanthodryas*	153
274	479			エゾムシクイ		*Phylloscopus borealoides*	153
275	480			センダイムシクイ		*Phylloscopus coronatus*	154
276	481			イイジマムシクイ		*Phylloscopus ijimae*	154
[54]			メジロ			Family Zosteropidae	
277	485-1			メジロ	メジロ	*Zosterops japonicus japonicus*	155
[55]			センニュウ			Family Locustellidae	
278	487			シマセンニュウ		*Locustella ochotensis*	155
279	488			ウチヤマセンニュウ		*Locustella pleskei*	156

	コード	目名	科名	種　名	亜種名	学　　名	掲載ページ
280	491-1			エゾセンニュウ	エゾセンニュウ	*Locustella fasciolata amnicola*	156
[56]			ヨシキリ			Family Acrocephalidae	
281	492			オオヨシキリ		*Acrocephalus orientalis*	158
282	493-1			コヨシキリ	コヨシキリ	*Acrocephalus bistrigiceps bistrigiceps*	158
[57]			セッカ			Family Cisticolidae	
283	499-1			セッカ	セッカ	*Cisticola juncidis brunniceps*	159
[58]			レンジャク			Family Bombycillidae	
284	500-1			キレンジャク	キレンジャク	*Bombycilla garrulus centralasiae*	159
285	501			ヒレンジャク		*Bombycilla japonica*	160
[59]			ゴジュウカラ			Family Sittidae	
286	502-3			ゴジュウカラ	キュウシュウゴジュウカラ	*Sitta europaea roseilia*	160
[60]			キバシリ			Family Certhiidae	
287	503-2			キバシリ	キバシリ	*Certhia familiaris japonica*	161
[61]			ミソサザイ			Family Troglodytidae	
288	504-2			ミソサザイ	ミソサザイ	*Troglodytes troglodytes fumigatus*	161
[62]			ムクドリ			Family Sturnidae	
289	505			ギンムクドリ		*Spodiopsar sericeus*	162
290	506			ムクドリ		*Spodiopsar cineraceus*	162
291	508			コムクドリ		*Agropsar philippensis*	163
292	509			カラムクドリ		*Sturnia sinensis*	163
293	511-1			ホシムクドリ	ホシムクドリ	*Sturnus vulgaris poltaratskyi*	164
[63]			カワガラス			Family Cinclidae	
294	512-1			カワガラス	カワガラス	*Cinclus pallasii pallasii*	164
[64]			ヒタキ			Family Muscicapidae	
295	513-1			マミジロ	マミジロ	*Zoothera sibirica davisoni*	165
296	514-1			トラツグミ	トラツグミ	*Zoothera dauma aurea*	165
297	517			カラアカハラ		*Turdus hortulorum*	166
298	518			クロツグミ		*Turdus cardis*	166
299	520			マミチャジナイ		*Turdus obscurus*	167
300	521			シロハラ		*Turdus pallidus*	167
301	522-2			アカハラ	アカハラ	*Turdus chrysolaus chrysolaus*	168
302	525-1			ツグミ	ツグミ	*Turdus naumanni eunomus*	168
303	525-2				ハチジョウツグミ	*Turdus naumanni naumanni*	168
304	530-1			コマドリ	コマドリ	*Luscinia akahige akahige*	169
305	532-1			オガワコマドリ	オガワコマドリ	*Luscinia svecica svecica*	169
306	533			ノゴマ		*Luscinia calliope*	170
307	534-1			コルリ	コルリ	*Luscinia cyane bochaiensis*	170
308	536-1			ルリビタキ	ルリビタキ	*Tarsiger cyanurus cyanurus*	171
309	540-1			ジョウビタキ	ジョウビタキ	*Phoenicurus auroreus auroreus*	171
310	542-1			ノビタキ	ノビタキ	*Saxicola torquatus stejnegeri*	172
311	548-1			サバクヒタキ	サバクヒタキ	*Oenanthe deserti oreophila*	172
312	549-2			イソヒヨドリ	イソヒヨドリ	*Monticola solitarius philippensis*	173
313	552			エゾビタキ		*Muscicapa griseisticta*	173
314	553-1			サメビタキ	サメビタキ	*Muscicapa sibirica sibirica*	174
315	554-1			コサメビタキ	コサメビタキ	*Muscicapa dauurica dauurica*	174

	コード	目名	科名	種　名	亜種名	学　　名	掲載ページ
316	557			マミジロキビタキ		*Ficedula zanthopygia*	175
317	558-1			キビタキ	キビタキ	*Ficedula narcissina narcissina*	175
318	559			ムギマキ		*Ficedula mugimaki*	176
319	560			オジロビタキ		*Ficedula albicilla*	176
320	561-2			オオルリ	オオルリ	*Cyanoptila cyanomelana cyanomelana*	177
[65]			イワヒバリ			Family Prunellidae	
321	566			カヤクグリ		*Prunella rubida*	177
[66]			スズメ			Family Passeridae	
322	568-1			ニュウナイスズメ	ニュウナイスズメ	*Passer rutilans rutilans*	178
323	569-1			スズメ	スズメ	*Passer montanus saturatus*	178
[67]			セキレイ			Family Motacillidae	
324	570			イワミセキレイ		*Dendronanthus indicus*	179
325	571-3			ツメナガセキレイ	キタツメナガセキレイ	*Motacilla flava macronyx*	179
326	571-4				マミジロツメナガセキレイ	*Motacilla flava simillima*	179
327	571-5				ツメナガセキレイ	*Motacilla flava taivana*	179
328	572-1			キガシラセキレイ	キガシラセキレイ	*Motacilla citreola citreola*	180
329	573-1			キセキレイ	キセキレイ	*Motacilla cinerea cinerea*	180
330	574-5			ハクセキレイ	タイワンハクセキレイ	*Motacilla alba ocularis*	181
331	574-6				ハクセキレイ	*Motacilla alba lugens*	181
332	574-7				ホオジロハクセキレイ	*Motacilla alba leucopsis*	181
333	575			セグロセキレイ		*Motacilla grandis*	182
334	576-1			マミジロタヒバリ	マミジロタヒバリ	*Anthus richardi richardi*	182
335	577			コマミジロタヒバリ		*Anthus godlewskii*	183
336	580-2			ビンズイ	ビンズイ	*Anthus hodgsoni hodgsoni*	183
337	583			ムネアカタヒバリ		*Anthus cervinus*	184
338	584-1			タヒバリ	タヒバリ	*Anthus rubescens japonicus*	184
[68]			アトリ			Family Fringillidae	
339	586			アトリ		*Fringilla montifringilla*	185
340	587-1			カワラヒワ	オオカワラヒワ	*Chloris sinica kawarahiba*	185
341	587-2				カワラヒワ	*Chloris sinica minor*	185
342	588			マヒワ		*Carduelis spinus*	186
343	591-1			ハギマシコ	ハギマシコ	*Leucosticte arctoa brunneonucha*	186
344	592-1			ベニマシコ	ベニマシコ	*Uragus sibiricus sanguinolentus*	187
345	595			オオマシコ		*Carpodacus roseus*	187
346	597-1			イスカ	イスカ	*Loxia curvirostra japonica*	188
347	599-1			ウソ	ベニバラウソ	*Pyrrhula pyrrhula cassinii*	189
348	599-2				アカウソ	*Pyrrhula pyrrhula rosacea*	189
349	599-3				ウソ	*Pyrrhula pyrrhula griseiventris*	188
350	600-2			シメ	シメ	*Coccothraustes coccothraustes japonicus*	189
351	601-1			コイカル	コイカル	*Eophona migratoria migratoria*	190
352	602-1			イカル	イカル	*Eophona personata personata*	190
[69]			ツメナガホオジロ			Family Calcariidae	
353	604-1			ユキホオジロ	ユキホオジロ	*Plectrophenax nivalis vlasowae*	191
[70]			ホオジロ			Family Emberizidae	
354	610-1			ホオジロ	ホオジロ	*Emberiza cioides ciopsis*	191

	コード	目名	科名	種　名	亜種名	学　名	掲載ページ
355	614-1			ホオアカ	ホオアカ	*Emberiza fucata fucata*	192
356	615			コホオアカ		*Emberiza pusilla*	192
357	617-1			カシラダカ	カシラダカ	*Emberiza rustica latifascia*	193
358	618-1			ミヤマホオジロ	ミヤマホオジロ	*Emberiza elegans elegans*	193
359	619-1			シマアオジ	シマアオジ	*Emberiza aureola ornata*	194
360	623			ノジコ		*Emberiza sulphurata*	194
361	624-1			アオジ	シベリアアオジ	*Emberiza spodocephala spodocephala*	195
362	624-2				アオジ	*Emberiza spodocephala personata*	195
363	625			クロジ		*Emberiza variabilis*	196
364	626-1			シベリアジュリン	シベリアジュリン	*Emberiza pallasi polaris*	196
365	627-1			コジュリン	コジュリン	*Emberiza yessoensis yessoensis*	197
366	628-1			オオジュリン	オオジュリン	*Emberiza schoeniclus pyrrhulina*	197

22目　70科　366種・亜種

外来種

	コード	目名	科名	種　名	亜種名	学　名	掲載ページ
		キジ				Order GALLIFORMES	
			キジ			Family Phasianidae	
				コジュケイ	コジュケイ	*Bambusicola thoracicus thoracicus*	199
				インドクジャク		*Pavo cristatus*	
		カモ				Order ANSERIFORMES	
			カモ			Family Anatidae	
				コクチョウ		*Cygnus atratus*	199
				コブハクチョウ		*Cygnus olor*	199
		ハト				Order COLUMBIFORMES	
			ハト			Family Columbidae	
				カワラバト（ドバト）		*Columba livia*	200
		コウノトリ				Order CICONIIFORMES	
			コウノトリ			Family Ciconiidae	
				コウノトリ		*Ciconia boyciana*	
				インドトキコウ		*Mycteria leucocephala*	
		インコ				Order PSITTACIFORMES	
			インコ			Family Psittacidae	
				セキセイインコ		*Melopsittacus undulatus*	
				ホンセイインコ	ワカケホンセイインコ	*Psittacula krameri*	
		スズメ				Order PASSERIFORMES	
			カラス			Family Corvidae	
				カササギ	カササギ	*Pica pica serica*	200
			チメドリ			Family Timaliidae	
				ガビチョウ		*Garrulax canorus*	200
				ソウシチョウ		*Leiothrix lutea*	200
			カエデチョウ			Family ESTRILDIDAE	
				ベニスズメ		*Amandava amandava*	200

	コード	目名	科名	種　名	亜種名	学　名	掲載ページ
				ブンチョウ		*Padda oryzivora*	
			フウキンチョウ			Family THRAUPIDAE	
				コウカンチョウ		*Paroaria coronata*	

6目　9科　15種・亜種

参考記録

	コード	目名	科名	種　名	亜種名	学　名	掲載ページ
		ミズナギドリ				Order PROCELLARIIFORMES	
			ミズナギドリ			Family Procellariidae	
	101			ハイイロミズナギドリ		*Puffinus griseus*	
		ペリカン				Order PELECANIFORMES	
			ペリカン			Family Pelecanidae	
	131			ハイイロペリカン		*Pelecanus crispus*	
			サギ			Family Ardeidae	
	134			オオヨシゴイ		*Ixobrychus eurhythmus*	
		ツル				Order GRUIFORMES	
			クイナ			Family Rallidae	
	162			シマクイナ		*Coturnicops exquisitus*	
		チドリ				Order CHARADRIIFORMES	
			カモメ			Family Laridae	
	300-1			キアシセグロカモメ	キアシセグロカモメ	*Larus cachinnans mongolicus*	
			トウゾクカモメ			Family Stercorariidae	
	321			クロトウゾクカモメ		*Stercorarius parasiticus*	
		タカ				Order ACCIPITRIFORMES	
			タカ			Family Accipitridae	
	352			マダラチュウヒ		*Circus melanoleucos*	
		ハヤブサ				Order FALCONIFORMES	
			ハヤブサ			Family Falconidae	
	406			シロハヤブサ		*Falco rusticolus*	
		スズメ				Order PASSERIFORMES	
			ヒタキ			Family Muscicapidae	
	535			シマゴマ		*Luscinia sibilans*	

7目　9科　9種・亜種

宮崎県内に伝わる野鳥の方言

1999年作成

種名(標準和名)	方言名	地域・地区	備考
カイツブリ	ケッツンブロ ケツグロ ケツブロ	全域	
ゴイサギ	ゲンノジュ	佐土原町	
マガモ	アオクビ	全域	首部の羽色が緑色。
ミサゴ	ビシャ	宮崎市	
チドリ類	ツンツンドリ	日向市	
ヤマシギ	ヤブシギ	清武町	生息環境が林地。
コアジサシ	シロツバメ	日向市	尾が燕尾型。
キジバト	クロバト ソババト ヤマバト	全域 日南市 全域	 ソバのダシによい。 生息環境は里山。
アオバト	ヤンバト	日南市	山に棲むハト。
アオバズク	ヘクセポッポ ホーホドリ ヨシカドリ カスッペ	宮崎市・檍 西・北諸県 日南市	 イスノキの虫えいを吹くと、アオバズクの声に似た音がする。これをカスッペと言うため。
フクロウ	コウズ コズ コウズドン	全域	
ヤマセミ	カノコマダラ		羽色が白黒のまだら模様。
アカショウビン	アカビッショ アマカン アマカンドリ キンキョドイ クリバカリ ミズキャドリ ミッケドイ ヤマビッシ	都城市、えびの市 都城市 都城市 都城市、えびの市 米良 諸塚村 須木村 都城市、えびの市	
カワセミ	イオトリコズ カワゴイ カワビッショ ヒッスイ ビッシ	宮崎市・瓜生野 串間市・市木 西・北諸県郡 東諸県郡 西・北諸県郡	主に魚が餌となる。
キツツキ類	クリバカリ ケラ	米良 全域	種の区別はしていない。
セキレイ類	イシタタキ カンジンドリ シリボフリ	全域 佐土原町 国富町	キセキレイとセグロセキレイの区別はしていない。

種名(標準和名)	方 言 名	地域・地区	備 考
タヒバリ	ムギスイ	延岡市	
ヒヨドリ	ヒヨス	全 域	
	ヒヨズ		
モズ	キチモズ	全 域	
	モズキチ		
ミソサザイ	ミソッチョ	全 域	
ノゴマ	ホトケドリ	えびの市	
ジョウビタキ	ヒンカチ	全 域	
	ヒンコツ		
	モンツキ	全 域	翼に白い紋がある。
イソヒヨドリ	イソツグミ	日南市	
トラツグミ	オンツグミ	清武町	オン＝オニで、大きなツグミ。
アカハラ	クワッチュウ	日南市	
ツグミ	カッチョ	全 域	
	クワッカ		
	ツクシト	須木村	
ウグイス	セセッチョ	日南市	
	デッヂ	高城町	
オオヨシキリ	ヨシワラスズメ		生息環境はヨシ原が多い。
ムギマキ	チョウセンスズメ	延岡市	
オオルリ	ルリ	全 域	
ホオジロ	シトト	全 域	
ホオジロ類	シトド	西・北諸県	
	ヒットト	西・北諸県	
	ノシトト	西都市・都於郡	
ホオアカ	ニャンニャンホウ	都城市	
	ヒットト	都城市	
アオジ	ヤブシトト	都城市	
クロジ	ヤマシトト	えびの市	
カワラヒワ	アサヒキ	小林市、都城市	
イカル	ムクグイ		ムクノキの実を食べる。
	モッキイ		
	モックイ	清武町、日南市	
カケス	キャアジ	延岡市、椎葉村	
	ゲジ	えびの市、須木村	
	ゲジンボウ	椎葉村	
	バカッシュ	都城市	
	バカントリ	佐土原町	
	ヤマガラス	県北	
ミヤマガラス	マンシュウガラス	山之口町	

(鈴木素直・井上伸之作成)

※出典：「野鳥はともだち」　鈴木素直　1988年　鉱脈社
大鳥展:平成 11年度宮崎総合博物館特別企画展　図録

参考文献

五百沢日丸,2000.日本の鳥550山野の鳥.文一総合出版.東京

岩崎文紀,1997.日本動物大百科鳥類2.平凡社.東京

叶内拓哉・安部直哉・上田秀雄,1998.山渓ハンディ図鑑7日本の野鳥.山と渓谷社.東京

蒲谷鶴彦,1996.日本野鳥大鑑 下.小学館.東京

Kawaji. N., 1994a. Ground nesting of the Eastern Turtle Dove Streptopelia orientalis. J. Yamashina Inst. Ornithol. 26: 137-139.

Kawaji. N., 1994b. Lower predation rates on artificial ground nests than arboreal nests in western Hokkaido. Jpn. J. Ornithol. 43: 1-9.

清棲幸保,1978.日本鳥類大図鑑（増補復刻版・原著1957年）.講談社.東京

桐原政志,2000.日本の鳥550水辺の鳥.文一総合出版.東京

黒田長久編,1984.世界文化生物大図鑑3鳥類.世界文化社.東京

CLIVE VINEY　KAREN PHILLIPPS　LAM CHIU YING, 1944. BIRDS OF HONG KONG and South China.　PURPLE SWAMPHEN,　香港

G.J. Carey; M.L. Chalmers; D.A. Diskin, 2001. The Avifauna of Hong Kong.Published by Hong Kong Bird Watching Society, Hong Kong

末吉豊文・中村豊・岩切康二,2003.宮崎県新富町に落鳥したオオノスリの収蔵について.宮崎県総合博物館研究紀要（24）: 8-11 .宮崎

末吉豊文・中村豊,2004.宮崎県におけるヒメコウテンシの秋季記録.宮崎県総合博物館研究紀要（25）: 13-16 .宮崎

末吉豊文・中村豊,2006.コシジロウミツバメの収集と計測値.宮崎県総合博物館研究紀要（27）: 1-6 .宮崎

鈴木素直,1978.野鳥とみやざき.黒田謄写堂.宮崎

鈴木素直,1987.野鳥はともだち.鉱脈社.宮崎

Seo,Jung-Hwa and Park,jong-Gi,A Photographic Guide to the Birds of korea（韓国の野鳥写真図鑑陸鳥編）. Shigu Publishing.　韓国

高野伸二監修,1981.日本産鳥類図鑑.東海大学出版会.東京

高野伸二,1982.フィールドガイド日本の野鳥.日本野鳥の会.東京

高野伸二編,1985.山渓カラー名鑑日本の野鳥.山と渓谷社.東京

東京営林局森林管理部. 1997. アカガシラカラスバト希少野生動植物種保護管理対策調査報告書. 66 p .

中村登流・中村雅彦,1995.原色日本野鳥生態図鑑<陸鳥編>.保育社.大阪

中村登流・中村雅彦,1995.原色日本野鳥生態図鑑<水鳥編>.保育社.大阪

中村豊,1994.門川町枇榔島におけるカンムリウミスズメの現状.みやざきの自然９号 : 13-19.鉱脈社.宮崎

中村豊・小野宏治,1997.門川町枇榔島におけるカンムリウミスズメについて. 宮崎県総合博物館研究紀要（20）：25-40 .宮崎
中村豊・児玉純一・井上伸之・岩切 久,1999.宮崎県におけるウチヤマセンニュウの繁殖初確認.日本鳥学会誌 Vol.47：61-63.東京
中村豊・児玉純一・井上伸之・岩崎郁雄・岩切 久,1999.宮崎県におけるアナドリの繁殖初確認.日本鳥学会誌 Vol.47：145-147. 東京
中村豊・児玉純一,2001.宮崎県の枇榔島と小枇榔におけるカラスバトの地上営巣例.日本鳥学会誌 Vol.50：37-41. 東京
中村豊,2004.霧島山の鳥類.宮崎県総合博物館総合調査報告書「霧島山の動植物」：11－22.安藤印刷.宮崎
中村豊・稲田菊雄,2005.九州祖母山系障子岳におけるルリビタキの繁殖初確認.Strix Vol.23：219-224.東京
中村豊・児玉純一,2008.枇榔島周辺の鳥類.宮崎県総合博物館総合調査報告書「県北地域調査報告書」：13-24.宮崎
中村豊・児玉純一・末吉豊文・他,2009.カンムリウミスズメの枇榔島への移動.宮崎県総合博物館研究紀要（29）：15-26.宮崎
中村豊.2009.枇榔島のカンムリウミスズメ.野鳥No.732（4月号）：14-16.（財）日本野鳥の会, 東京.
中村豊・末吉豊文・福島英樹,2010.カンムリウミスズメの巣立ちその後.宮崎県総合博物館研究紀要（30）：1-9.宮崎
中村豊・末吉豊文,2010.宮崎県におけるオオコノハズクの繁殖確認.宮崎県総合博物館研究紀要（30）：11-14.宮崎
中村豊・児玉純一,2011.宮崎県央部におけるカワウの生息状況.宮崎県総合博物館総合調査報告書「県央地域調査報告書」：61-73.宮崎
中村豊・福島英樹,2011.チョウゲンボウの越冬塒に関する事例報告.宮崎県総合博物館研究紀要（31）：1-3.宮崎
中村豊,2011.日本の海鳥研究最前線・宮崎県枇榔島におけるカンムリウミスズメの生態.海洋と生物（194）：233-238.東京
日本鳥学会,2012.日本鳥類目録（改訂第７版）.日本鳥学会.三田
日本野鳥の会,1981.バードウォッチング.三共グラビア印刷.東京
日本野鳥の会レンジャー ,1992.あなたもバードウォッチング案内人.三洋印刷.東京
日本野鳥の会愛媛県支部,1992.愛媛の野鳥観察ハンドブック はばたき.愛媛新聞社.愛媛
日本野鳥の会宮崎県支部,1991.日南市におけるカワセミ生息状況調査報告書.日南市
日本野鳥の会宮崎県支部,1994.宮崎の野鳥.鉱脈社.宮崎
日本野鳥の会宮崎県支部,2003.平成14年度野生鳥獣生息分布調査報告書.宮崎県.
日本野鳥の会宮崎県支部,2004.平成14・15年度高千穂町内野鳥生息調査報告書.高千穂町
日本野鳥の会宮崎県支部,2004.平成15年度野生鳥獣生息分布調査報告書.宮崎県
日本野鳥の会宮崎県支部,2010.平成21年度コシジロヤマドリ生息調査委託報告書.宮崎県
日本野鳥の会宮崎県支部,2011.平成22年度国指定枇榔島鳥獣保護区鳥類生息状況等調査業務報告書.環境省
日本野鳥の会宮崎県支部,1968-2014.野鳥だよりみやざき1～240号.日本野鳥の会宮崎県支部.宮崎
樋口広芳・森岡弘之・山岸哲編,1997.日本動物大百科第4巻鳥類Ⅱ：pp 70.平凡社.東京

日高哲二,1990.綾・照葉樹林の鳥類群集（1）－繁殖鳥類群集－.みやざきの自然　3号：30-34.鉱脈社.宮崎
日高哲二,1991.綾・照葉樹林の鳥類群集（二）－冬期鳥類群集－.みやざきの自然　4号：104-112.鉱脈社.宮崎
福島英樹・中村 豊・湯淺芳彦，2011．カラアカハラの越冬に関する事例報告．宮崎県総合博物館研究紀要（33）：1-10．宮崎
福島英樹・中村豊・貴島章二郎,2013.宮崎県宮崎市におけるシロハラクイナの繁殖に関する記録.宮崎県総合博物館研究紀要（33）：1-8.宮崎
福島英樹・中村豊,2013.宮崎県宮崎市に落鳥したコグンカンドリの収蔵について.宮崎県総合博物館研究紀要（33）：17-20.宮崎
福島英樹・山田真太郎・中村豊・湯浅芳彦,2013.宮崎県宮崎市一ツ葉入江に飛来したキョクアジサシ.宮崎県総合博物館研究紀要（33）：9-16.宮崎
福島英樹、2013．すばらしき宮崎の自然～野鳥編～.宮崎県総合博物館.宮崎
真木広造，2012，ワシタカ・ハヤブサ識別図鑑．平凡社．東京
宮崎県,1971.宮崎の野鳥.愛文社印刷所.宮崎
宮崎県総合博物館，1999.平成11年度特別企画展「大鳥展」．宮崎県総合博物館友の会．宮崎
宮崎県版レッドデータブック作成検討委員会,2000.宮崎県の保護上重要な野生生物・宮崎県版レッドデータブック：234-251.宮崎県環境科学協会.宮崎
宮崎県,2005.みやざきの野鳥.鉱脈社.宮崎
宮崎県版レッドデータブック作成検討委員会,2011.宮崎県の保護上重要な野生生物 改訂・宮崎県版レッドデータブック2010年度版：196-211.宮崎県環境森林部自然環境課.宮崎
山岸哲・森岡弘之・樋口広芳監修,2004.鳥類学辞典.昭和堂.京都
赵　正阶（編著），2001..中国鳥類志.下巻 雀形目：695-697．吉林科学技術出版．長春
山本健次郎・三宅貞敏．1994．光市牛島におけるカラスバトの生息状況と生態．山口県立山口博物館研究報告20：1-25.

あとがきにかえて

2005年に宮崎で開催された「第59回全国野鳥保護のつどい」を記念して出版された『みやざきの野鳥』は人気が高く、在庫切れとなっても購入希望者が多くおりました。時間も経過していることもあり、何とか改訂版をと思い、ようやく実現することができました。

出版社と相談して改訂をするにあたっての大まかな方針を決め、その後共同執筆を井上伸之氏、福島英樹氏にお願いし快諾を頂きましたので、執筆分担や写真分担などを３人で相談しながら決めるなか、写真は県内撮影にこだわり、県内に記録のあるできるだけ多くの種を掲載することとしました。

方針が決まり漸く本を出版する方向に動き出しましたが、執筆の難しさ、写真の準備、配列等など、なかなか進まず、企画してからここまで約２年を要してしまいました。その間応援してくださる方からは、「まだ出ないの？　いつ出るの？」なんて言われながら、遅々として進まぬ執筆にもどかしさを感じ、見直すたびに変わる文章表現の修正を繰り返しながら、「何処かで区切りをつける」ことで、漸くここに本が出来上がりました。

この本が県内の鳥を見る上で、ビギナーバーダーさんの一助になれば幸いです。

最後になりましたが、共同執筆を引き受けて頂いた井上、福島両名と鉱脈社の川口敦己社長、並びに担当者の今別府久子さんの懇切丁寧なご指導、ご支援があったからと感謝しております。ありがとうございました。

（中村　豊）

*　　　　　　*

2013年２月、「みやざきの野鳥の改訂版を一緒に作らないか。」と、この本の主筆である中村豊さんに声をかけられました。野鳥観察は小休止していましたが、これまでの観察記録や写真を活かせる良い機会になると思い、ぜひ一緒にやりたいとお答えしました。

その後、執筆者と編集者を交えた打合せを重ね、リストの作成・写真の選定・解説文の作成などを始めましたが、なかなか思うようには進まず、鉱脈社の今別府さんにはずいぶんご迷惑をおかけしました。ただ、『みやざきの野鳥図鑑』として、できるだけ県内の情報を入れるように、野鳥の会宮崎県支部の諸先輩の観察記録を基に執筆を行いました。

私はこれまで、30年以上にわたって野鳥と関わりをもってきました。この間、シカによる山地荒廃・里山や田畑の荒廃・水圏の人工改修などにより、野鳥を取り巻く自然は大きく変化しました。コマドリ、コノハズク、ヨタカ、アオバズクなど、宮崎県内で繁殖する夏鳥を中心に姿を消していく種も多くなる一方、ムクドリやヒヨドリ、ハクセキレイ、キジバトなどは、人里や人工的な環境に適応して繁殖し、個体数を増やしています。このような野鳥の動きについては、これからもしっかり観察していきたいと思っています。

最後になりますが、このような出版の機会を与えていただいた鉱脈社の皆さん、私たちの依頼に応じて快く写真を提供いただいた鳥友のみなさん、本当にありがとうございました。　（井上伸之）

＊　　　　　　＊

私は一ツ瀬川河口に近いところに住んでいるため、一ツ瀬川で野鳥を観察することがよくあります。一ツ瀬川は宮崎県中部を流れる総延長約90㎞の川で、上・中流部は照葉樹林に囲まれた渓谷となっており、上空をクマタカが舞い、川沿いではヤマセミの姿も見られます。夏には、オオルリやサンコウチョウの鳴き声が聞こえ、ブッポウソウも繁殖のため飛来してきます。ヤイロチョウの声が聞こえる所も何カ所かありました。西都市杉安より下流は平野部をゆったりと流れ、河口の中洲周辺には干潟が形成されます。河口左岸は富田浜入江が北に大きく入り込み、右岸には広い砂州が形成され、夏季にはコアジサシ等が飛来します。本流につながる二ツ立調整池には多くの水鳥が集り、希少種のクロツラヘラサギ十数羽の越冬が毎年確認されています。河口域では冬季の1日の調査で70種以上の野鳥を記録することもあるほど、鳥の種類も多いところです。この場所は小魚の多い池、カニ類の多い干潟、砂浜、小高い丘や葦原、広い田畑に草原と多様な生息環境があり野鳥にとっての楽園ともいえるでしょう。

『みやざきの野鳥図鑑』の執筆・編集作業をとおして、身近な自然の豊かさを改めて感じることができました。この豊かな宮崎の自然が長く後世に残り、美しい野鳥たちがずっと目を楽しませてくれることを切に願っています。本書の完成には、多くの時間と労力を要しましたが、出版に関わらせていただいたことに、大変有難く感じております。ご指導いただきました鉱脈社の皆様をはじめ、ご協力いただいた多くの方々に心より感謝申し上げます。　（福島英樹）

索　引

キ

ク

ケ

コ

サ

シ

ス

セ

ソ

タ

チ

ツ

ト

ナ

ニ

ノ

ハ

ヒ

フ

ヘ

ホ

マ

ミ

ム

メ

モ

ヤ

ユ

ヨ

ル

レ

ワ

著者略歴

中村　豊 Yutaka Nakamura

鹿児島県出身。1974年に就職のため宮崎の地に赴く。1976年頃からサシバの移動ルートを調べるために約10年間、日本野鳥の会宮崎県支部のメンバーと県内を奔走し、サシバが宮崎県内を通過移動するルートを発見した。その後1989年からは、天然記念物カンムリウミスズメの生態解明に無人島通いを続け、一線を退いた現在も続いている。最近はアメリカ、カナダ、韓国の研究者との共同研究も行い国際シンポジウムで講演も行った。これまでに得られた研究成果は、学会誌や協会誌、日本野鳥の会研究誌、宮崎県博物館研究紀要等に発表しており、これらの業績が認められ2005年に環境大臣賞、同じく2005年に宮崎大学学長賞、2009年に宮崎日日新聞社賞教育賞を受賞。所属学会、委員等は日本鳥学会、日本鳥類標識協会、日本野鳥の会宮崎県支部、NPO法人宮崎野生動物研究会副理事長、希少野生動植物種保存推進員（野生哺乳類・ウミガメ・野鳥）、宮崎県環境影響評価専門委員会委員、宮崎海岸侵食対策検討委員会委員など。現在は宮崎大学農学部非常勤講師（海洋生物環境学科）。

井上 伸之 Nobuyuki Inoue

宮崎県日向市出身。1979年、宮崎大学農学部入学と同時に、生物研究部に入部し、野生植物を中心に自然観察を開始する。野鳥は部全体の調査活動として、「宮崎市橘通り旧アーケード街のツバメ調査」、「大淀川のカモ調査」、「大淀川のカモを見る会」に参加した。大学を卒業する頃より積極的に野鳥観察を行うようになり、県内各地に足を運び多くの種を県産リストに追加するとともに、希少種の生息調査を行った。県のレッドデータブック野鳥編も共同で執筆した。現在は、野鳥よりも野生植物調査に力を入れている。日本野鳥の会宮崎県支部会員、宮崎植物研究会会員、希少野生動植物種保存推進員（野生植物・野鳥）。宮崎県職員（農業職）。

福島 英樹 Hideki Fukushima

宮崎県高千穂町生まれ。宮崎大学で動物生態学を学び、その後もアカウミガメやニホンカモシカの調査研究に携わる。高校生の頃に宮崎県綾町で美しいカワセミを見たことをきっかけに野鳥観察を行うようになり、現在も地元宮崎市を中心に観察記録を継続中。「ミヤマガラス飛来状況調査」「渡り鳥調査」「カンムリウミスズメ調査」等に参加。NPO法人宮崎野生動物研究会会員、日本鳥学会会員、JSTサイエンスレンジャー、宮崎県環境保全アドバイザー、SSP日本自然科学写真協会会員。現在、宮崎県総合博物館職員。

みやざき文庫 111

みやざきの野鳥図鑑

2015年 2 月15日 初版発行
2021年 1 月18日 3 刷発行

著　者　中村　豊・井上伸之・福島英樹

写真提供　藤崎浩司・稲田菊雄・鈴木直孝・田崎州洋
児玉純一・永友清太・高萩和夫・中原　聡
川野　惇・岩切辰哉・宮内宗徳・落合修一
小城義文

発行者　川口 敦己

発行所　鉱 脈 社
宮崎市田代町263番地　郵便番号880-8551
電話0985-25-1758

印刷製本　有限会社 鉱脈社